2·1

▼

[수학 단원평가]

기획총괄   박금옥
편집개발   지유경, 정소현, 조선영, 최윤석, 김장미, 유혜지, 남솔, 정하영
디자인총괄   김희정
표지디자인   윤순미, 여화경
내지디자인   이은정, 박주미
제작   황성진, 조규영

발행일   2023년 9월 1일 개정초판 2024년 9월 1일 2쇄
발행인   (주)천재교육
주소   서울시 금천구 가산로9길 54
신고번호   제2001-000018호
고객센터   1577-0902

세 자리 수

개념 ① 백 알아보기

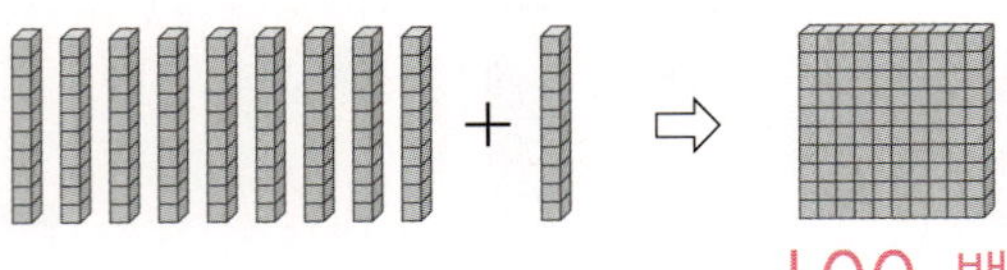

100, 백

100은
- 90보다 10만큼 더 큰 수
- 99보다 1만큼 더 큰 수
- 10이 10개인 수

개념 ② 몇백 알아보기

	쓰기	읽기
100이 2개	200	이백
100이 3개	300	삼백
100이 4개	400	❶
100이 5개	❷	오백

개념 ③ 세 자리 수 알아보기

100이 1개
10이 5개   ⇨   쓰기: 156
1이 6개   읽기: ❸

개념 ④ 각 자리의 숫자가 나타내는 값

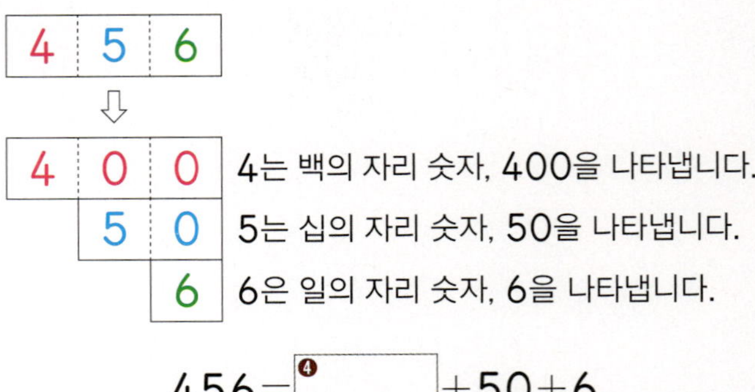

4	5	6

⇩

4는 백의 자리 숫자, 400을 나타냅니다.
5는 십의 자리 숫자, 50을 나타냅니다.
6은 일의 자리 숫자, 6을 나타냅니다.

$$456 = \boxed{❹} + 50 + 6$$

개념 ⑤ 뛰어 세기

· 100씩 뛰어 세기 — 백의 자리 수가 1씩 커져요.
$$100-200-300-400-500$$
$$-600-700-800-900$$

· 10씩 뛰어 세기 — 십의 자리 수가 1씩 커져요.
$$910-920-930-940-950$$
$$-960-970-980-990$$

· 1씩 뛰어 세기 — 일의 자리 수가 1씩 커져요.
$$991-992-993-994-995$$
$$-996-997-998-999-1000$$

999보다 1만큼 더 큰 수는
1000이고 천이라고 읽습니다.

개념 ⑥ 수의 크기 비교

· $468 < 531$ — 백의 자리 수가 큰 531이 더 커요.
  $4 < 5$

· $278 < 282$ — 백의 자리 수가 같으면
  $7 < 8$ 십의 자리 수를 비교해요.

| 정답 | ❶ 사백 ❷ 500 ❸ 백오십육 ❹ 400

쪽지시험 1회   세 자리 수

1단원

점수

1 수 모형이 나타내는 수를 써 보세요.

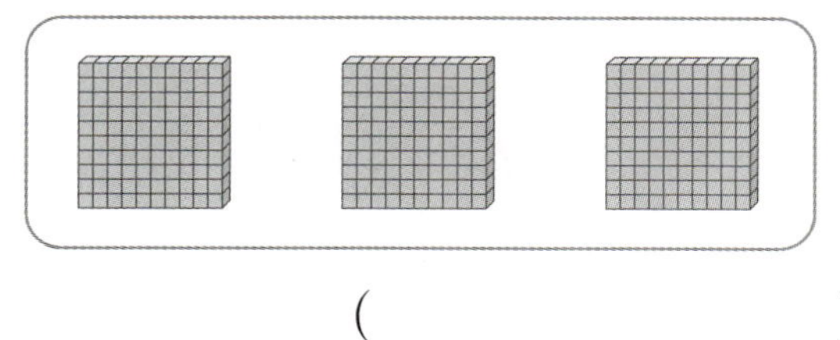

( )

2 □ 안에 알맞은 수를 써넣으세요.

99보다 1만큼 더 큰 수는 □ 입니다.

3 연필은 모두 몇 자루일까요?

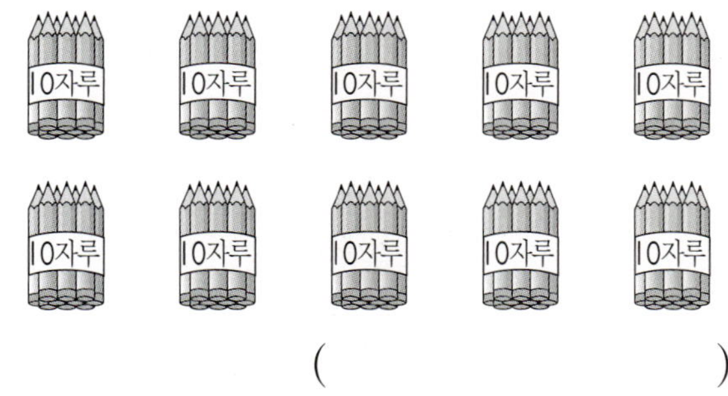

( )

4 수를 읽어 보세요.

600 ⇨ ( )

5 수로 써 보세요.

구백 ⇨ ( )

6 □ 안에 알맞은 수를 써넣으세요.

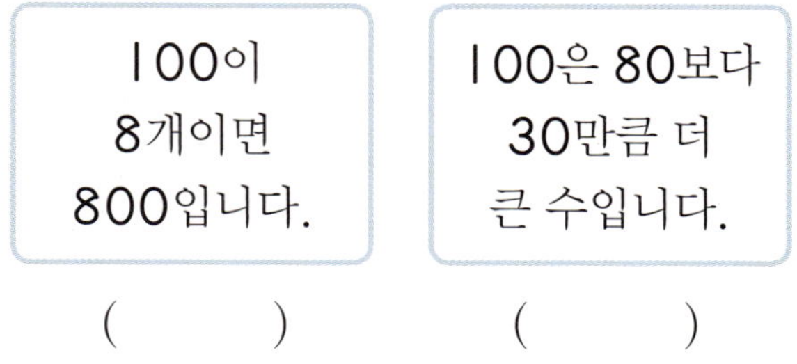

7 옳은 것에 ○표, 틀린 것에 ×표 하세요.

100이 8개이면 800입니다.	100은 80보다 30만큼 더 큰 수입니다.
( )	( )

[8~9] □ 안에 알맞은 수를 써넣으세요.

8 700은 100이 □ 개인 수입니다.

9 □ 은/는 70보다 30만큼 더 큽니다.

10 색종이가 한 묶음에 100장씩 6묶음 있습니다. 색종이는 모두 몇 장일까요?

( )

쪽지시험 2회 　세 자리 수

1 수 모형이 나타내는 수를 써 보세요.

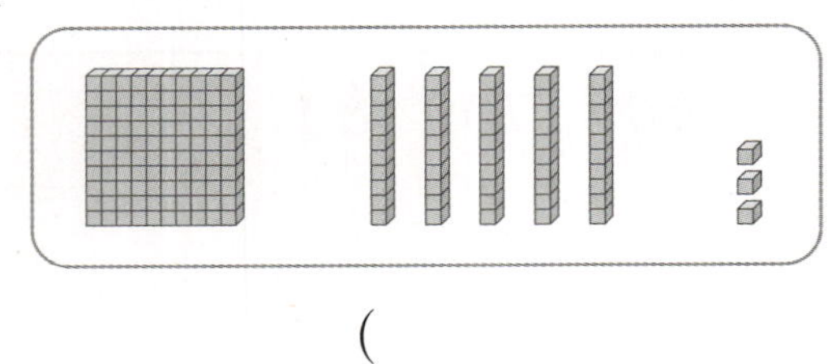

(　　　　　　　)

2 수를 읽어 보세요.

| 430 | |

〔3~4〕 수로 써 보세요.

3 삼백팔십구 ⇨ (　　　　　　　)

4 오백삼십칠 ⇨ (　　　　　　　)

5 □ 안에 알맞은 수를 써넣으세요.

100이 8개　　┐
10이 3개　　├ 이면 　　　　 입니다.
1이 7개　　┘

6 십의 자리 숫자가 8인 수를 찾아 ○표 하세요.

| 278 | 186 |

(　　　　) 　　(　　　　)

7 □ 안에 알맞은 수를 써넣으세요.
529에서 밑줄 친 숫자 5가 나타내는 값은 　　　　 입니다.

8 □ 안에 알맞은 수나 말을 써넣으세요.
635에서 숫자 3은 　　　의 자리 숫자이고 　　　을/를 나타냅니다.

〔9~10〕 □ 안에 알맞은 수를 써넣으세요.

9 $427 = 400 + \boxed{} + 7$

10 $319 = \boxed{} + 10 + 9$

쪽지시험 3회 세 자리 수

점수

스피드 정답 1쪽 | 정답 및 풀이 12쪽

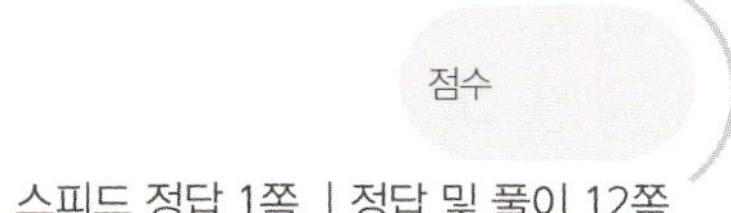

[1~2] 1씩 뛰어 세어 보세요.

1
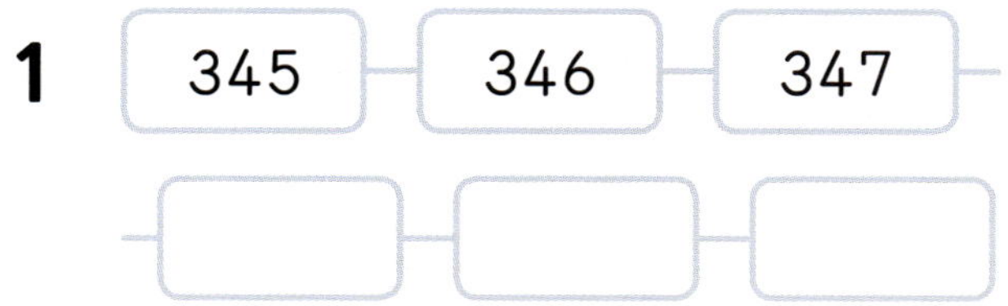

| 345 | 346 | 347 |
| | | |

2

| 274 | | 276 |
| 277 | | |

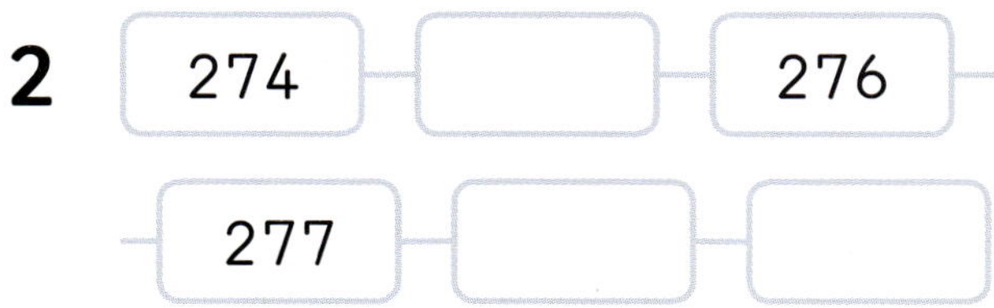

[3~4] 10씩 뛰어 세어 보세요.

3
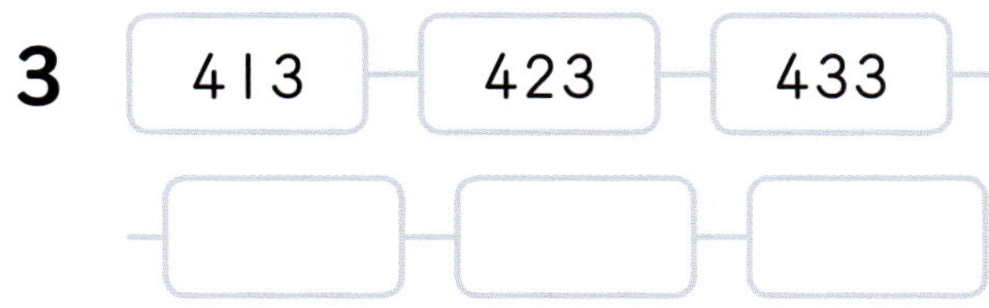

| 413 | 423 | 433 |
| | | |

4
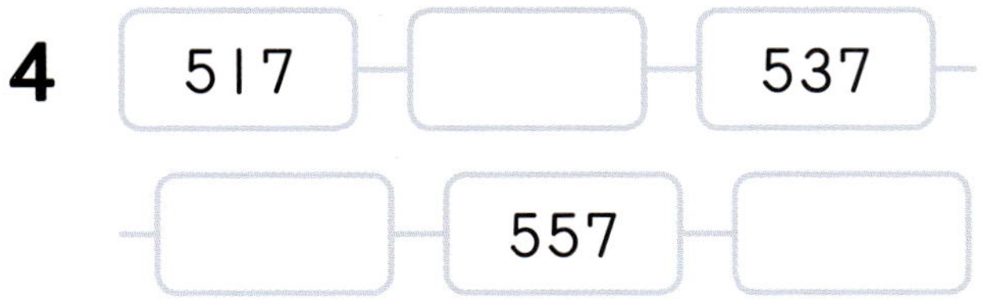

| 517 | | 537 |
| | 557 | |

5 ★에 알맞은 수를 쓰고 읽어 보세요.

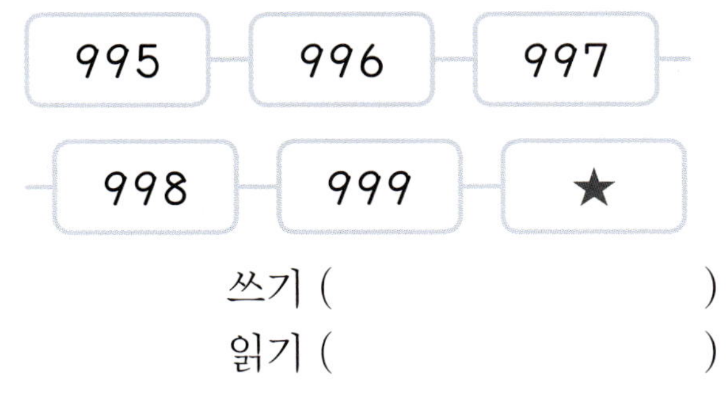

| 995 | 996 | 997 |
| 998 | 999 | ★ |

쓰기 (   )
읽기 (   )

[6~7] 100씩 뛰어 세어 보세요.

6
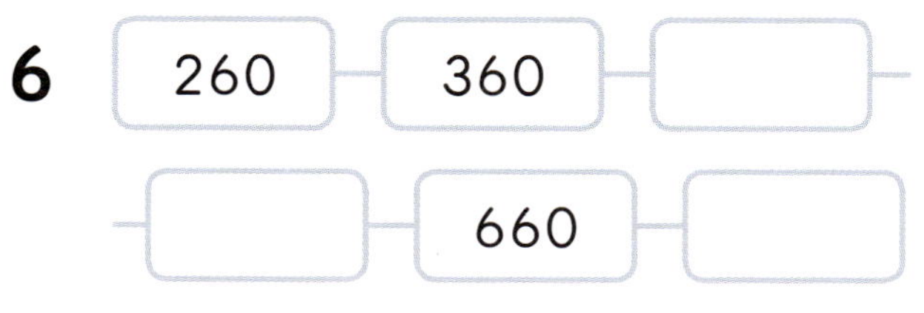

| 260 | 360 | |
| | 660 | |

7
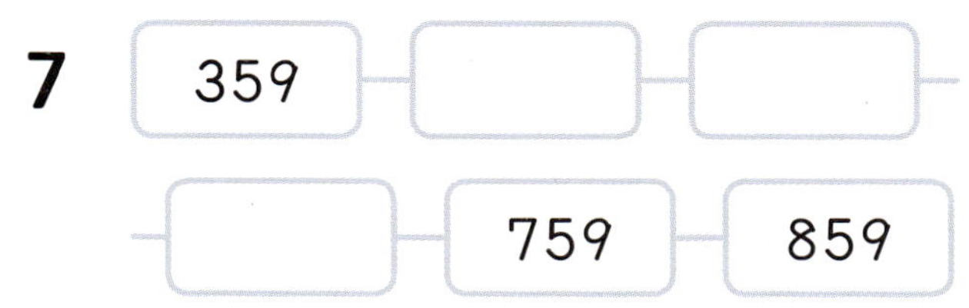

| 359 | | |
| | 759 | 859 |

[8~10] 빈칸에 알맞은 수를 써넣고 몇씩 뛰어 세었는지 알아보세요.

8
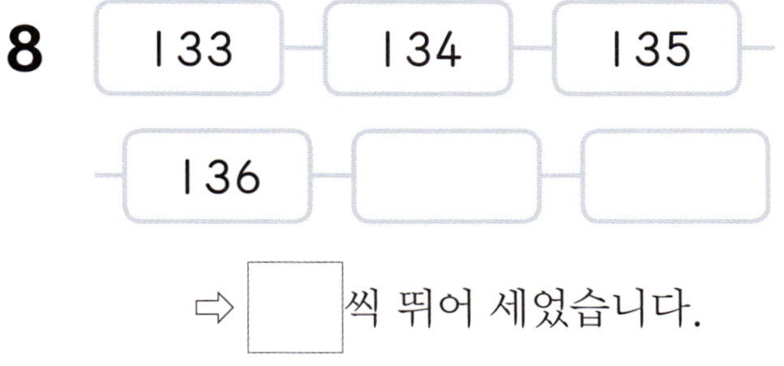

| 133 | 134 | 135 |
| 136 | | |

⇨ ☐ 씩 뛰어 세었습니다.

9

| 328 | 338 | 348 |
| 358 | | |

⇨ ☐ 씩 뛰어 세었습니다.

10
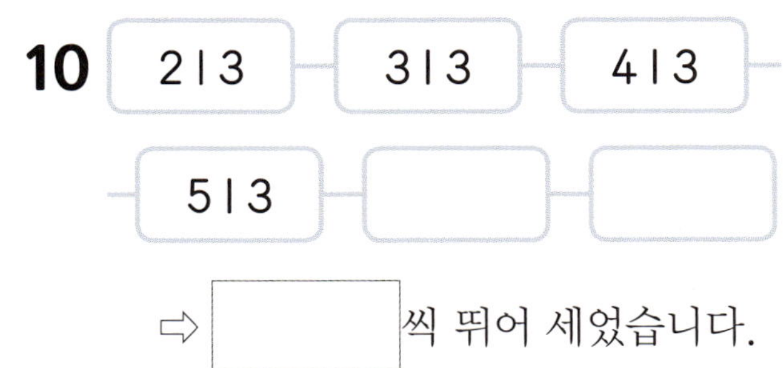

| 213 | 313 | 413 |
| 513 | | |

⇨ ☐ 씩 뛰어 세었습니다.

쪽지시험 4회　세 자리 수

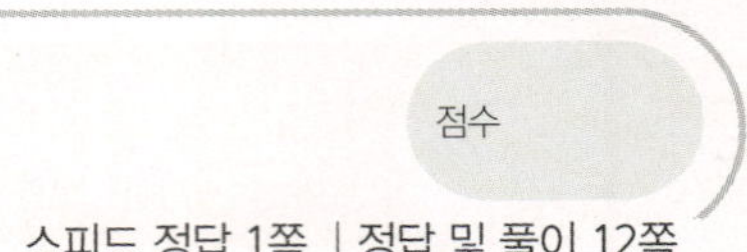

점수

[1~2] 알맞은 말에 ○표 하세요.

1 723은 472보다 (작습니다, 큽니다).

2 358은 370보다 (작습니다, 큽니다).

[3~5] 두 수의 크기를 비교하여 ○ 안에 > 또는 <를 알맞게 써넣으세요.

3 567 ◯ 603

4 431 ◯ 447

5 648 ◯ 644

6 가장 큰 수에 ○표 하세요.

| 542 | 678 | 831 |

7 가장 작은 수에 △표 하세요.

| 427 | 453 | 462 |

8 가장 큰 수를 찾아 써 보세요.

| 601 | 793 | 775 |

(　　　　　　)

9 가장 작은 수를 찾아 써 보세요.

| 145 | 273 | 118 |

(　　　　　　)

10 세 수의 크기를 비교하여 작은 수부터 차례대로 써 보세요.

| 356 | 534 | 653 |

　　　,　　　,

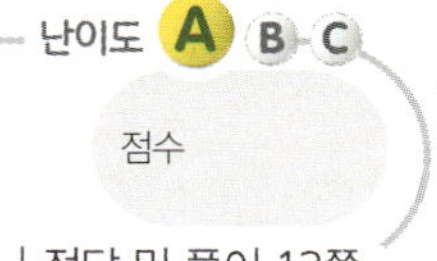

단원평가 1회 세 자리 수

1 □ 안에 알맞은 수를 써넣으세요.

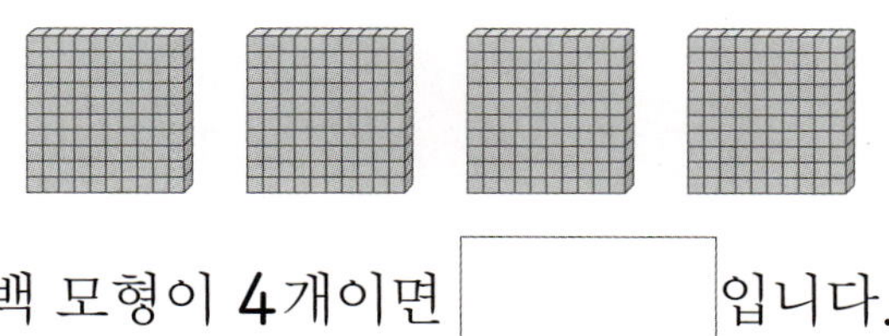

백 모형이 **4**개이면 [ ] 입니다.

2 □ 안에 알맞은 수를 써넣으세요.

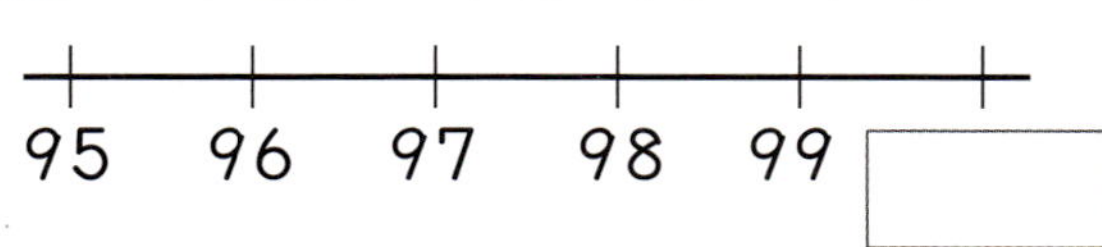

3 수로 써 보세요.

> 칠백

( )

4 □ 안에 알맞은 수를 써넣으세요.
425에서 숫자 **4**는 백의 자리 숫자이고
[ ] 을/를 나타냅니다.

5 수 모형이 나타내는 수를 써 보세요.

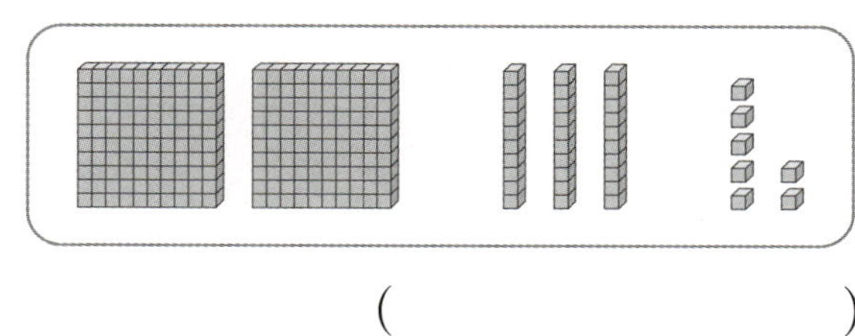

( )

6 다음 중 수를 <u>잘못</u> 읽은 것은 어느 것일까요? ····························· ( )

① 187 – 백팔십칠
② 368 – 삼백육십팔
③ 902 – 구십이
④ 820 – 팔백이십
⑤ 416 – 사백십육

7 동전은 모두 얼마일까요?

( )

8 □ 안에 알맞은 수나 말을 써넣으세요.

> 999보다 1만큼 더 큰 수는
> [   ]이고 [   ](이)라고
> 읽습니다.

9 □ 안에 알맞은 수를 써넣으세요.

379는
- 100이 [   ]개
- 10이 [   ]개
- 1이 [   ]개

10 십의 자리 숫자가 2인 수를 찾아 써 보세요.

| 132 | 274 | 329 |

(   )

11 □ 안에 알맞은 수를 써넣으세요.

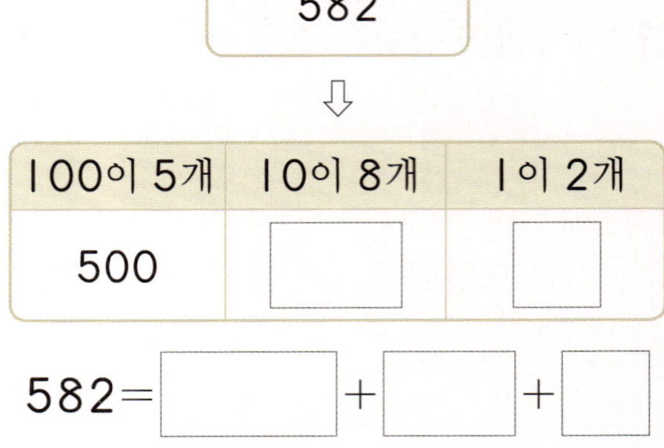

582

100이 5개	10이 8개	1이 2개
500	[ ]	[ ]

582 = [   ] + [   ] + [   ]

12 보기와 같이 □ 안에 알맞은 수를 써넣으세요.

> 보기
> $123 = 100 + 20 + 3$

236 = [   ] + [   ] + [   ]

[13~14] 두 수의 크기를 비교하여 ◯ 안에 > 또는 <를 알맞게 써넣으세요.

13 496 ◯ 723

14 654 ◯ 510

15 10씩 뛰어 세어 보세요.

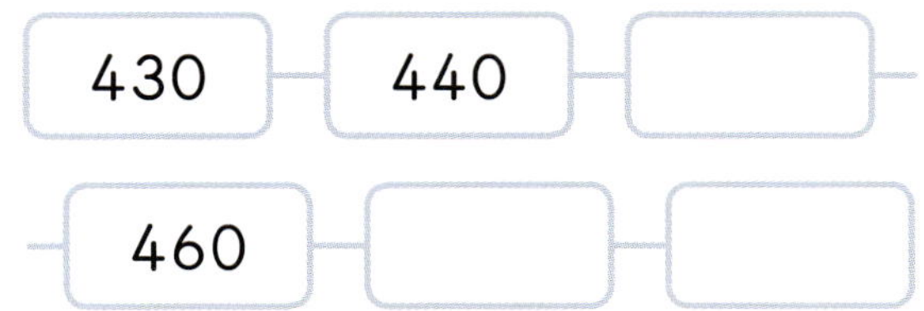

16 100씩 뛰어 세어 보세요.

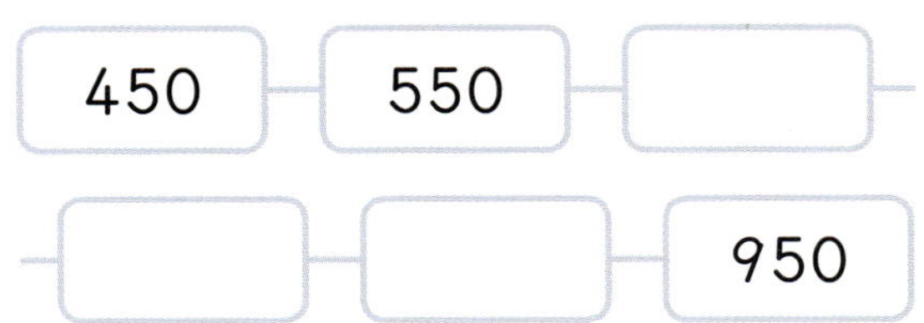

17 빈칸에 알맞은 숫자를 써넣으세요.

구백칠십육

⇩

백의 자리	십의 자리	일의 자리

18 십의 자리 숫자가 <u>다른</u> 하나를 찾아 기호를 써 보세요.

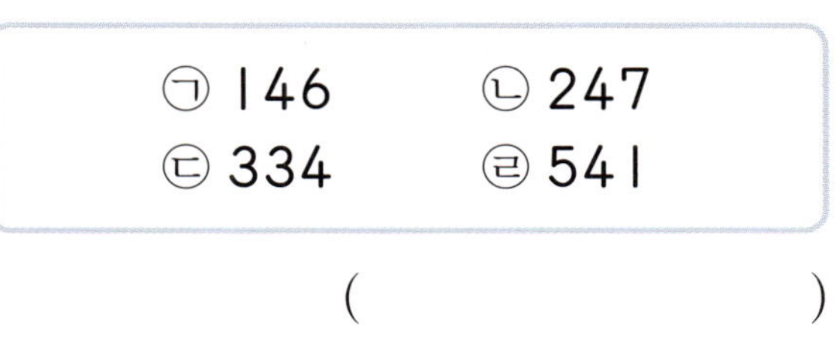

(　　　　　)

19 백의 자리 숫자가 나타내는 값이 가장 큰 것은 어느 것일까요?……(　　　　)

① 356　　② 289　　③ 703
④ 548　　⑤ 612

20 은행에 들어간 순서대로 번호표를 받았습니다. 영주는 104번을 받고 준호는 110번을 받았다면 먼저 번호표를 받은 사람은 누구일까요?

(　　　　　)

세 자리 수

1 수를 읽어 보세요.

> 809

( )

2 수로 써 보세요.

> 육백오십

( )

3 □ 안에 알맞은 수나 말을 써넣으세요.

> 90보다 10만큼 더 큰 수는
> [ ] 이고 [ ] (이)라고 읽습
> 니다.

4 수 모형이 나타내는 수를 써 보세요.

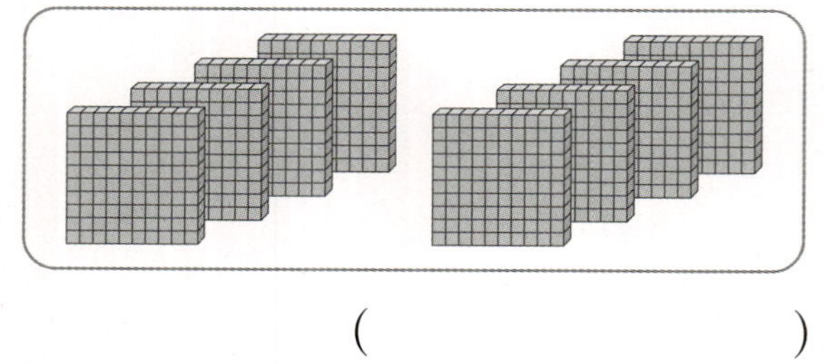

( )

5 □ 안에 알맞은 수를 써넣으세요.

100이 1개 ┐
10이 7개 │ 이면 [ ] 입니다.
1이 4개 ┘

6 옳은 것에 ○표, 틀린 것에 ×표 하세요.

· 100이 4개이면 40입니다.
.............................( )

· 800은 100이 8개인 수입니다.
.............................( )

7 관계있는 것끼리 선으로 이어 보세요.

940	·	·	사백구
490	·	·	구백사십
409	·	·	사백구십

8 □ 안에 알맞은 수를 써넣으세요.

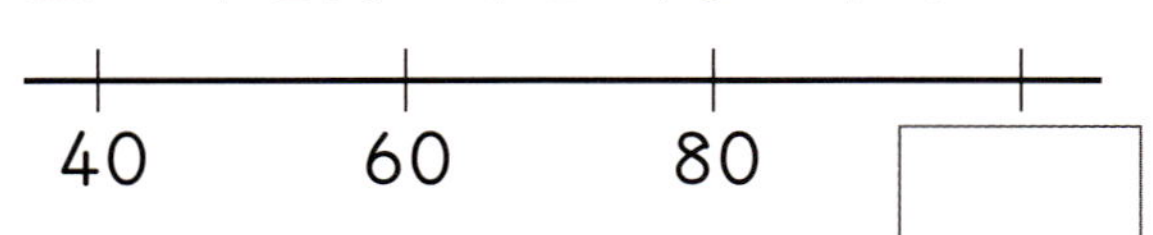

9 □ 안에 알맞은 수를 써넣으세요.

729		
7은		을/를 나타냅니다.
2는		을/를 나타냅니다.
9는		을/를 나타냅니다.

10 밑줄 친 숫자가 나타내는 값을 써 보세요.

( )

11 백의 자리 숫자가 8, 십의 자리 숫자가 1, 일의 자리 숫자가 3인 세 자리 수를 쓰고 읽어 보세요.

쓰기 ( )

읽기 ( )

12 십의 자리 숫자가 9인 수를 찾아 ○표 하세요.

139	590	429	916

13 □ 안에 알맞은 수를 써넣으세요.

437

⇩

100이 □ 개	10이 3개	1이 7개
400		

437=400+□+□

[8~9] 두 수의 크기를 비교하여 ○ 안에
> 또는 <를 알맞게 써넣으세요.

8 369 ◯ 396

9 458 ◯ 451

10 1씩 뛰어 세어 보세요.

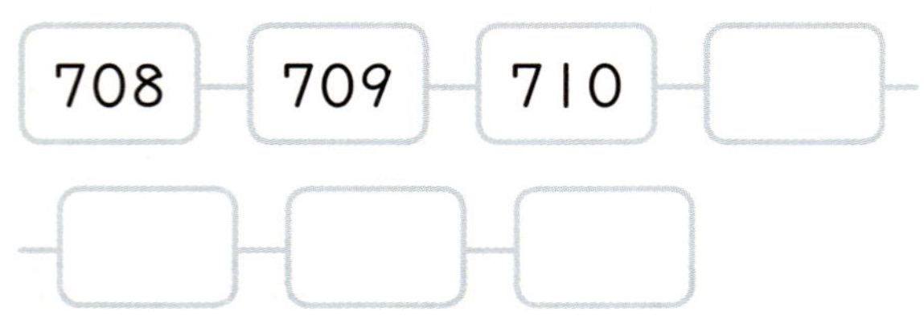

11 숫자 9가 90을 나타내는 수를 찾아 써
보세요.

| 159 | 598 | 903 |

( )

12 수의 크기를 비교하여 가장 작은 수를
찾아 써 보세요.

| 274 | 705 | 987 |

( )

13 몇씩 뛰어 센 것일까요?

357 — 358 — 359 — 360 —
— 361 — 362 — 363

( )

14 수의 크기를 비교하여 작은 수부터 차례
대로 써 보세요.

| 694 | 697 | 800 |

☐ , ☐ , ☐

15 빈칸에 알맞은 수를 써넣으세요.

813

100만큼 더 큰 수	
10만큼 더 큰 수	
1만큼 더 큰 수	

〔16~17〕 다음 수 카드를 한 번씩만 사용하여 세 자리 수를 만들려고 합니다. 물음에 답하세요.

4 7 1

16 가장 큰 세 자리 수를 만들어 보세요.

(   )

17 가장 작은 세 자리 수를 만들어 보세요.

(   )

18 184보다 크고 188보다 작은 세 자리 수를 모두 써 보세요.

(   )

19 백의 자리 숫자가 5, 십의 자리 숫자가 4인 세 자리 수 중에서 가장 큰 수를 구하세요.

(   )

서술형

20 0부터 9까지의 수 중에서 □ 안에 들어갈 수 있는 수를 모두 구하려고 합니다. 풀이 과정을 쓰고 답을 구하세요.

783 < 7 □ 6

풀이

답 _______________

단원평가 4회 · 세 자리 수

1 수로 써 보세요.

> 삼백이

( )

2 □ 안에 알맞은 수를 써넣으세요.

100은 □ 보다 10만큼 더 큰 수입니다.

3 보기와 같이 □ 안에 알맞은 수를 써넣으세요.

> 보기
>
> 321＝300＋20＋1

728＝□＋□＋□

4 옳은 것에 ○표, 틀린 것에 ×표 하세요.

· 100이 7개이면 70입니다.
 ·····················( )

· 800은 100이 8개인 수입니다.
 ·····················( )

· 100은 70보다 3만큼 더 큰 수입니다. ·················( )

5 수를 바르게 읽은 것의 기호를 써 보세요.

㉠	405	사백오십
㉡	678	육칠팔
㉢	351	삼백오십일
㉣	143	백사십셋

( )

6 다음 세 자리 수에서 200을 나타내는 숫자의 기호를 써 보세요.

> 2 2 2
> ㉠ ㉡ ㉢

( )

7 밑줄 친 숫자가 나타내는 값을 빈칸에 써 보세요.

6<u>5</u>4	58<u>9</u>	<u>4</u>13

〔8~9〕 두 수의 크기를 비교하여 ○ 안에 > 또는 <를 알맞게 써넣으세요.

8 243 ◯ 224

9 648 ◯ 861

10 10씩 거꾸로 뛰어 세어 보세요.

11 숫자 5가 나타내는 값이 큰 것부터 차례대로 써 보세요.

| 305 503 350 |

(   )

12 다음 중에서 가장 큰 수는 어느 것일까요?······································ (   )

① 698   ② 430   ③ 617
④ 582   ⑤ 384

13 □ 안에 들어갈 수 있는 수에 ◯표 하세요.

508 > □97

(4, 5, 6, 7, 8)

14 2, 7, 5를 한 번씩만 사용하여 가장 큰 세 자리 수를 만들면 얼마일까요?

(   )

15 어떤 수에 대한 설명입니다. 어떤 수를 구하세요.

> · 100이 3개인 세 자리 수입니다.
> · 십의 자리 숫자는 70을 나타냅니다.
> · 936과 일의 자리 숫자가 같습니다.

( )

16 0부터 9까지의 수 중에서 □ 안에 들어 갈 수 있는 수는 모두 몇 개일까요?

$$346 < 3\ \square\ 1$$

( )

17 다음 수에서 10씩 6번 뛰어 센 수는 얼마일까요?

> 100이 2개, 10이 1개, 1이 7개인 수

( )

18 3장의 수 카드를 한 번씩만 사용하여 만들 수 있는 세 자리 수는 모두 몇 개일까요?

4 0 6

( )

19 다음 동전 중 3개를 사용하여 나타낼 수 있는 수를 모두 찾아 ○표 하세요.

101   111   120   201   210

20 475보다 크고 500보다 작은 수 중 일의 자리 숫자가 3인 수를 모두 구하려고 합니다. 풀이 과정을 쓰고 답을 구하세요.

풀이

답 _______________

단원평가 5회 — 세 자리 수

1단원

1 □ 안에 알맞은 수를 써넣으세요.

10이 70개이면 □ 입니다.

2 숫자 7이 70을 나타내는 수를 모두 찾아 써 보세요.

| 547 | 710 | 372 | 176 |

(   )

3 두 수의 크기를 비교하여 ○ 안에 > 또는 <를 알맞게 써넣으세요.

401 ◯ 403

4 다음이 나타내는 수를 써 보세요.

100이 3개, 10이 15개,
1이 7개인 수

(   )

5 두 친구가 접은 종이학의 수가 다음과 같습니다. 종이학을 더 많이 접은 친구는 누구일까요?

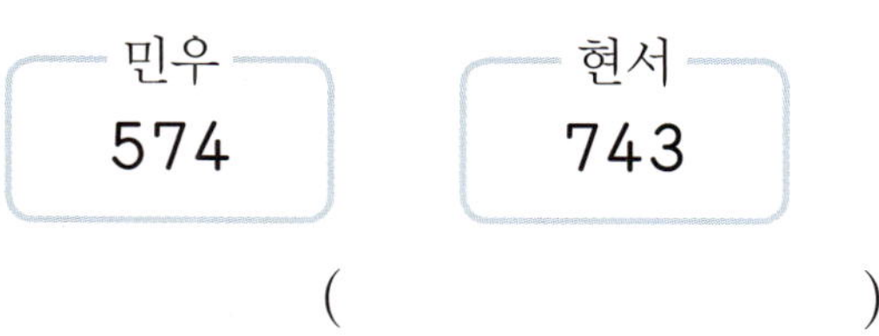

(   )

6 다음 중 가장 작은 수에 ○표 하세요.

| 343 | 483 | 348 |

7 큰 수부터 차례대로 써 보세요.

| 919 | 199 | 999 |

(   )

8 빈칸에 알맞은 수를 써넣으세요.

784

1만큼 더 작은 수	
10만큼 더 큰 수	
100만큼 더 큰 수	

9 몇씩 뛰어 센 것일까요?

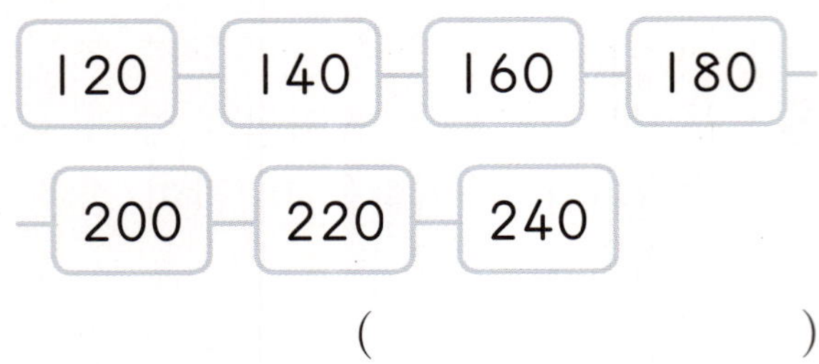

( )

10 백의 자리 숫자가 2, 십의 자리 숫자가 7인 세 자리 수 중에서 가장 큰 수를 써 보세요.

( )

11 진호와 영주가 각각 가지고 있는 수 카드를 한 번씩만 사용하여 가장 큰 세 자리 수를 만들었습니다. 더 큰 수를 만든 사람은 누구일까요?

진호 — 3 7 4   영주 — 5 2 7

( )

12 다음 수에서 10씩 4번 뛰어 센 수는 얼마일까요?

백의 자리 숫자가 7, 십의 자리 숫자가 8, 일의 자리 숫자가 6인 수

( )

13 정민이는 10원짜리 동전 7개를 가지고 있습니다. 100원이 되려면 10원짜리 동전은 몇 개 더 필요할까요?

( )

14 어떤 수보다 100만큼 더 큰 수는 647입니다. 어떤 수보다 10만큼 더 작은 수는 얼마인지 풀이 과정을 쓰고 답을 구하세요.

풀이

답 ______________

〔15~16〕 수 카드 4장 중에서 3장을 한 번씩만 사용하여 세 자리 수를 만들려고 합니다. 물음에 답하세요.

| 4 | 8 | 3 | 0 |

15 가장 큰 세 자리 수를 만들어 보세요.

(   )

16 가장 작은 세 자리 수를 만들어 보세요.

(   )

17 다음 동전 중 3개를 사용하여 나타낼 수 있는 세 자리 수는 모두 몇 개일까요?

(   )

18 □ 안에는 0부터 9까지의 수가 들어갈 수 있습니다. 가장 작은 수를 찾아 기호를 써 보세요.

| ㉠ 3□9 | ㉡ 296 | ㉢ 2□5 |

(   )

19 어떤 수에 대한 설명입니다. 어떤 수를 구하세요.

- 세 자리 수입니다.
- 각 자리 숫자는 모두 다릅니다.
- 십의 자리 숫자는 8입니다.
- 백의 자리 숫자와 십의 자리 숫자를 더하면 일의 자리 숫자가 됩니다.

(   )

20 백의 자리 숫자가 7, 일의 자리 숫자가 3인 세 자리 수 중 743보다 큰 수는 모두 몇 개인지 풀이 과정을 쓰고 답을 구하세요.

풀이

답 _______________________

서술형 평가 ❶   세 자리 수

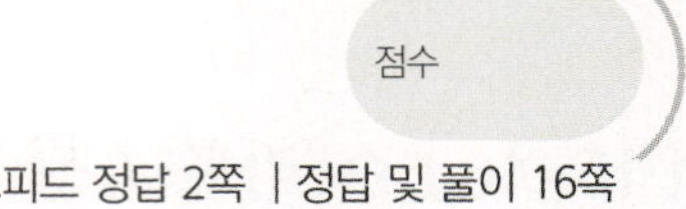

1 과일 가게에 귤이 100개씩 6상자, 10개씩 8바구니, 낱개로 5개 있습니다. 귤은 모두 몇 개인지 구하세요.

❶ 100개씩 6상자에 들어 있는 귤은 몇 개일까요?

( )

❷ 10개씩 8바구니에 들어 있는 귤은 몇 개일까요?

( )

❸ 과일 가게에 있는 귤은 모두 몇 개일까요?

( )

2 같은 동화책을 혜리는 374쪽, 정환이는 412쪽 읽었습니다. 혜리와 정환이 중에서 동화책을 더 많이 읽은 사람은 누구인지 알아보세요.

❶ 374와 412 중 더 큰 수를 써 보세요.

( )

❷ 동화책을 더 많이 읽은 사람은 누구일까요?

( )

3 주머니에 구슬이 238개 있습니다. 이 주머니에 구슬을 100개씩 5번 더 넣으면 구슬은 모두 몇 개가 되는지 구하세요.

❶ 100씩 5번 뛰어 세어 보세요.

| 238 | | | | | |

❷ 구슬을 더 넣은 후 주머니에 든 구슬은 모두 몇 개일까요?

(   )

4 친구들의 구슬 수입니다. ■에 들어가는 수가 모두 같다면 구슬을 가장 적게 가진 사람은 누구인지 알아보세요. (단, ■에는 0부터 9까지의 수가 들어갈 수 있습니다.)

윤주	세환	지원
26■개	3■9개	28■개

❶ 세 사람의 구슬 수를 비교하여 ○ 안에 > 또는 <를 써넣으세요.

3■9 ◯ 28■ ◯ 26■

❷ 구슬을 가장 적게 가진 사람은 누구일까요?

(   )

풀이 과정을 직접 쓰는

서술형 평가 ❷ 세 자리 수

점수

스피드 정답 2쪽 | 정답 및 풀이 16쪽

1 과일 가게에 자두가 100개씩 5상자, 10개씩 7바구니, 낱개로 9개 있습니다. 자두는 모두 몇 개인지 풀이 과정을 쓰고 답을 구하세요.

풀이

답 ________________

어떻게 풀까요?

100이 몇 개, 10이 몇 개, 1이 몇 개인지 세어 봅니다.

2 상자에 구슬이 438개 있습니다. 이 상자에 구슬을 10개씩 3번 더 넣으면 구슬은 모두 몇 개가 되는지 풀이 과정을 쓰고 답을 구하세요.

풀이

답 ________________

어떻게 풀까요?

구슬을 10개씩 3번 더 넣는 것은 10씩 3번 뛰어 세는 것과 같습니다.

3 지형이와 다은이가 번호표를 들고 있습니다. 두 사람이 들고 있는 수 사이에 있는 세 자리 수는 모두 몇 개인지 풀이 과정을 쓰고 답을 구하세요.

지형
109

다은
116

풀이

답 ______________

4 용규의 지갑에는 100원짜리 동전 4개, 10원짜리 동전 17개가 있습니다. 용규의 지갑에 들어 있는 동전은 모두 얼마인지 풀이 과정을 쓰고 답을 구하세요.

풀이

답 ______________

1 동전은 모두 얼마일까요?

(   )

2 70을 나타내는 숫자의 기호를 써 보세요.

$$\underset{\textcircled{ㄱ}}{7}\ \underset{\textcircled{ㄴ}}{7}\ \underset{\textcircled{ㄷ}}{7}$$

(   )

3 수를 뛰어 센 것입니다. ㉠에 알맞은 수는 얼마일까요?

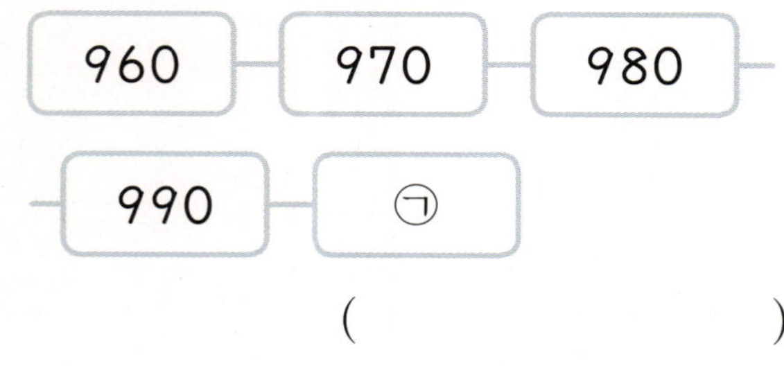

(   )

4 다음이 나타내는 수는 무엇일까요?
·· (   )

> 100이 7개, 10이 2개, 1이 15개인 수

① 715　② 725　③ 735
④ 822　⑤ 852

5 진명이와 유리가 수를 각각 하나씩 말했습니다. 두 친구가 말한 수 사이에 있는 수는 모두 몇 개일까요?

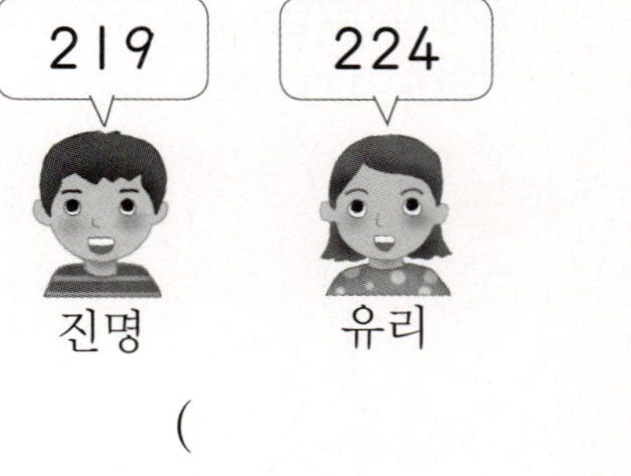

(   )

2 단원

여러 가지 도형

개념 ① 삼각형

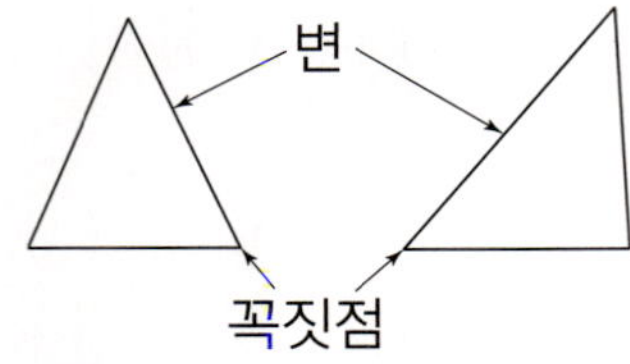

- 삼각형의 곧은 선을 변이라고 하고 두 곧은 선이 만나는 점을 꼭짓점이라고 합니다.
- 삼각형: 변이 ❶ ☐ 개, 꼭짓점이 3개인 도형

개념 ② 사각형

- 사각형: 변이 ❸ ☐ 개, 꼭짓점이 4개인 도형

개념 ③ 원

- 원: 오른쪽 그림과 같은 모양의 도형
- 원의 특징
  ① 곧은 선이 없습니다.
  ② 어느 쪽에서 보아도 똑같이 동그란 모양입니다.
  ③ 크기는 서로 다르지만 생긴 모양이 서로 같습니다.

개념 ④ 칠교판으로 모양 만들기

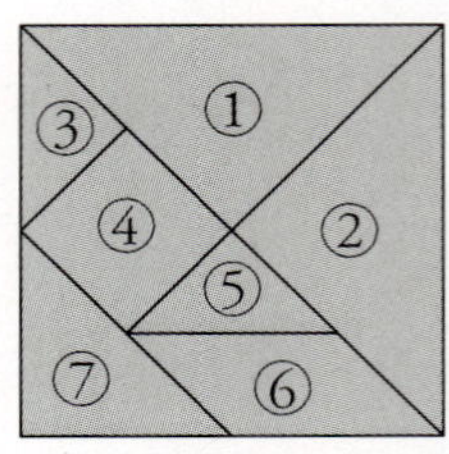

- 칠교 조각에서 삼각형과 사각형 찾아보기
  - 삼각형: ①, ②, ③, ⑤, ⑦ ⇨ 5개
  - 사각형: ④, ⑥ ⇨ 2개
- 칠교 세 조각으로 삼각형 만들기

  ㉔
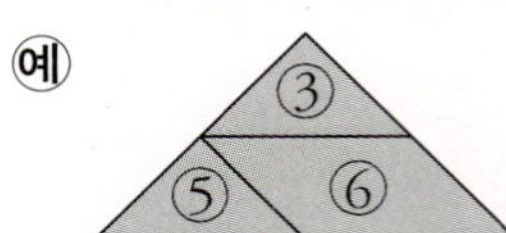

개념 ⑤ 쌓은 모양 알아보기

- 쌓은 모양을 보고 설명하기

  ♥가 그려진 쌓기나무가 1개 있고 그 위에 쌓기나무가 1개 있습니다. 그리고 왼쪽으로 나란히 쌓기나무가 ❹ ☐ 개 있습니다.

개념 ⑥ 여러 가지 모양으로 쌓아 보기

- 쌓기나무 4개로 여러 가지 모양 쌓기

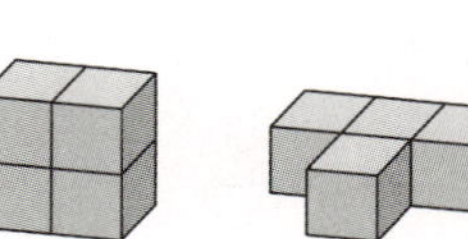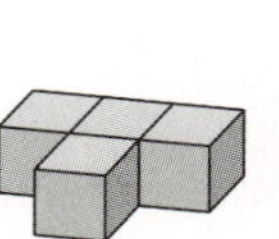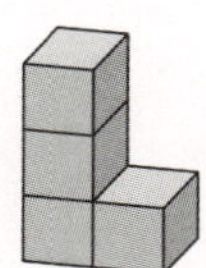

  쌓기나무를 쌓는 위치에 따라 여러 가지 모양을 만들 수 있습니다.

| 정답 | ❶ 3 ❷ 꼭짓점 ❸ 4 ❹ 2

 **쪽지시험** 1회 **여러 가지 도형**

점수

1 도형의 이름을 써 보세요.

(   )

2 그림에서 삼각형을 찾아 선을 따라 그려 보세요.

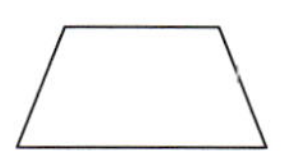  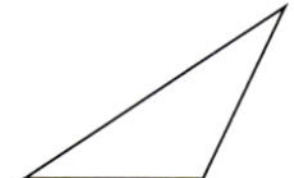

3 그림에서 사각형을 찾아 선을 따라 그려 보세요.

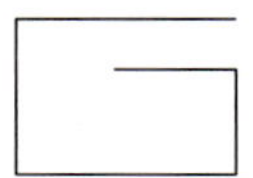 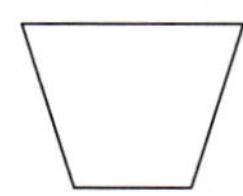 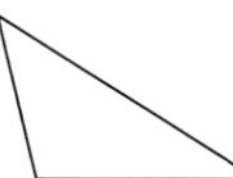

4 그림에서 원을 찾아 선을 따라 그려 보세요.

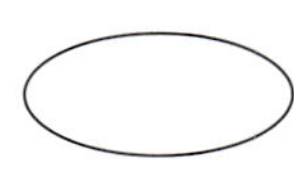 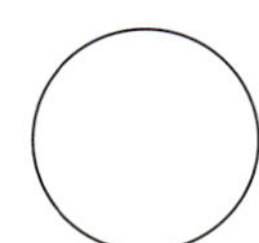 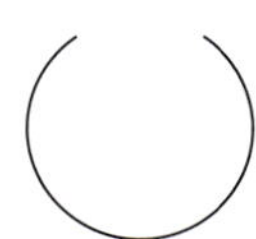

5 삼각형을 완성해 보세요.

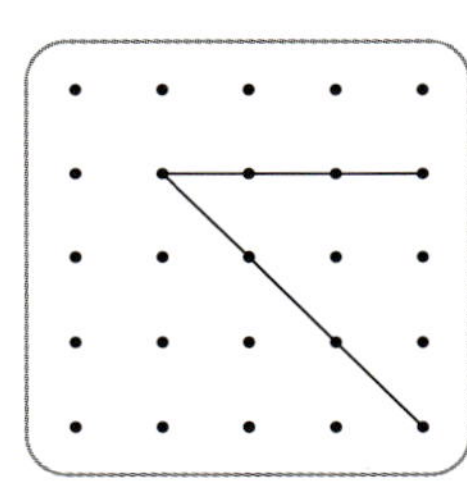

〔6~7〕 도형을 보고 물음에 답하세요.

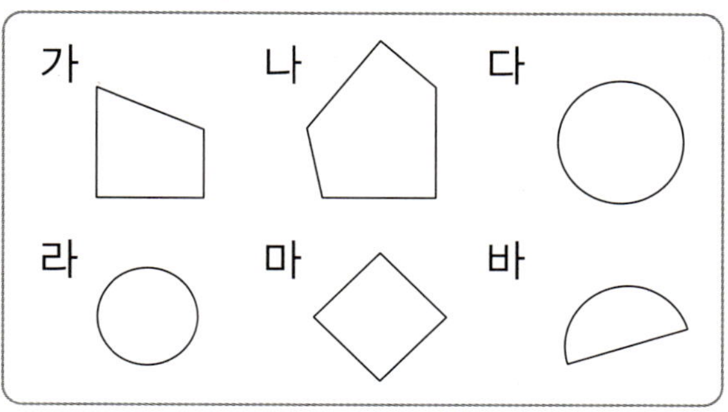

6 원을 모두 찾아 기호를 써 보세요.

(   )

7 꼭짓점이 4개인 도형을 모두 찾아 기호를 써 보세요.

(   )

8 변이 4개인 도형의 이름을 써 보세요.

(   )

9 삼각형의 꼭짓점의 수와 변의 수의 합은 몇 개일까요?

(   )

10 원에 대하여 바르게 설명한 것을 찾아 기호를 써 보세요.

> ㉠ 꼭짓점이 1개입니다.
> ㉡ 동전을 본떠 그릴 수 있습니다.
> ㉢ 곧은 선으로 둘러싸여 있습니다.

(   )

쪽지시험 2회 여러 가지 도형

2단원

1 왼쪽 모양과 똑같이 쌓은 모양에 ○표 하세요.

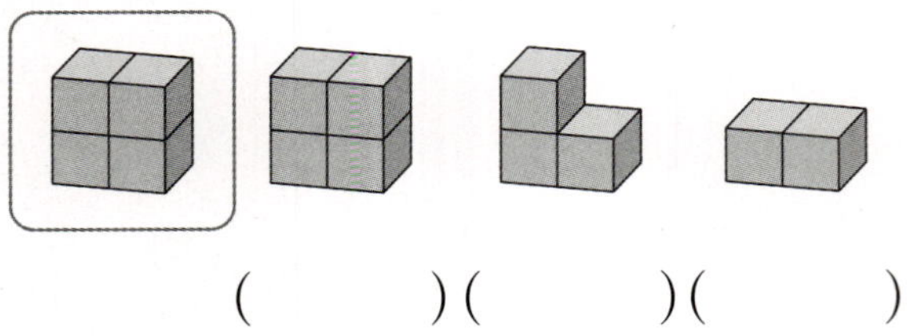

( ) ( ) ( )

2 쌓기나무 **3**개를 이용하여 만든 모양을 찾아 기호를 써 보세요.

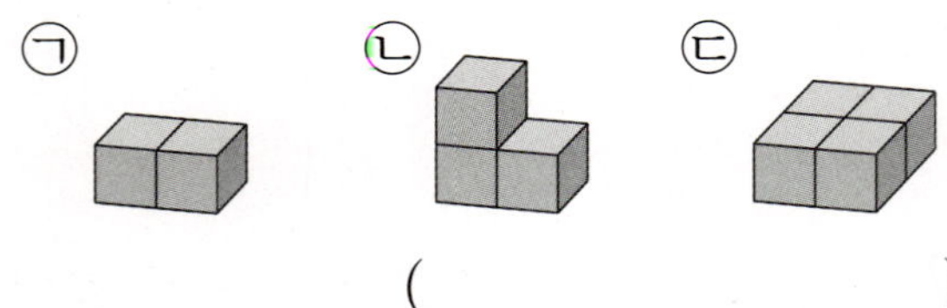

ㄱ ㄴ ㄷ

( )

[3~5] 칠교판을 보고 물음에 답하세요.

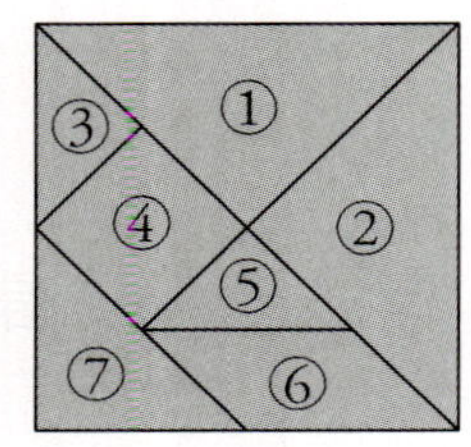

3 칠교판 조각 중에서 삼각형은 모두 몇 개일까요?

( )

4 칠교판의 ③, ⑤ 두 조각을 모두 이용하여 다음과 같은 삼각형을 만들어 보세요.

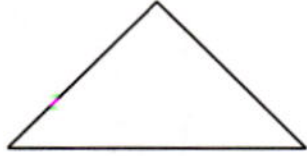

5 칠교판 ③, ④, ⑤ 세 조각을 모두 이용하여 다음과 같은 사각형을 만들어 보세요.

6 칠교 조각에 대해 바르게 말한 사람의 이름을 써 보세요.

> 준서: 칠교 조각에는 삼각형, 사각형 원이 있어.
> 시윤: 칠교 조각 중 사각형은 **3**개야.
> 채이: 칠교 조각 중 크기가 가장 큰 조각은 삼각형이야.

( )

7 오른쪽 그림과 똑같은 모양 으로 쌓으려면 쌓기나무 몇 개가 필요할까요?

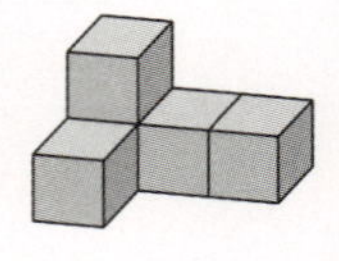

( )

8 쌓기나무 **4**개로 만들 수 있는 모양을 찾아 기호를 써 보세요.

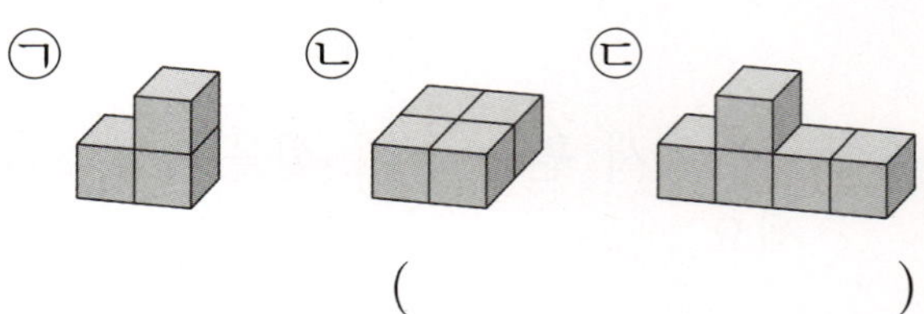

ㄱ ㄴ ㄷ

( )

[9~10] 그림과 똑같은 모양으로 쌓으려면 쌓기나무 몇 개가 필요할까요?

9

( )

10

( )

여러 가지 도형

스피드 정답 2~3쪽 | 정답 및 풀이 17쪽

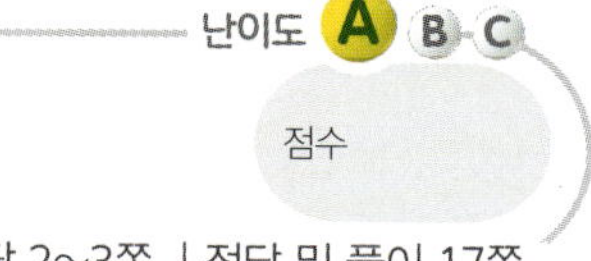

1 도형의 이름을 써 보세요.

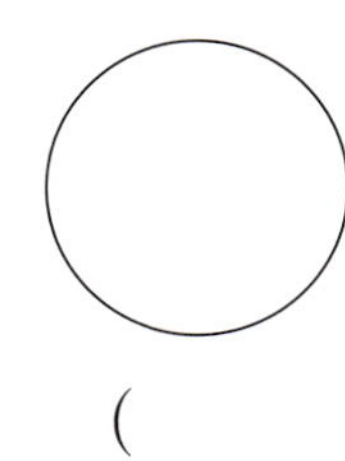

(   )

2 □ 안에 알맞은 말을 써넣으세요.

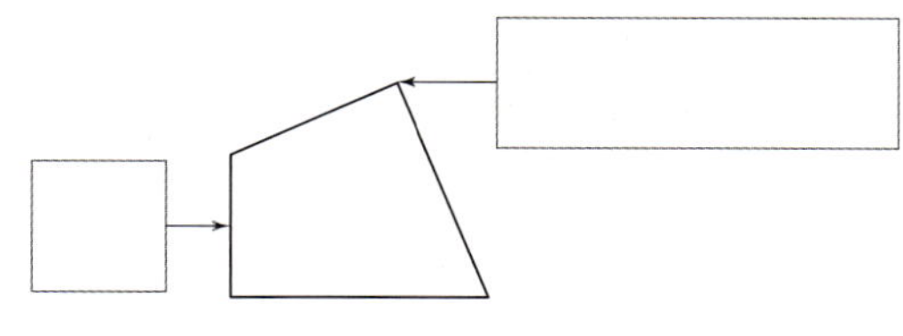

3 □ 안에 알맞은 도형의 이름을 써 보세요.

> 3개의 곧은 선으로 둘러싸인 도형을
> [   ] 이라고 합니다.

4 삼각형을 그려 보세요.

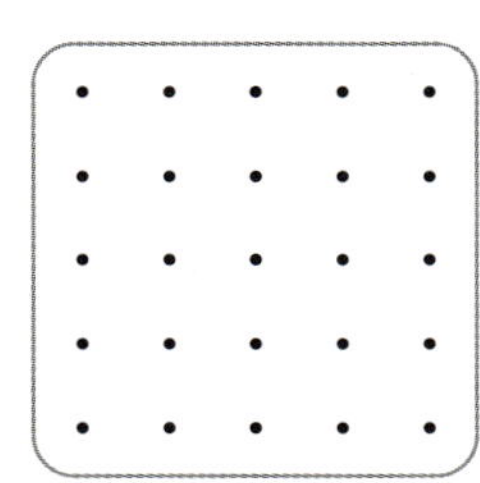

5 크기는 다를 수 있지만 생긴 모양은 항상 같은 도형의 기호를 써 보세요.

> ㉠ 삼각형   ㉡ 원   ㉢ 사각형

(   )

6 다음 도형의 꼭짓점은 모두 몇 개일까요?

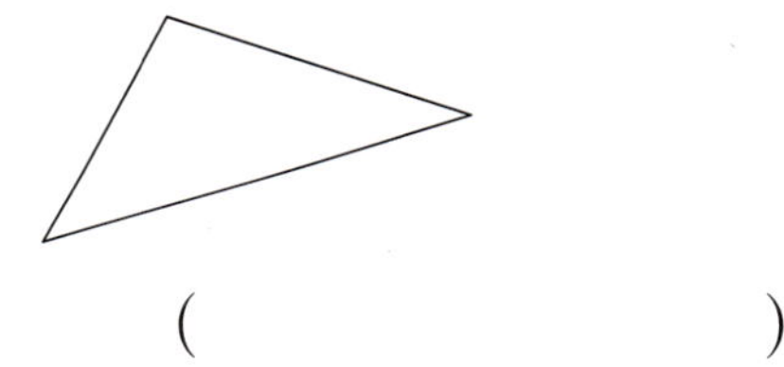

(   )

7 서로 다른 사각형 2개를 그려 보세요.

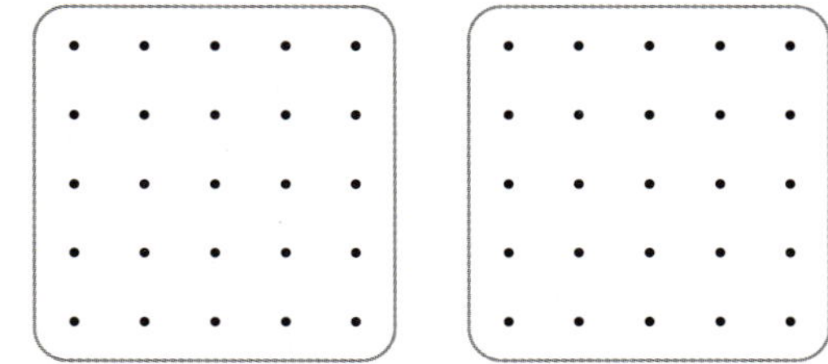

8 원을 모두 찾아 기호를 써 보세요.

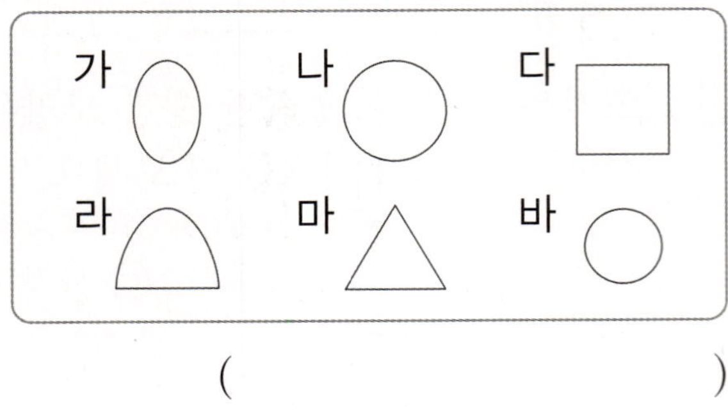

( )

9 다음 도형의 변과 꼭짓점은 각각 몇 개인지 구하세요.

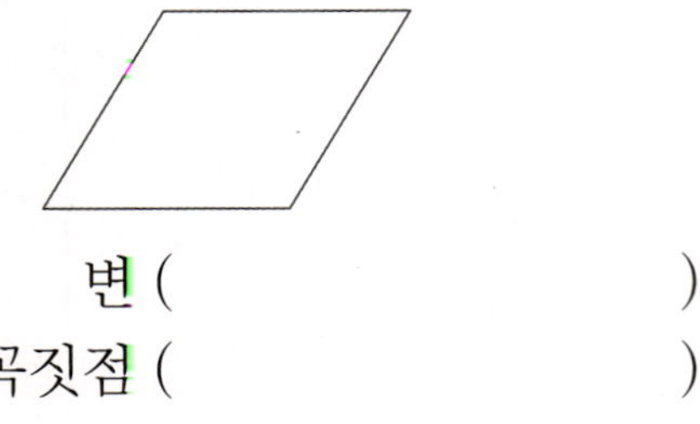

변 ( )

꼭짓점 ( )

10 그림에서 찾을 수 있는 도형의 이름을 써 보세요.

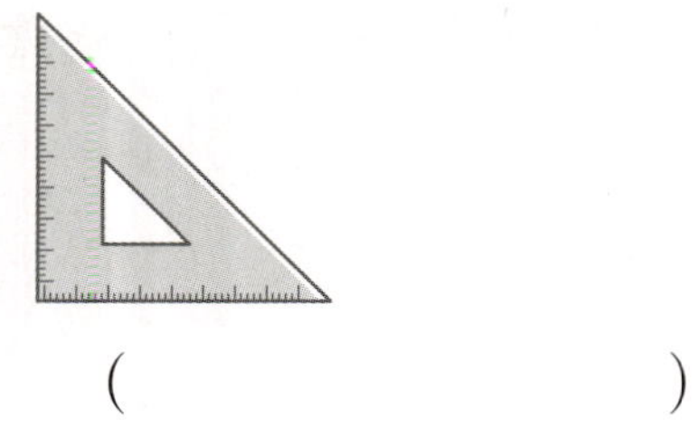

( )

〔11~12〕 도형을 보고 물음에 답하세요.

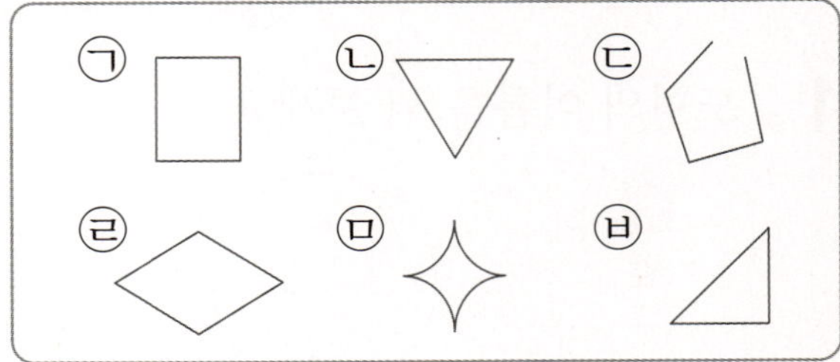

11 사각형을 모두 찾아 기호를 써 보세요.

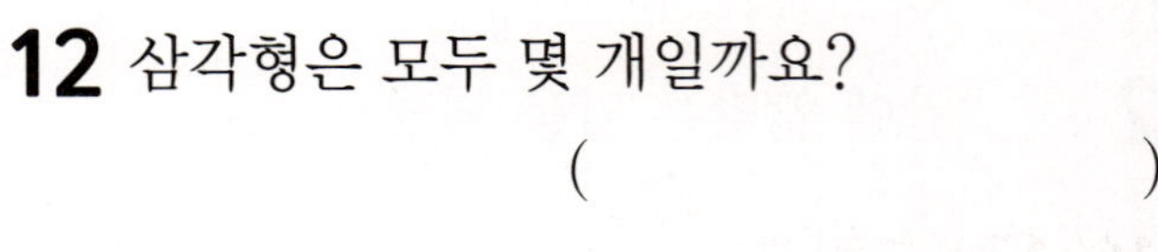

( )

12 삼각형은 모두 몇 개일까요?

( )

13 다음 모양과 똑같은 모양으로 쌓은 것을 찾아 기호를 써 보세요.

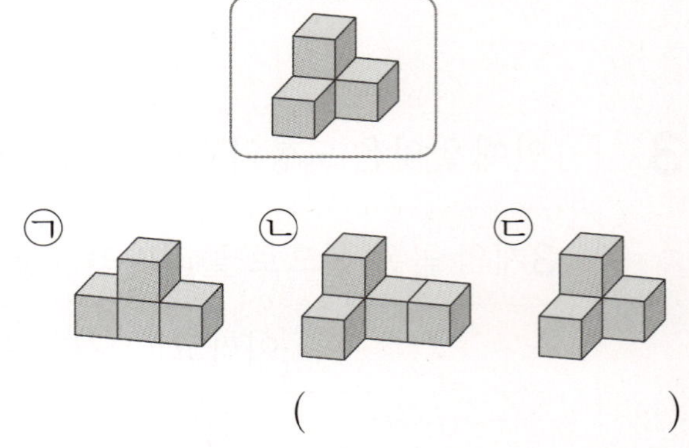

( )

14 다음 색종이를 오려서 모양과 크기가 같은 삼각형 4개를 만들려고 합니다. 어떻게 오리면 될지 선을 그어 보세요.

15 |보기|와 같이 색칠한 쌓기나무의 오른쪽에 있는 쌓기나무를 찾아 ◯표 하세요.

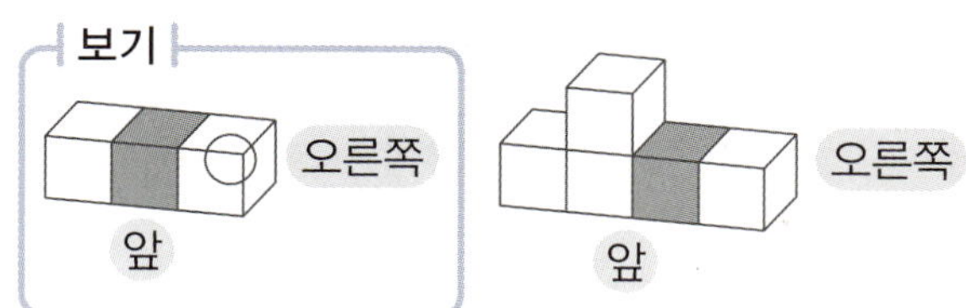

[16~17] 그림과 똑같은 모양으로 쌓으려면 쌓기나무 몇 개가 필요할까요?

16

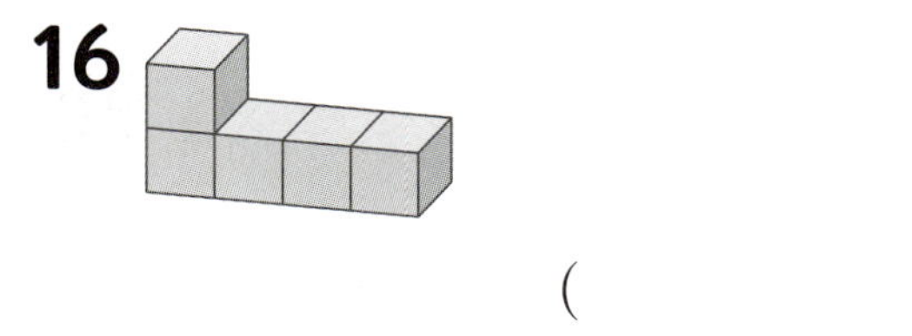

(   )

17

(   )

18 왼쪽 모양에서 쌓기나무 1개를 옮겨 오른쪽과 똑같은 모양을 만들려고 합니다. 옮겨야 할 쌓기나무에 ◯표 하세요.

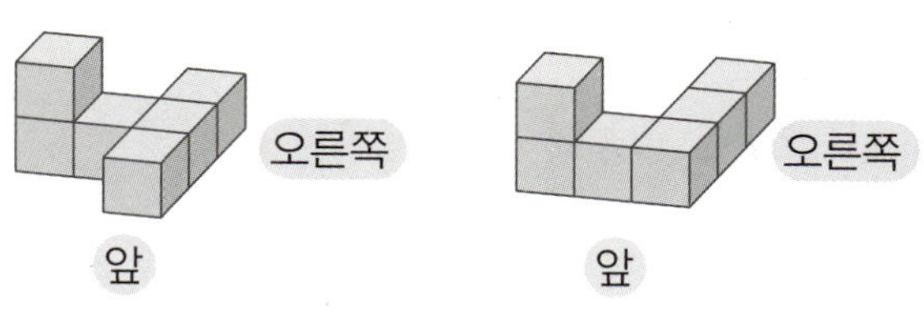

[19~20] 칠교판을 보고 물음에 답하세요.

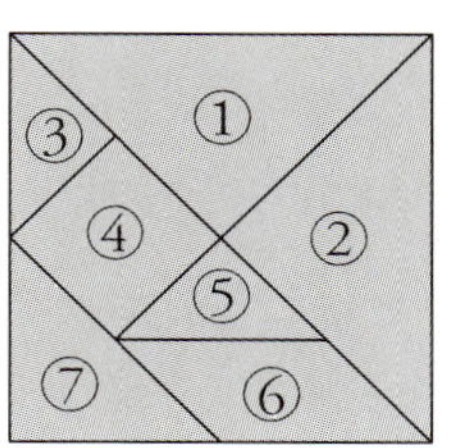

19 칠교 조각 중에서 사각형은 모두 몇 개일까요?

(   )

20 칠교 조각을 이용하여 모양을 만들었을 때 이용한 삼각형과 사각형 조각의 수를 세어 보세요.

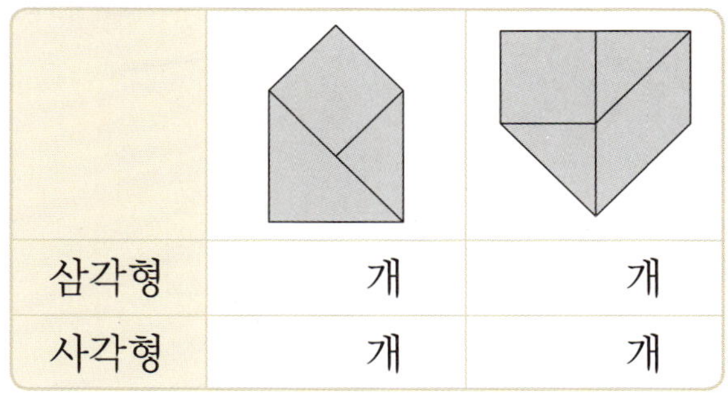

삼각형	개	개
사각형	개	개

단원평가 2회 · 여러 가지 도형

2단원

1 다음과 같은 도형의 이름을 써 보세요.

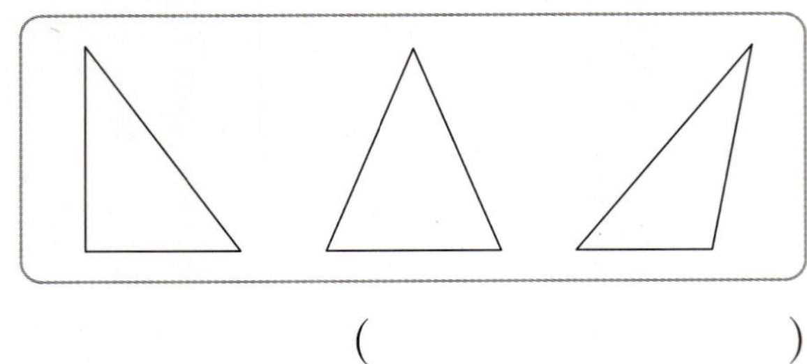

(   )

2 다음 중 사각형은 어느 것일까요?
.... (   )

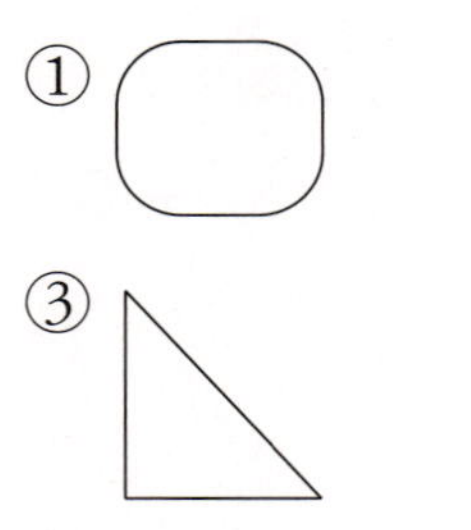

①   ②
③   ④
⑤

3 사각형을 모두 찾아 색칠해 보세요.

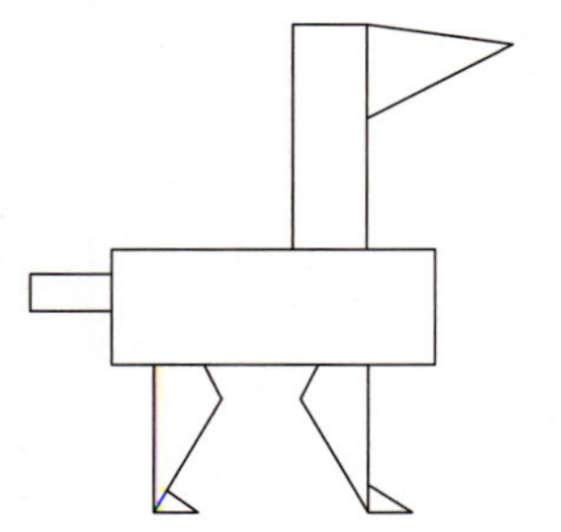

〔4~5〕도형을 보고 물음에 답하세요.

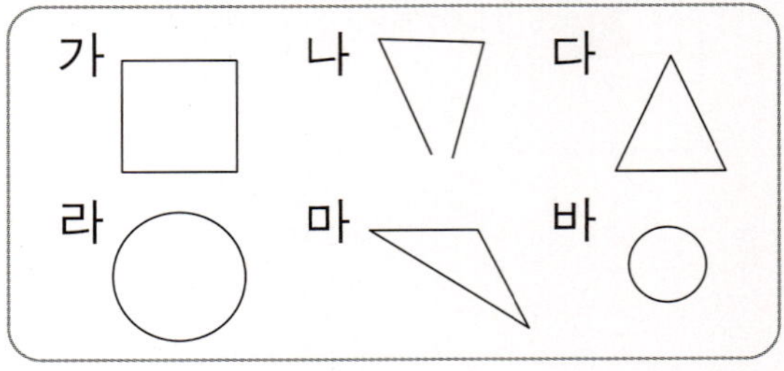

4 삼각형을 모두 찾아 기호를 써 보세요.

(   )

5 원은 모두 몇 개일까요?

(   )

6 4개의 곧은 선으로 둘러싸인 도형의 이름은 무엇일까요?

(   )

7 오른쪽 물건의 본을 떠 도형을 그렸습니다. 그린 도형의 이름을 써 보세요.

(   )

8 원에 대해 바르게 말한 사람의 이름을 써 보세요.

> 정민: 원은 곧은 선으로만 되어 있어.
> 시은: 모든 원은 크기와 모양이 모두 같아.
> 지안: 원은 뾰족한 부분이 없어.

(   )

9 오른쪽 그림은 삼각형으로 만든 돛단배입니다. 삼각형은 모두 몇 개일까요?

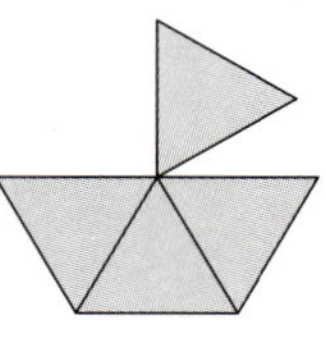

(   )

10 다음은 어떤 도형에 대한 설명일까요?

> • 어느 쪽에서 보아도 똑같이 동그란 모양입니다.
> • 꼭짓점과 변이 없습니다.

(   )

11 여러 가지 도형에 대한 설명입니다. 바르면 ○표, 틀리면 ✕표 하세요.

• 사각형의 꼭짓점은 5개입니다.

··································· (   )

• 원은 꼭짓점이 없습니다.

··································· (   )

12 색칠한 쌓기나무의 오른쪽에 있는 쌓기나무를 찾아 ○표 하세요.

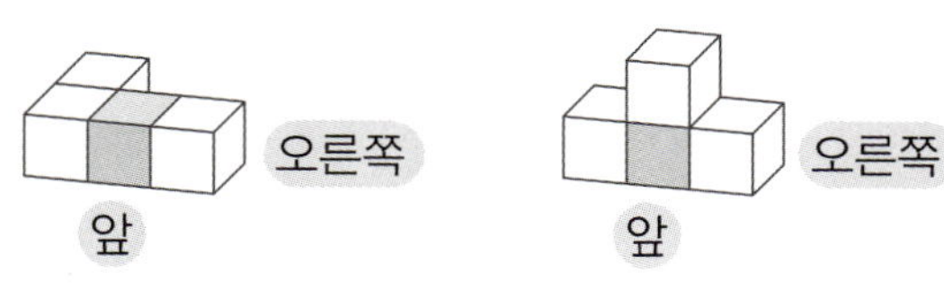

13 쌓기나무로 쌓은 모양에 대한 설명입니다. □ 안에 알맞은 수나 말을 써넣으세요.

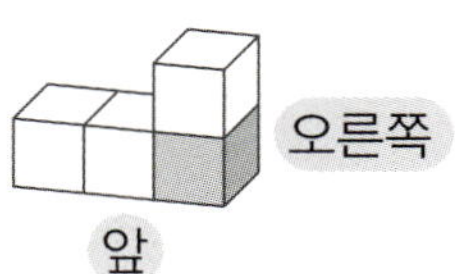

> 색칠한 쌓기나무가 1개 있고,
> 그 □ 에 쌓기나무가 1개 있습니다.
> 그리고 왼쪽으로 나란히 쌓기나무가
> □ 개 있습니다.

14 똑같은 모양으로 쌓으려면 쌓기나무가 몇 개 필요할까요?

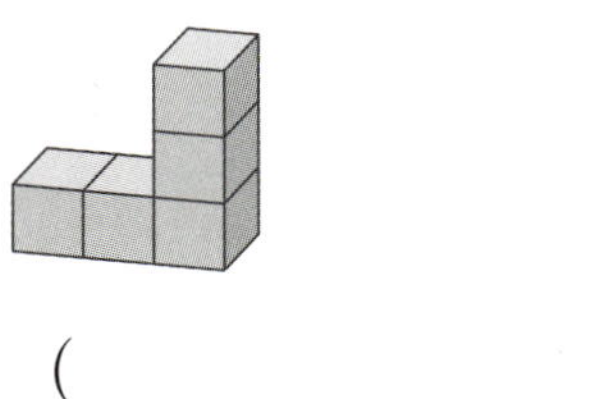

(   )

15 로봇에게 "정리해."라고 말하면 명령대로 쌓기나무를 정리합니다. 다음 모양으로 정리하려고 할 때 |보기|에서 필요한 명령어를 모두 찾아 기호를 써 보세요.

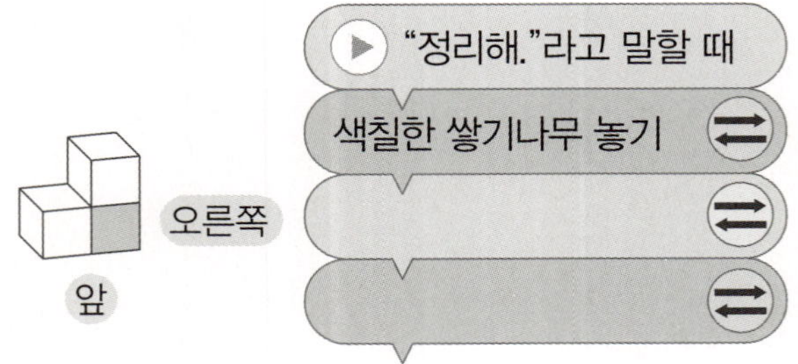

|보기|

㉠ 색칠한 쌓기나무 위에 쌓기나무 1개 놓기

㉡ 색칠한 쌓기나무 앞에 쌓기나무 1개 놓기

㉢ 색칠한 쌓기나무 오른쪽에 쌓기나무 1개 놓기

㉣ 색칠한 쌓기나무 왼쪽에 쌓기나무 1개 놓기

(   )

16 오른쪽 모양을 왼쪽 모양과 똑같이 만들려고 합니다. 쌓기나무 1개를 어느 자리에 놓아야 하는지 기호를 써 보세요.

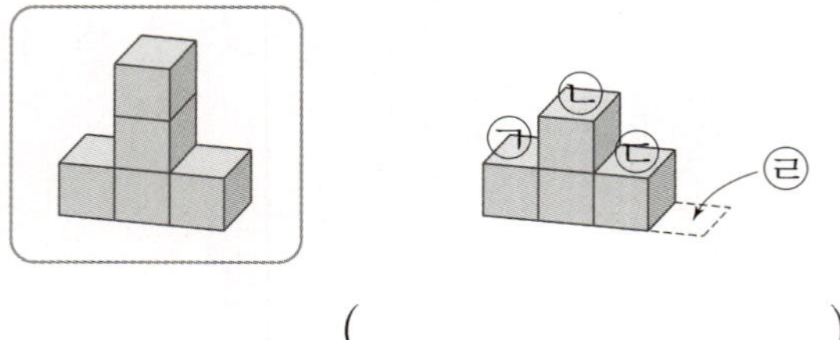

(   )

17 왼쪽 모양에서 쌓기나무 1개를 옮겨 오른쪽과 똑같은 모양을 만들려고 합니다. 옮겨야 할 쌓기나무는 어느 것인지 왼쪽 그림에서 ○표 하세요.

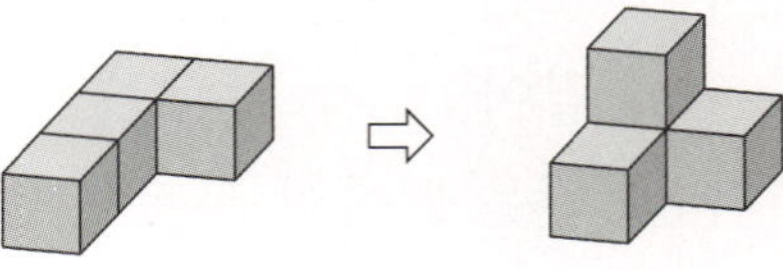

[18~20] 칠교판을 보고 물음에 답하세요.

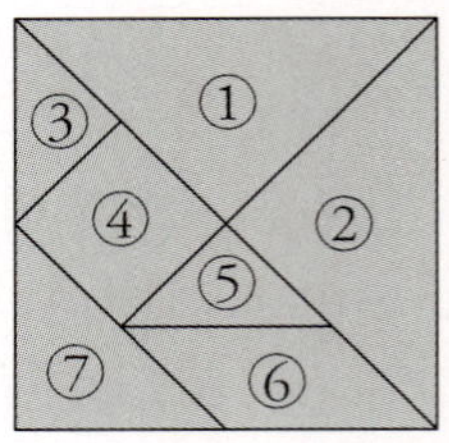

18 가장 큰 조각은 어떤 도형인지 이름을 써 보세요.

(   )

19 칠교판의 ①, ② 두 조각을 모두 이용하여 만들 수 있는 도형을 찾아 기호를 써 보세요.

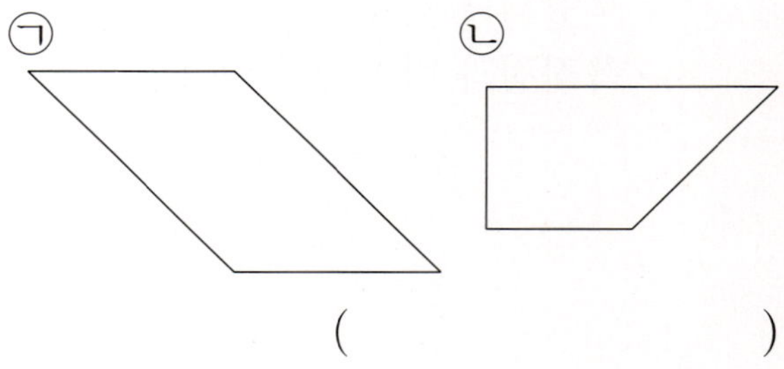

(   )

20 칠교판의 ②, ③, ④, ⑤ 네 조각을 모두 이용하여 다음 사각형을 만들어 보세요.

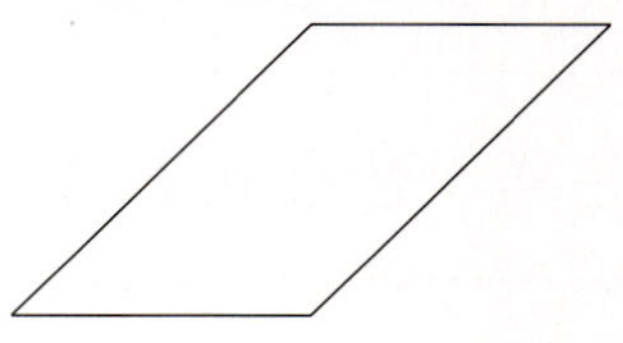

단원평가 3회 여러 가지 도형

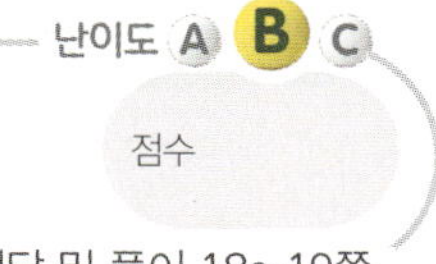

1 다음과 같은 도형의 이름을 써 보세요.

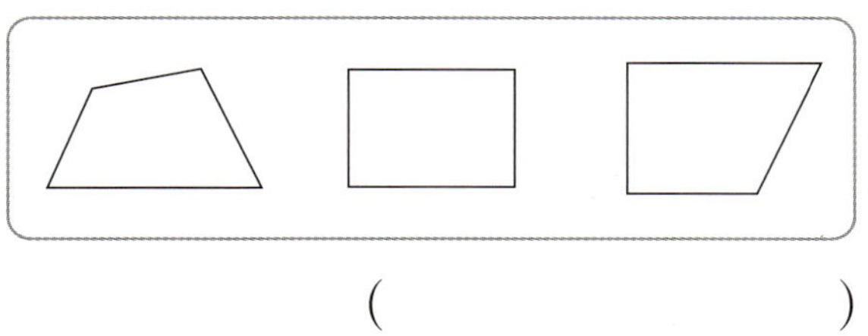

(   )

2 다음 도형 중에서 원이 <u>아닌</u> 것을 모두 찾아 ×표 하세요.

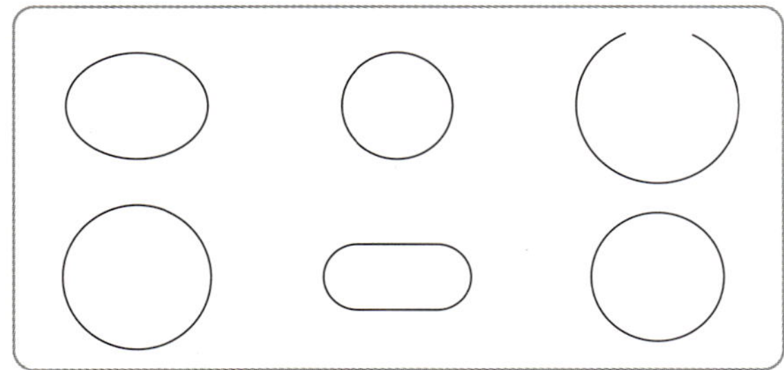

3 삼각형을 모두 찾아 색칠해 보세요.

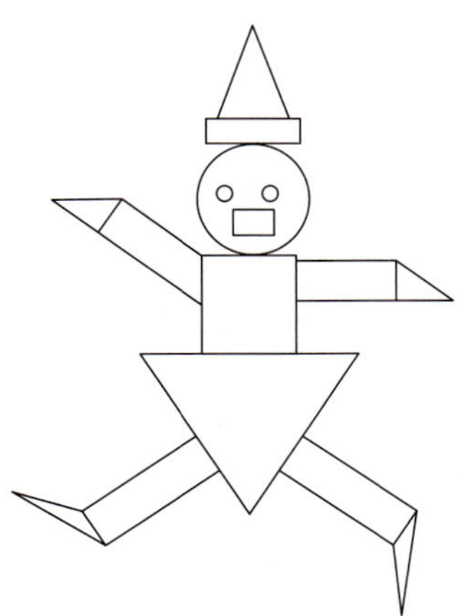

4 빈칸에 알맞은 수를 써넣으세요.

도형	변의 수(개)	꼭짓점의 수(개)
삼각형		
사각형		

5 다음 도형이 삼각형이 <u>아닌</u> 까닭을 써 보세요.

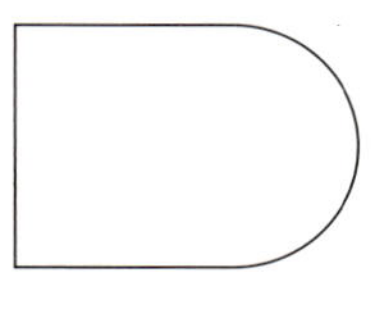

까닭 _______________________________

____

6 원에 대하여 바르게 말한 학생의 이름을 써 보세요.

> 준영: 원은 뾰족한 부분이 있어.
> 나윤: 모든 원은 모양과 크기가 같아.
> 예나: 원은 곧은 선이 없어.

(   )

7 변이 가장 많은 도형을 찾아 기호를 써 보세요.

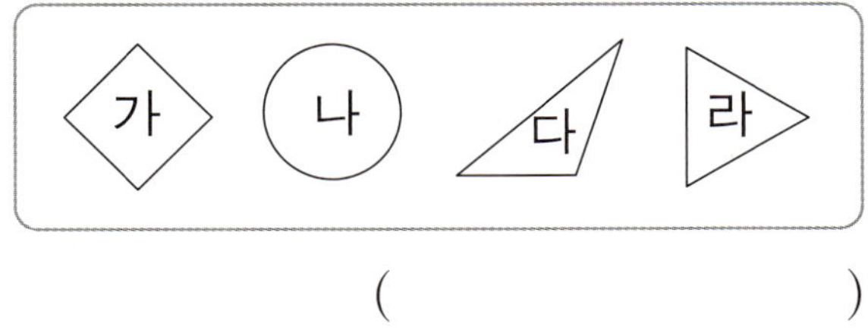

(   )

8 삼각형의 특징이 <u>아닌</u> 것을 찾아 기호를 써 보세요.

> ㉠ 곧은 선으로 둘러싸여 있습니다.
> ㉡ 꼭짓점이 4개입니다.
> ㉢ 변이 3개입니다.

(   )

9 왼쪽 모양에서 쌓기나무 1개를 옮겨 오른쪽과 똑같은 모양을 만들려고 합니다. 옮겨야 할 쌓기나무에 ○표 하세요.

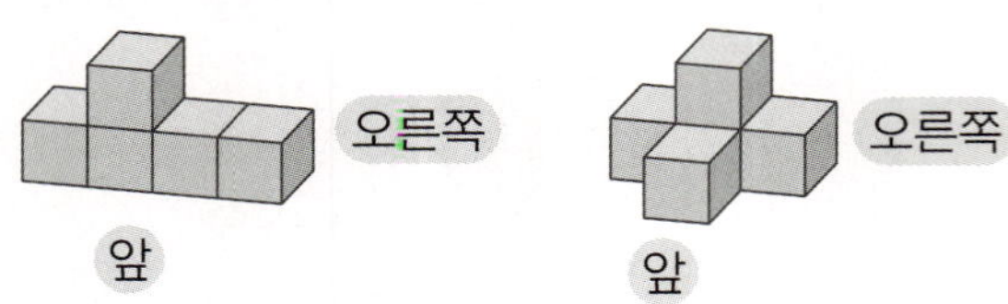

10 원을 모두 찾아 도형 안에 적힌 수의 합을 구하세요.

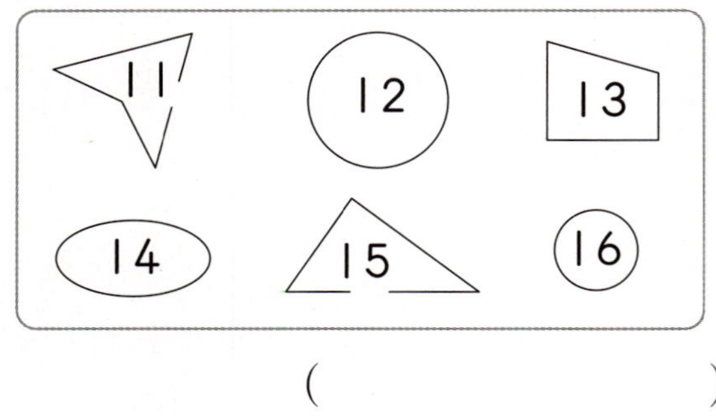

( )

11 다음과 같이 색종이를 선을 따라 모두 자르면 어떤 도형이 몇 개 생길까요?

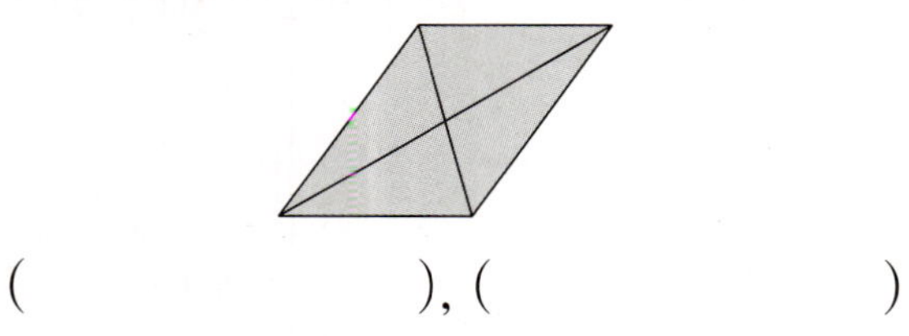

( ), ( )

12 여러 가지 도형에 대한 설명으로 옳은 것은 어느 것일까요? ……… ( )

① 원의 변은 5개입니다.
② 사각형은 변이 없습니다.
③ 삼각형의 꼭짓점은 4개입니다.
④ 삼각형은 사각형보다 변이 더 많습니다.
⑤ 삼각형은 곧은 선 3개로 둘러싸여 있습니다.

13 윤호가 설명하는 쌓기나무를 찾아 ○표 하세요.

> 윤호: 색칠한 쌓기나무의 앞에 있는 쌓기나무

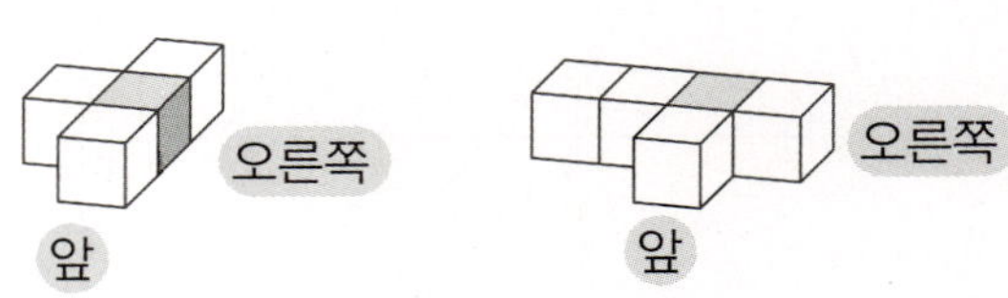

14 쌓기나무로 쌓은 모양을 바르게 설명한 것의 기호를 써 보세요.

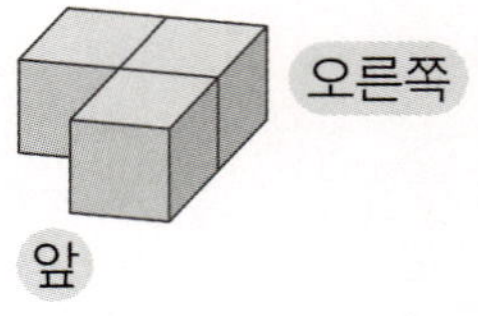

> ㉠ 쌓기나무 2개가 옆으로 나란히 있고 오른쪽 쌓기나무 위에 쌓기나무 1개가 있습니다.
> ㉡ 쌓기나무 2개가 옆으로 나란히 있고 오른쪽 쌓기나무 앞에 쌓기나무 1개가 있습니다.

( )

15 승진이와 민주가 쌓기나무를 이용하여 만든 모양입니다. 두 사람이 이용한 쌓기나무는 모두 몇 개일까요?

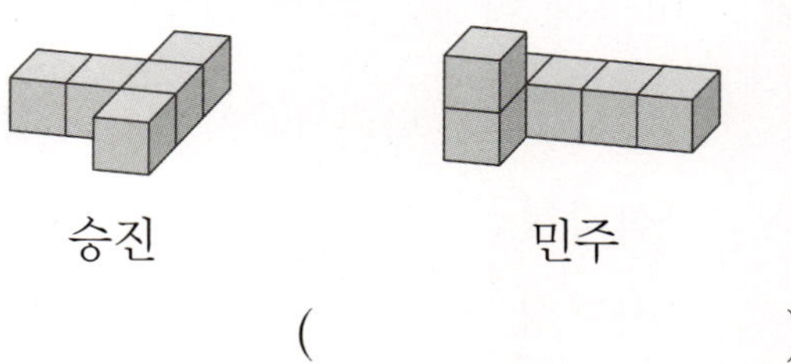

( )

16 로봇에게 "정리해."라고 말하면 명령대로 쌓기나무를 정리합니다. 다음 모양으로 정리하려고 할 때 |보기|에서 필요한 명령어를 모두 찾아 기호를 써 보세요.

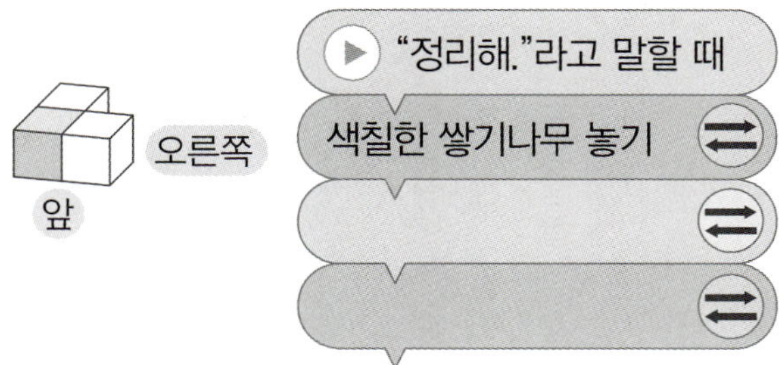

| 보기 |
ㄱ 색칠한 쌓기나무 위에 쌓기나무 ㅣ개 놓기
ㄴ 색칠한 쌓기나무 뒤에 쌓기나무 ㅣ개 놓기
ㄷ 색칠한 쌓기나무 오른쪽에 쌓기나무 ㅣ개 놓기
ㄹ 색칠한 쌓기나무 왼쪽에 쌓기나무 ㅣ개 놓기

( )

17 다음 설명을 보고 쌓기나무 모양을 만들었습니다. <u>잘못</u> 만든 사람은 누구일까요?

• 쌓기나무 6개를 사용합니다.
• ㅣ층에는 4개, 2층과 3층에 각각 ㅣ개씩 놓여 있는 모양을 만듭니다.

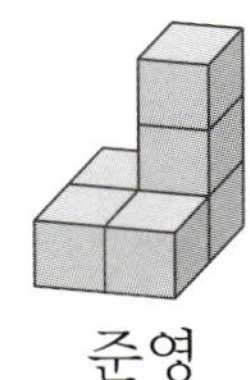
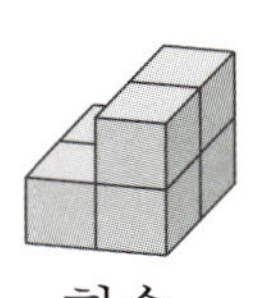

준영   현수

( )

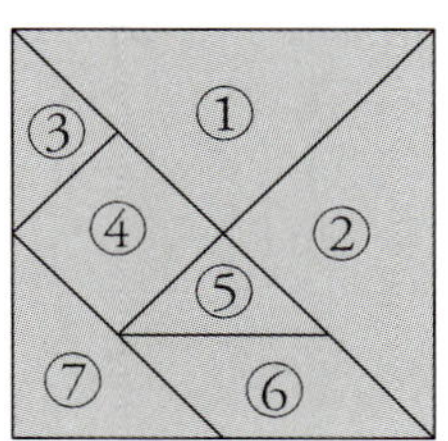

18 ③, ⑤, ⑥ 세 조각을 모두 이용하여 다음과 같은 사각형을 만들어 보세요.

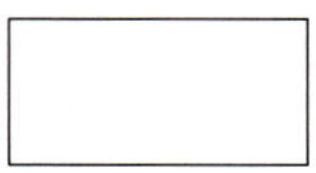

19 ④, ⑤, ⑦ 세 조각을 모두 이용하여 만들 수 <u>없는</u> 모양을 찾아 기호를 써 보세요.

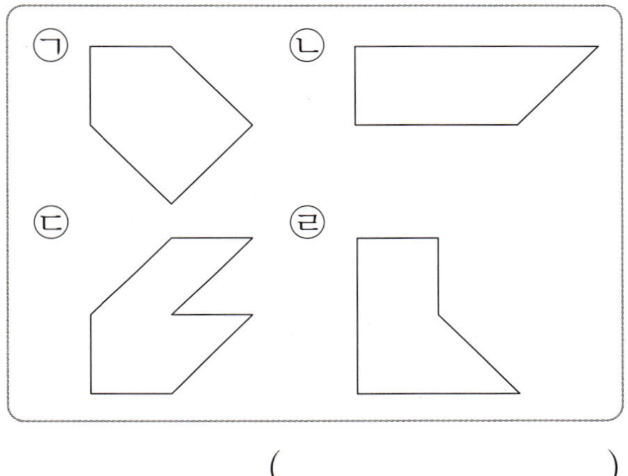

( )

20 ㉠+㉡−㉢의 값은 얼마인지 풀이 과정을 쓰고 답을 구하세요.

㉠ 사각형의 꼭짓점의 수
㉡ 삼각형의 변의 수
㉢ 원의 꼭짓점의 수

풀이

답 ______________

1 □ 안에 알맞은 수나 말을 써넣으세요.

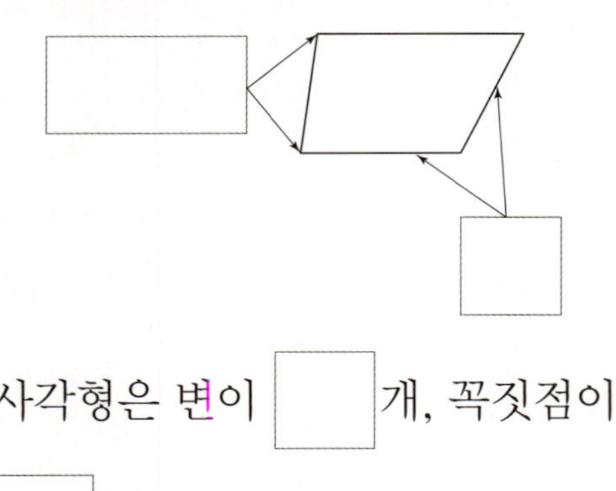

사각형은 변이 ☐ 개, 꼭짓점이

☐ 개입니다.

2 변과 꼭짓점이 없는 도형의 이름을 써 보세요.

( )

3 원을 모두 찾아 기호를 써 보세요.

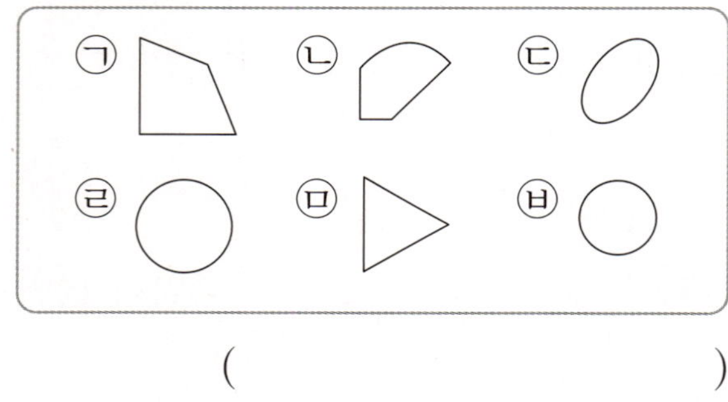

( )

4 삼각형을 모두 찾아 색칠해 보세요.

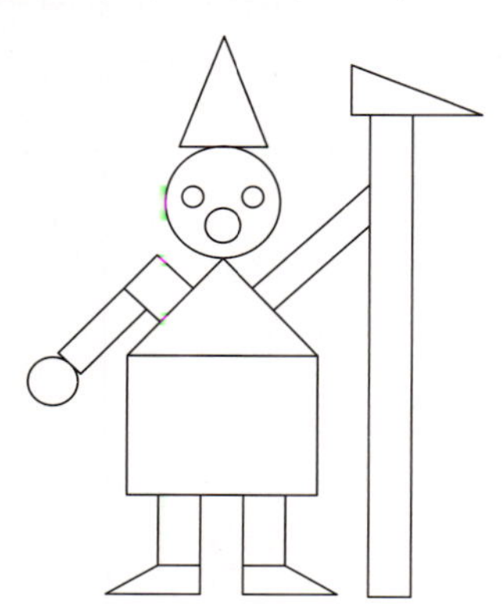

5 사용한 쌓기나무의 개수가 <u>다른</u> 모양을 찾아 기호를 써 보세요.

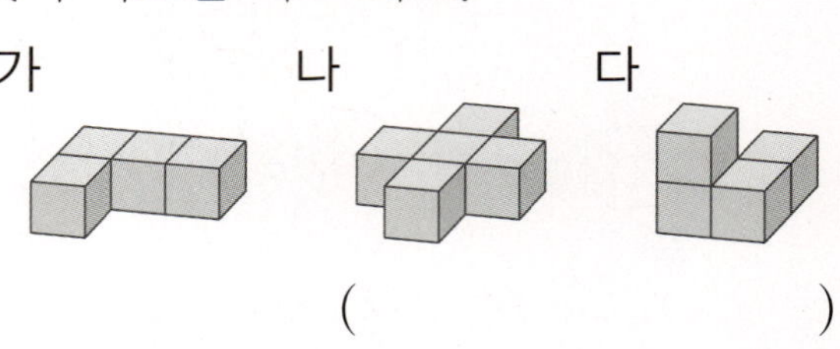

( )

6 색종이에 세 점을 꼭짓점으로 하는 삼각형을 그린 후 이 삼각형의 변을 따라 자르면 삼각형이 몇 개 생길까요?

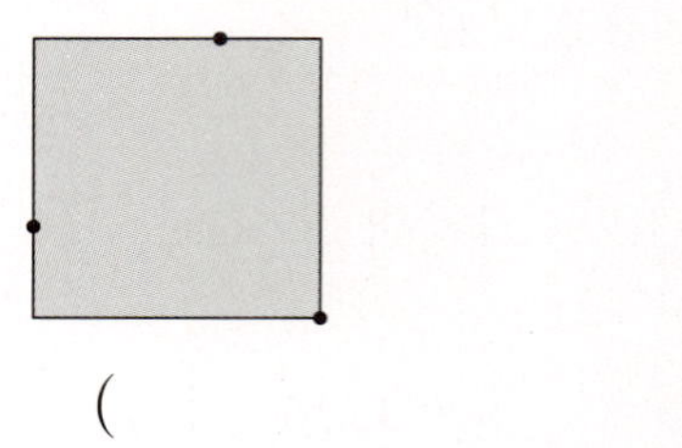

( )

7 다음 중 원에 대한 설명으로 <u>틀린</u> 것을 찾아 기호를 써 보세요.

㉠ 뾰족한 부분이 없습니다.
㉡ 동그란 모양입니다.
㉢ 곧은 선으로 둘러싸여 있습니다.
㉣ 크기는 다양하지만 생긴 모양은 서로 같습니다.

( )

8 색종이를 선을 따라 모두 잘랐을 때 생기는 사각형과 삼각형은 각각 몇 개일까요?

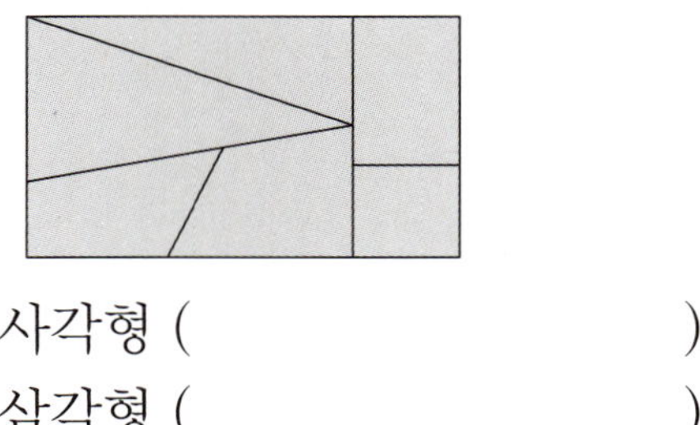

사각형 (　　　　　　　　　)

삼각형 (　　　　　　　　　)

9 모양에 대한 설명을 보고 쌓은 모양을 찾아 선으로 이어 보세요.

> 계단 모양으로 1층에 2개, 2층에 1개가 있습니다.

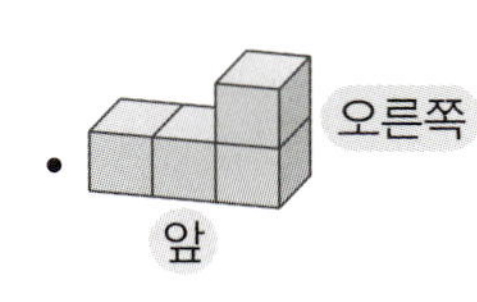

> 1층에 3개가 있고 맨 오른쪽 쌓기나무 위에 1개가 있습니다.

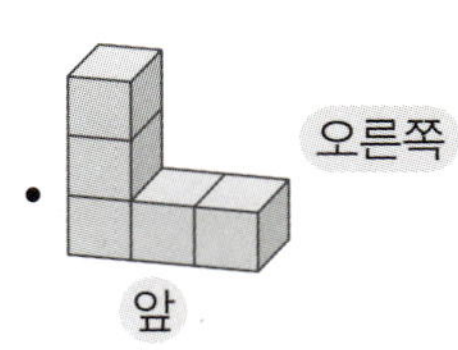

> 1층에 3개가 있고 맨 왼쪽 쌓기나무 위에 2개가 있습니다.

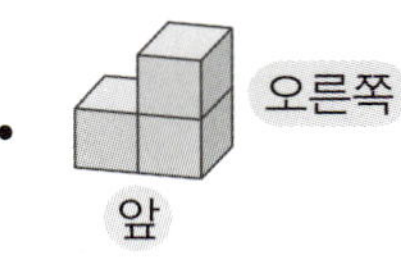

10 쌓기나무의 개수가 더 많은 것의 기호를 써 보세요.

가　　　　　　　나

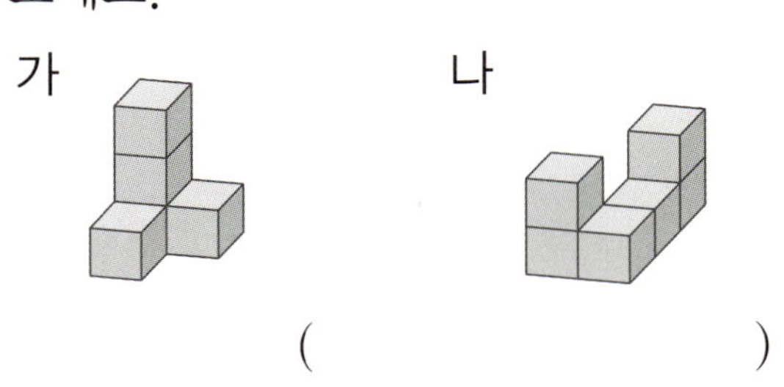

(　　　　　　　　　)

11 여러 가지 도형에 대한 설명입니다. 맞으면 ○표, 틀리면 ✕표 하세요.

- 원의 변은 10개입니다. ……(　　　)
- 사각형은 삼각형보다 변이 더 많습니다. …………………………(　　　)

12 오른쪽과 같이 색종이를 접은 다음 펴서 접힌 자국을 따라 잘랐을 때 생기는 도형의 이름을 모두 써 보세요.

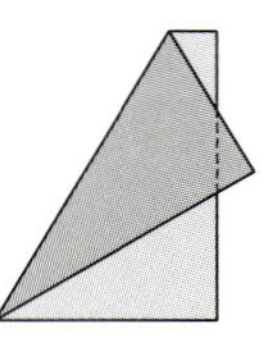

(　　　　　　　　　　　　　　　)

13 오른쪽 모양을 |보기|의 모양과 똑같이 만들려고 합니다. 오른쪽 모양에서 **빼내야** 할 쌓기나무에 ○표 하세요.

> |보기|
>
> 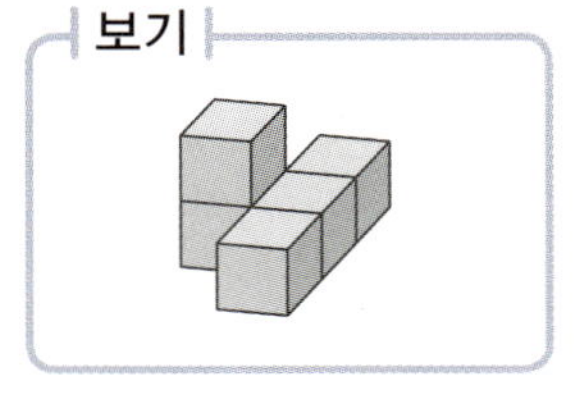

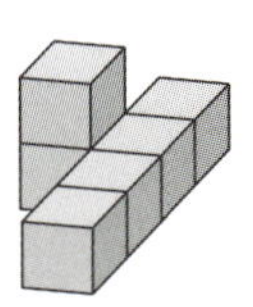

14 왼쪽 모양을 오른쪽 모양과 똑같이 쌓으려면 쌓기나무 1개를 어디에 더 놓아야 하는지 번호를 써 보세요.

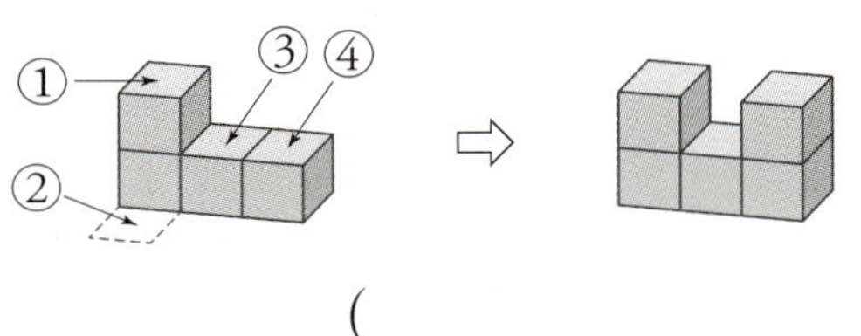

(　　　　　　　　　)

15 칠교 조각에 대해 바르게 말한 사람은 누구일까요?

> 재민: 칠교 조각 중 삼각형은 **4**개야.
> 서율: 칠교 조각 중 사각형은 **3**개야.
> 민호: 칠교 조각 중 크기가 가장 큰 조각은 삼각형이야.
> 채이: 칠교 조각에는 삼각형, 사각형, 원이 있어.

(   )

[**16~17**] 칠교판을 보고 물음에 답하세요.

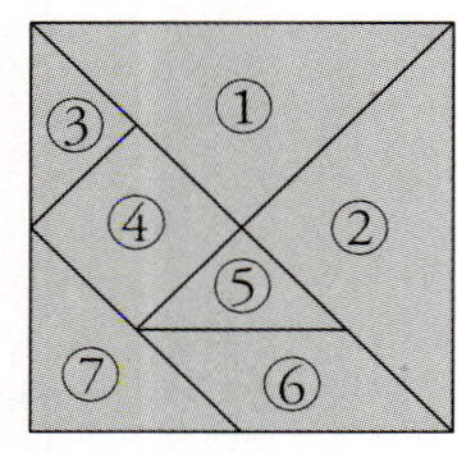

16 칠교판의 ③, ④, ⑥, ⑦ 네 조각을 모두 이용하여 다음과 같은 모양을 만들어 보세요.

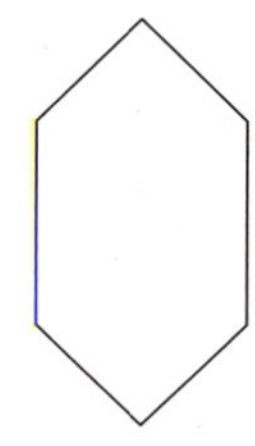

17 칠교판의 ③, ④, ⑤, ⑥ 네 조각을 모두 이용하여 다음과 같은 모양을 만들어 보세요.

18 ★과 ●의 합을 구하세요.

> • 사각형의 변은 ★개입니다.
> • 삼각형의 꼭짓점은 ●개입니다.

(   )

19 다음 그림에서 찾을 수 있는 사각형은 모두 몇 개일까요?

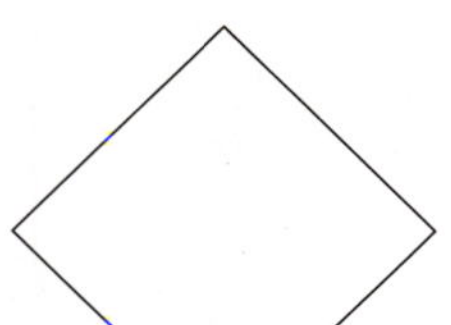

(   )

20 쌓기나무로 쌓은 모양을 설명해 보세요.

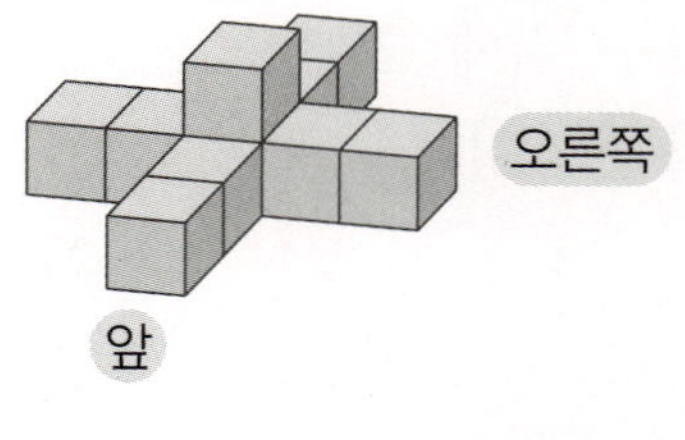

____

____

____

단원평가 5회 — 여러 가지 도형

[1~2] 여러 가지 도형을 보고 물음에 답하세요.

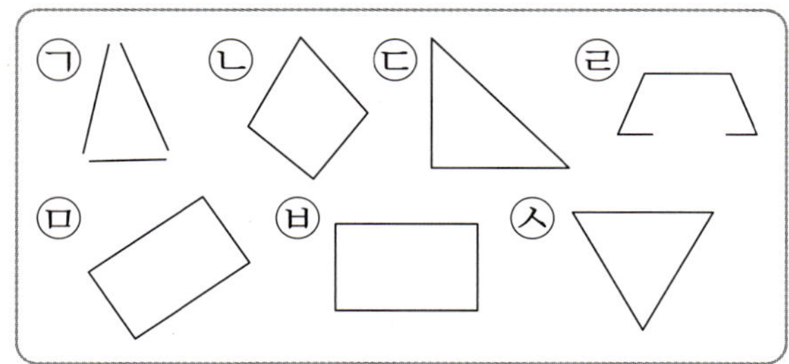

1 삼각형은 모두 몇 개일까요?

(   )

2 변이 4개인 도형은 모두 몇 개일까요?

(   )

3 삼각형을 완성해 보세요.

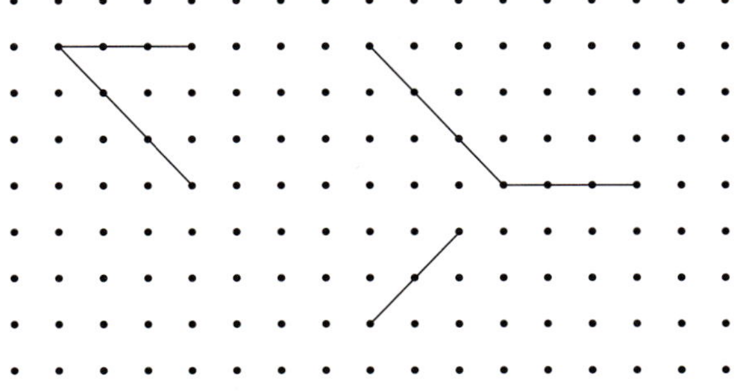

4 삼각형의 변의 개수와 꼭짓점의 개수의 합을 구하세요.

(   )

5 삼각형을 모두 찾아 도형 안에 쓰인 수의 합을 구하세요.

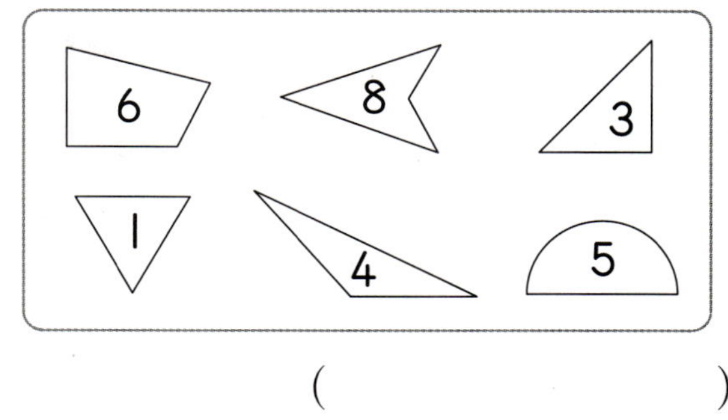

(   )

6 다음 설명에 맞는 도형을 그려 보세요.

- 사각형입니다.
- 도형의 안쪽에 점이 5개 있습니다.

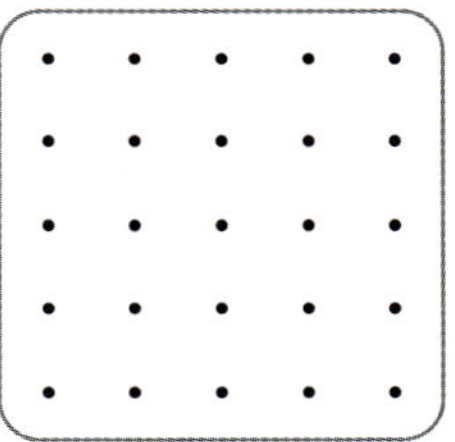

7 다음 중 쌓기나무 5개로 만들 수 있는 모양이 <u>아닌</u> 것은 어느 것일까요?

(   )

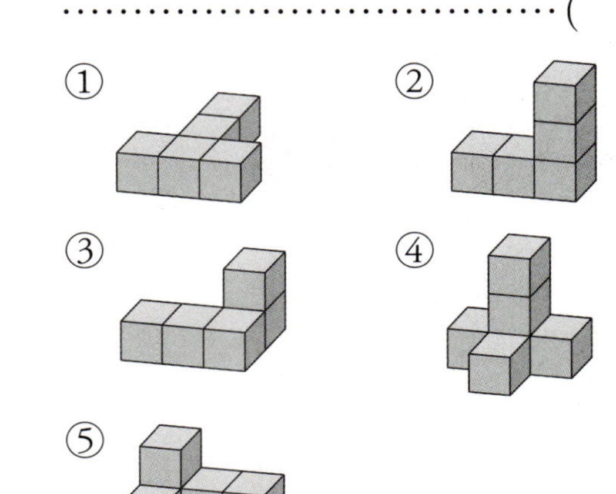

8 사각형이 가지고 있는 공통의 특징이 <u>아닌</u> 것은 어느 것일까요?………… (　　　)

① 변이 **4**개입니다.
② 꼭짓점이 **4**개입니다.
③ 곧은 선들이 서로 만납니다.
④ 곧은 선으로 둘러싸여 있습니다.
⑤ 크기는 서로 다르지만 생긴 모양이 서로 같습니다.

9 쌓기나무의 개수가 많은 것부터 차례대로 기호를 써 보세요.

가　　　　나　　　　다

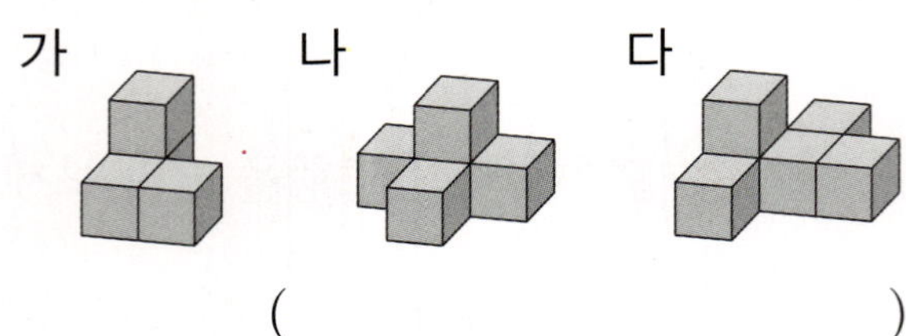

(　　　　　　　　　)

10 오른쪽 모양에서 쌓기나무 **1**개를 옮겨 왼쪽과 똑같은 모양을 만들려고 합니다. 옮겨야 할 쌓기나무의 기호를 써 보세요.

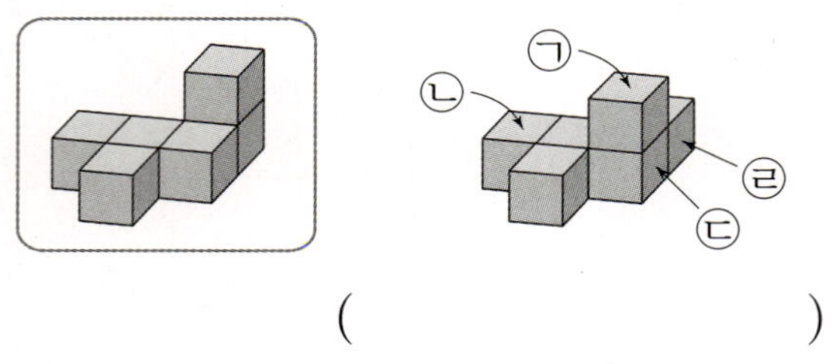

(　　　　　　　　　)

11 쌓기나무 **1**개를 더 놓으면 보기의 모양과 똑같아지는 모양의 기호를 써 보세요.

보기

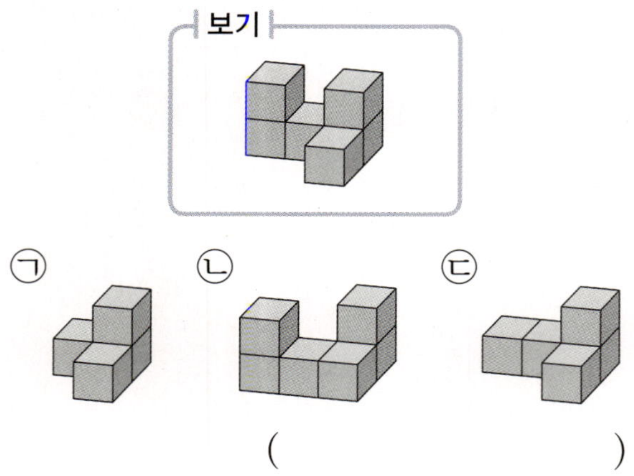

(　　　　　　　　　)

12 색종이를 선을 따라 모두 잘랐을 때 생기는 삼각형은 사각형보다 몇 개 더 많을까요?

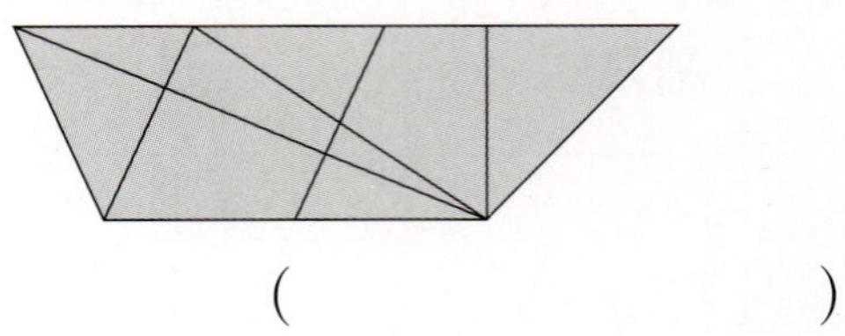

(　　　　　　　　　)

13 다음 도형이 원이 <u>아닌</u> 까닭을 써 보세요.

까닭 ________________________________

____

14 정현이와 연준이는 다음과 같은 모양을 만들었습니다. 두 사람이 사용한 쌓기나무는 모두 몇 개일까요?

정현　　　　　　　　연준

(　　　　　　　　　)

15 칠교 조각에 대해 바르게 설명한 것이 <u>아닌</u> 것을 찾아 기호를 써 보세요.

> ㉠ 칠교 조각에는 삼각형, 사각형이 있습니다.
> ㉡ 칠교 조각 중 삼각형은 **5**개입니다.
> ㉢ 칠교 조각 중 사각형은 **2**개입니다.
> ㉣ 칠교 조각 중 크기가 가장 큰 조각은 사각형입니다.

(　　　　　　　　　)

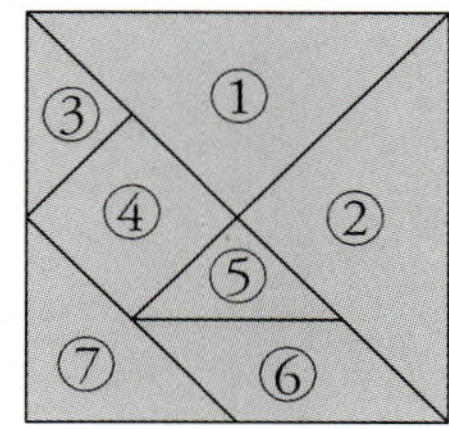

16 칠교판의 ③, ⑤, ⑥, ⑦ 네 조각을 모두 이용하여 다음 모양을 만들어 보세요.

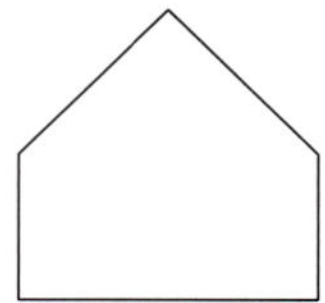

17 칠교판의 ①, ②, ⑤, ⑥ 네 조각을 모두 이용하여 다음과 같은 집 모양을 만들어 보세요.

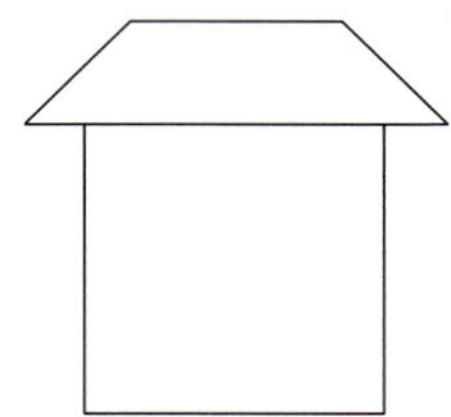

18 쌓기나무로 쌓은 모양에 대한 설명입니다. <u>틀린</u> 부분을 모두 찾아 바르게 고쳐 보세요.

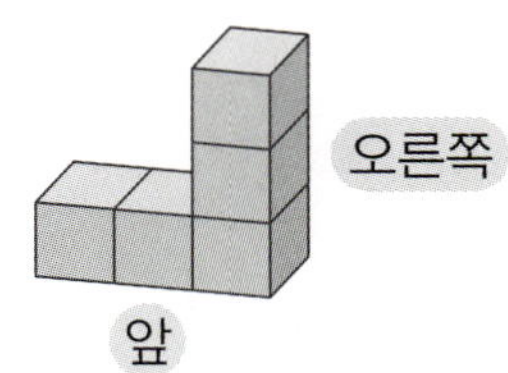

> ㅣ층에 쌓기나무 **3**개가 옆으로 나란히 있고, 맨 왼쪽 쌓기나무 위에 쌓기나무 ㅣ개가 있습니다.

19 로봇에게 "정리해."라고 말하면 명령대로 쌓기나무를 정리합니다. 다음 모양으로 정리하려고 할 때 │보기│에서 필요한 명령어를 모두 찾아 기호를 써 보세요.

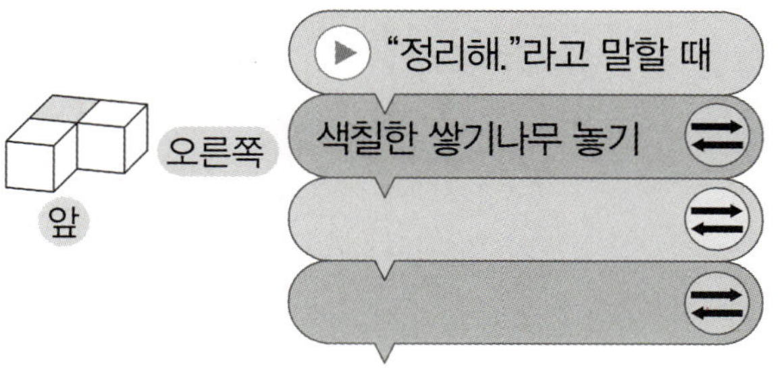

│보기│

ㄱ 색칠한 쌓기나무 위에 쌓기나무 ㅣ개 놓기

ㄴ 색칠한 쌓기나무 앞에 쌓기나무 ㅣ개 놓기

ㄷ 색칠한 쌓기나무 왼쪽에 쌓기나무 ㅣ개 놓기

ㄹ 색칠한 쌓기나무 오른쪽에 쌓기나무 ㅣ개 놓기

(   )

20 그림에서 찾을 수 있는 크고 작은 사각형은 모두 몇 개일까요?

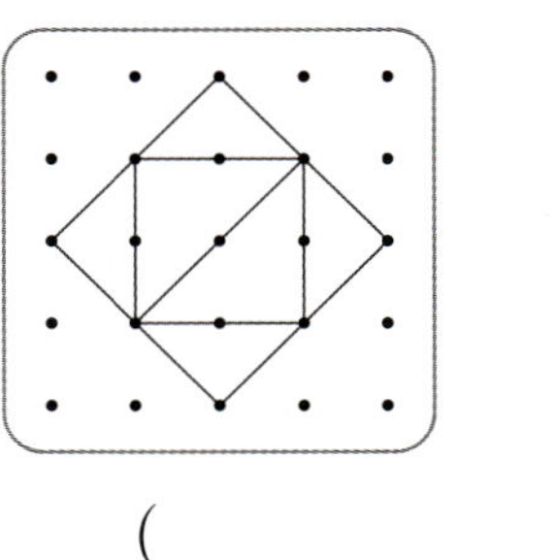

(   )

서술형 평가 ① 여러 가지 도형

스피드 정답 4쪽 | 정답 및 풀이 21쪽

1 사각형과 삼각형을 그리고 변의 수의 합을 구하세요.

❶ 사각형과 삼각형을 **1**개씩 그려 보세요.

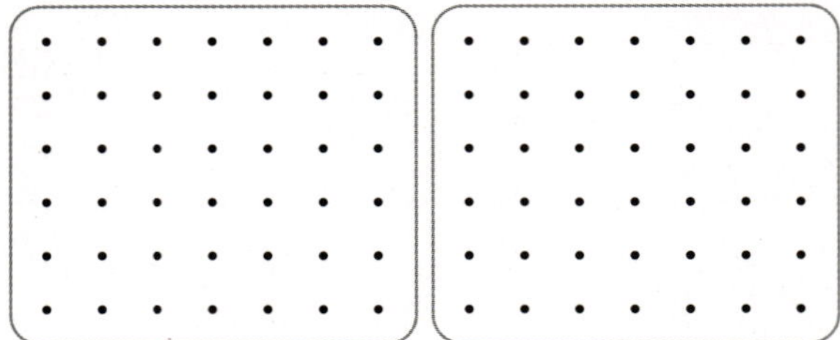

❷ 사각형과 삼각형의 변의 수의 합은 몇 개일까요?

(   )

2 삼각형을 <u>잘못</u> 그린 사람은 누구인지 알아보고 잘못 그린 까닭을 써 보세요.

민서 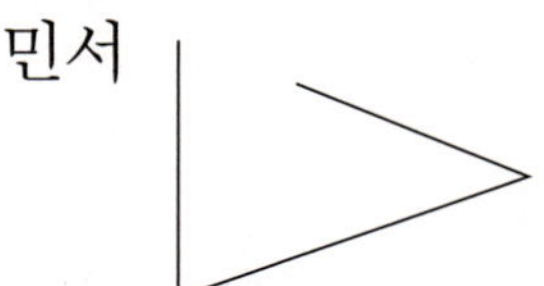　　　유림 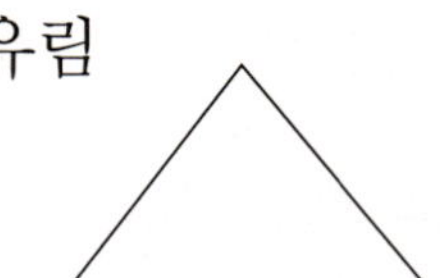

❶ 삼각형을 <u>잘못</u> 그린 사람은 누구일까요?

(   )

❷ 잘못된 까닭을 써 보세요.

까닭 ____

3 사각형에 적힌 수의 합을 구하세요.

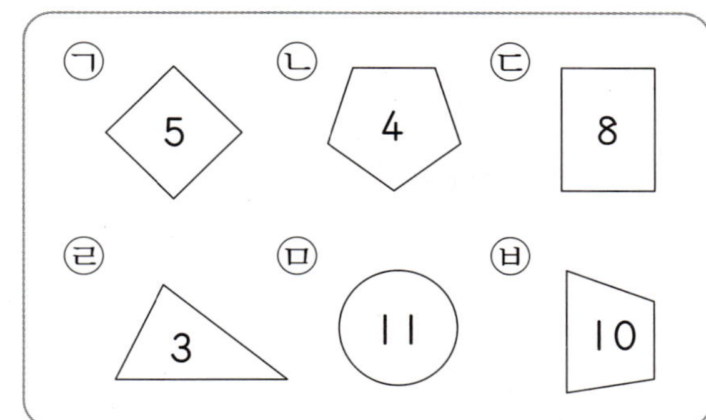

❶ 사각형을 모두 찾아 기호를 써 보세요.

(   )

❷ 사각형에 적힌 수의 합을 구하세요.

(   )

4 쌓기나무 10개 중에서 몇 개를 사용하여 다음과 같은 모양을 만들었습니다. 남은 쌓기나무는 몇 개인지 알아보세요.

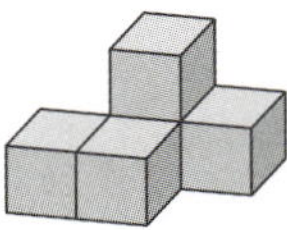

❶ 주어진 모양을 만드는 데 사용한 쌓기나무는 몇 개일까요?

(   )

❷ 남은 쌓기나무는 몇 개일까요?

(   )

1 쌓기나무 **9**개 중에서 몇 개를 사용하여 다음과 같은 모양을 만들었습니다. 남은 쌓기나무는 몇 개인지 풀이 과정을 쓰고 답을 구하세요.

풀이

답 _______________________

> ✎ **어떻게 풀까요?**
>
> 모양을 만들기 위해 사용한 쌓기나무의 개수를 세어 봅니다.

2 ㉠과 ㉡ 두 모양을 만들려면 쌓기나무는 모두 몇 개 필요한지 풀이 과정을 쓰고 답을 구하세요.

㉠   ㉡

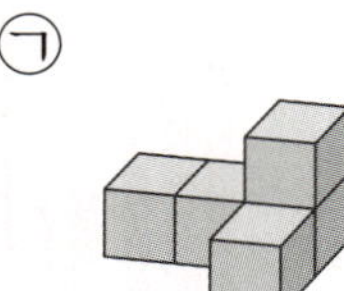 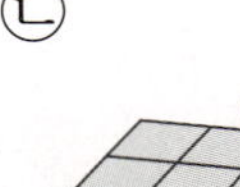

풀이

답 _______________________

> ✎ **어떻게 풀까요?**
>
> 각 모양별로 사용한 쌓기나무의 개수를 각각 세어 보고 합을 구합니다.

3 그림에서 찾을 수 있는 크고 작은 삼각형은 모두 몇 개인지 풀이 과정을 쓰고 답을 구하세요.

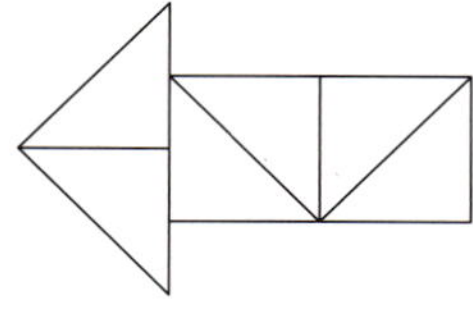

풀이

답 ______________________

4 그림에서 찾을 수 있는 크고 작은 사각형은 모두 몇 개인지 풀이 과정을 쓰고 답을 구하세요.

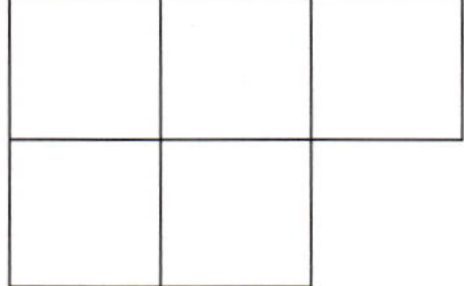

풀이

답 ______________________

1 삼각형과 사각형의 같은 점을 찾아 기호를 써 보세요.

> ㉠ 꼭짓점이 **4**개입니다.
> ㉡ 변이 **3**개입니다.
> ㉢ 곧은 선들로 둘러싸여 있습니다.

( )

2 칠교판의 조각에는 삼각형 모양 조각이 모두 몇 개 있는지 세어 보세요.

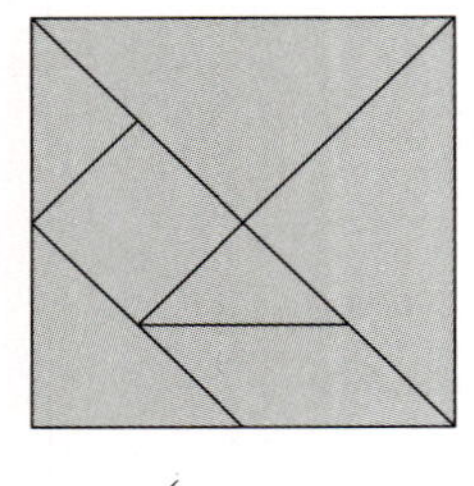

( )

3 원의 특징으로 옳지 <u>않은</u> 것을 찾아 기호를 써 보세요.

> ㉠ 뾰족한 부분이 있습니다.
> ㉡ 생긴 모양이 서로 같습니다.
> ㉢ 어느 쪽에서 보아도 동그란 모양입니다.

( )

4 삼각형과 사각형의 개수의 합을 구하세요.

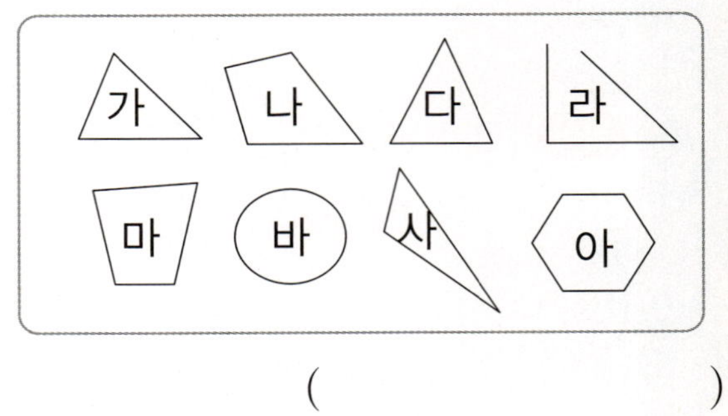

( )

5 삼각형은 원보다 몇 개 더 많을까요?

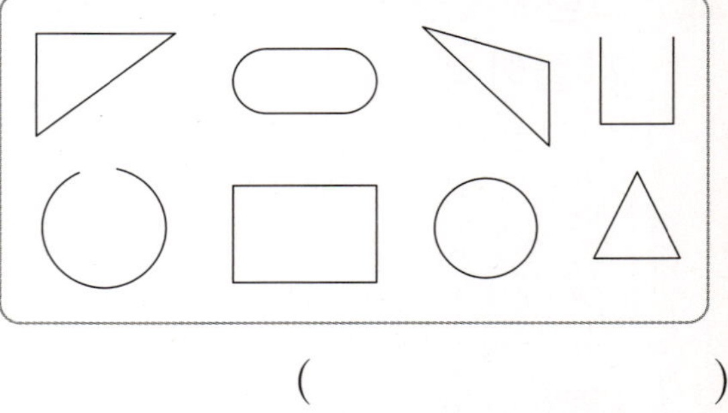

( )

3 단원

덧셈과 뺄셈

개념정리 — 덧셈과 뺄셈

개념 ① 여러 가지 방법으로 덧셈하기

(1) $27+5$의 계산

방법1 이어 세기로 구하기

27 28 29 30 31 32

$$\Rightarrow 27+5=❶$$

방법2 수 모형으로 구하기

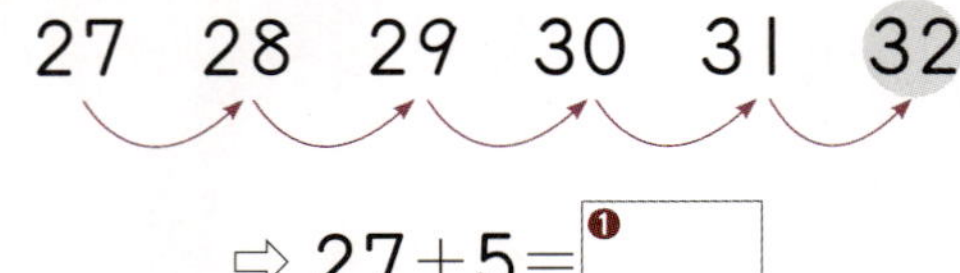

$$\Rightarrow 27+5=32$$

(2) $18+26$의 계산

방법1 26을 가르기하여 구하기

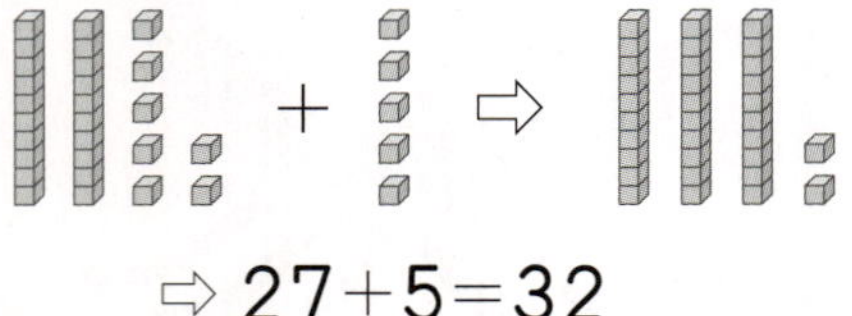

$$18+26 = 18+20+6$$
$$= 38+6$$
$$= ❷$$

(가르기: 20   6)

방법2 세로셈으로 구하기

$$\begin{array}{r} 1 \\ 1\,8 \\ +\ 2\,6 \\ \hline ❸\ 4 \end{array}$$

(3) $42+83$의 계산

$$\begin{array}{r} 1 \\ 4\,2 \\ +\ 8\,3 \\ \hline 1\,2\,5 \end{array}$$

> **참고**
>
> 일 모형 10개는 십 모형 1개와 같습니다.
> 십 모형 10개는 백 모형 1개와 같습니다.

개념 ② 여러 가지 방법으로 뺄셈하기

(1) $33-5$의 계산

방법1 거꾸로 세기로 구하기

28 29 30 31 32 33

$$\Rightarrow 33-5=28$$

방법2 /으로 지워 구하기

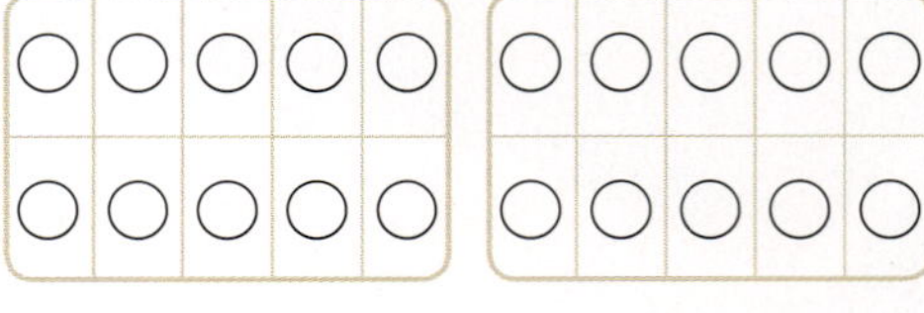
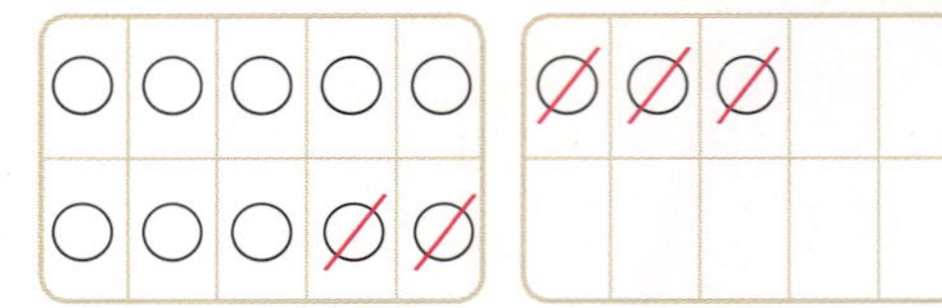

$$\Rightarrow 33-5=❹$$

(2) $30-12$의 계산

방법1 12를 가르기하여 구하기

$$30-12 = 30-10-2$$
$$= 20-2$$
$$= ❺$$

(가르기: 10   2)

방법2 세로셈으로 구하기

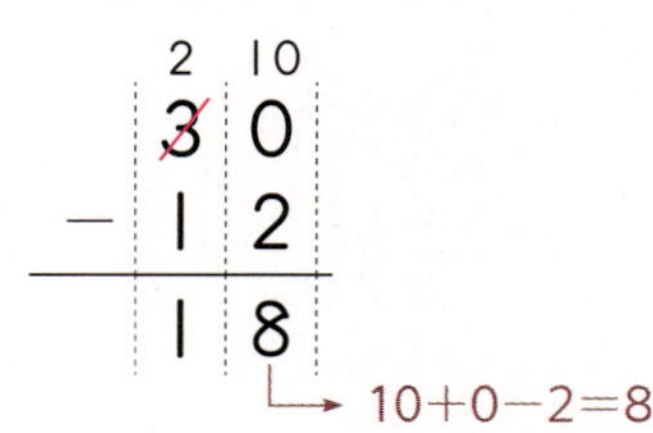

$$\begin{array}{r} 2\ \ 10 \\ \cancel{3}\ \ 0 \\ -\ 1\ \ 2 \\ \hline 1\ \ 8 \end{array}$$

$\llcorner 10+0-2=8$

(3) $93-47$의 계산

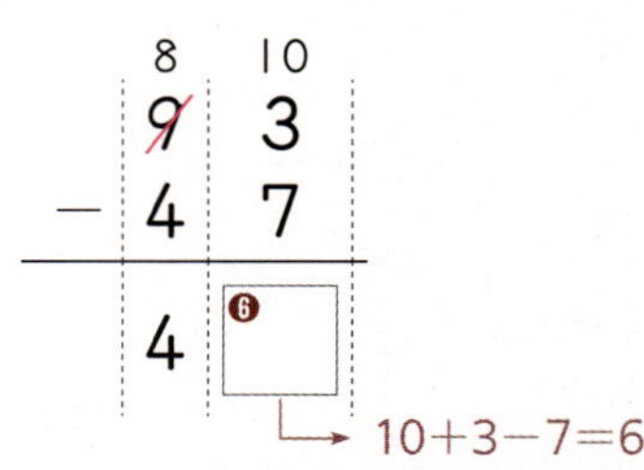

$$\begin{array}{r} 8\ \ 10 \\ \cancel{9}\ \ 3 \\ -\ 4\ \ 7 \\ \hline 4\ \ ❻ \end{array}$$

$\llcorner 10+3-7=6$

| 정답 | ❶ 32   ❷ 44   ❸ 4   ❹ 28   ❺ 18   ❻ 6

개념 ③ 세 수의 계산

(1) $35+18-26$의 계산

$$35+18-26=\boxed{\text{⑧}}$$

① ②
27

(2) $63-27+18$의 계산

$$63-27+18=54$$

① 36 ②
54

참고

다음과 같이 계산하면 틀려요!

$$63-27+18=18\,(\times)$$

① 45 ②
18

덧셈과 뺄셈이 섞여 있는 세 수의 계산은
앞에서부터 순서대로 계산합니다.

개념 ④ 덧셈과 뺄셈의 관계를 식으로 나타내기

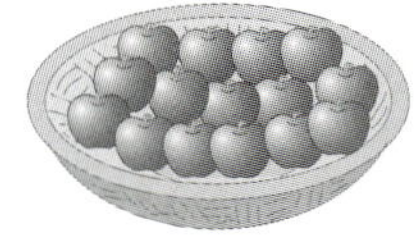 

사과 15개   감 13개

(1) 덧셈식을 뺄셈식으로 나타내기
  • 사과와 감은 모두 몇 개인지 덧셈식으로 나타
    내면 $15+13=28$입니다.
  • 덧셈식 $15+13=28$을 보고, 뺄셈식으로
    나타내기

$$15+13=28 \begin{cases} 28-15=13 \\ 28-\boxed{\text{⑨}}=15 \end{cases}$$

(2) 뺄셈식을 덧셈식으로 나타내기
  • 감은 몇 개인지 뺄셈식으로 나타내면
    $28-15=13$입니다.
  • 뺄셈식 $28-15=13$을 보고, 덧셈식으로
    나타내기

$$28-15=13 \begin{cases} 13+15=28 \\ 15+\boxed{\text{⑩}}=28 \end{cases}$$

개념 ⑤ □의 값 구하기

(1) 모르는 수를 □를 사용하여 덧셈식으로 나타내
   고 □의 값 구하기

> 빵이 3개 있습니다. 몇 개 더 만들었더니
> 빵은 모두 11개가 되었습니다.

더 만든 빵의 수

식 $\qquad 3+\square=11$

$3+\square=11$에서
$11-3=\square$이므로 $\square=8$입니다.
따라서 더 만든 빵은 8개입니다.

(2) 모르는 수를 □를 사용하여 뺄셈식으로 나타내
   고 □의 값 구하기

> 도토리가 12개 있습니다. 다람쥐에게 몇
> 개를 주었더니 남은 도토리는 9개입니다.

식 $\qquad 12-\square=9$

$12-\square=9$에서
$12-9=\square$이므로 $\square=3$입니다.
따라서 다람쥐에게 준 도토리는 3개입니다.

| 정답 | ❼ 53 ❽ 27 ❾ 13 ❿ 13

3 단원

쪽지시험 1회 덧셈과 뺄셈

점수

1 △를 그려 덧셈을 해 보세요.

$$27+6=\boxed{}$$

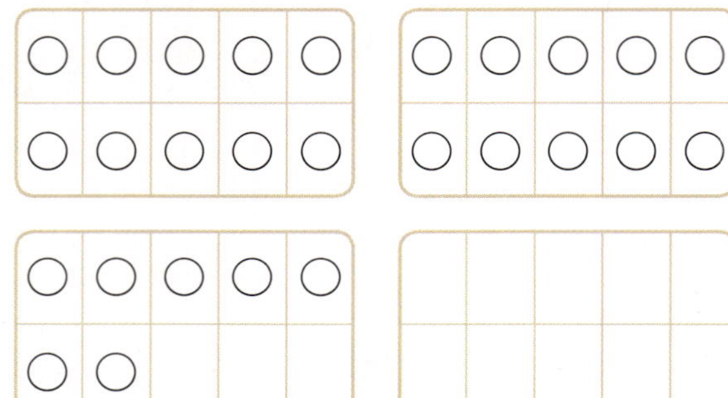

2 그림을 보고 덧셈을 해 보세요.

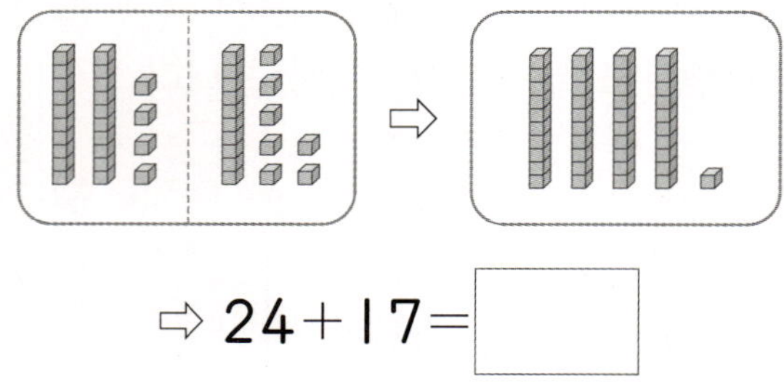

$$\Rightarrow 24+17=\boxed{}$$

[3~8] 계산해 보세요.

3
$$\begin{array}{r} 4\,5 \\ +\ \ 6 \\ \hline \end{array}$$

4
$$\begin{array}{r} 4\,3 \\ +4\,8 \\ \hline \end{array}$$

5 $67+7$

6 $59+6$

7 $35+19$

8 $23+59$

[9~10] $27+34$를 다음과 같은 방법으로 계산했습니다. 물음에 답하세요.

〈 민준 〉
34를 30+4로 생각해서 27에 30을 먼저 더한 후 4를 더 더했어.
$$27+34=27+30+4$$
$$=57+4=61$$

〈 재은 〉
34를 3+31로 생각해서 34에 있는 3을 27에 더해서 30을 만들고 31을 더했어.
$$27+34=27+3+31$$
$$=30+31=61$$

9 민준이가 계산한 방법과 같은 방법으로 $38+15$를 계산해 보세요.

$$38+15=38+10+\boxed{}$$
$$=48+\boxed{}=\boxed{}$$

10 재은이가 계산한 방법과 같은 방법으로 $38+15$를 계산해 보세요.

$$38+15=38+\boxed{}+13$$
$$=\boxed{}+13=\boxed{}$$

3 단원

쪽지시험 2회 덧셈과 뺄셈

점수

3 단원

[1~6] 계산해 보세요.

1
```
   8 3
+  4 2
```

2
```
   5 1
+  6 4
```

3
```
   3 9
+  8 3
```

4
```
   6 7
+  7 5
```

5 68+53

6 46+89

[7~8] 빈칸에 두 수의 합을 써넣으세요.

7

73	54

8

49	
82	

9 빈칸에 알맞은 수를 써넣으세요.

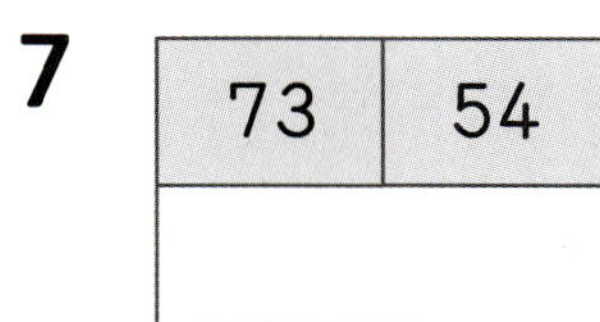

37	48	
26	85	

10 색종이를 지영이는 56장, 준호는 68장 가지고 있습니다. 지영이와 준호가 가지고 있는 색종이는 모두 몇 장일까요?

(   )

쪽지시험 3회 덧셈과 뺄셈

3단원

점수

1 거꾸로 세어 계산하려고 합니다. □ 안에 알맞은 수를 써넣으세요.

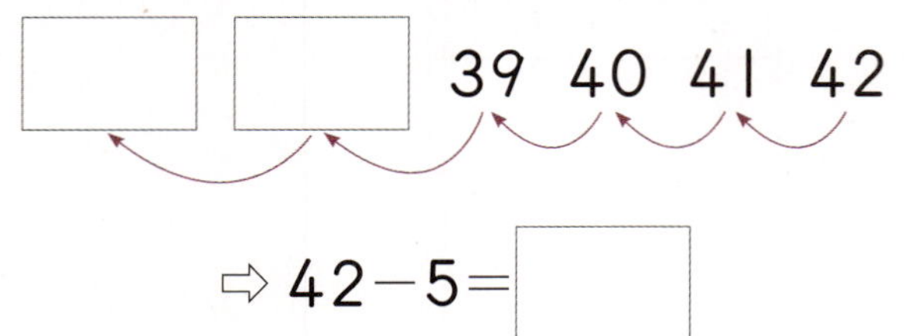

       39 40 41 42

⇨ $42-5=$ ☐

2 그림을 보고 **뺄셈**을 해 보세요.

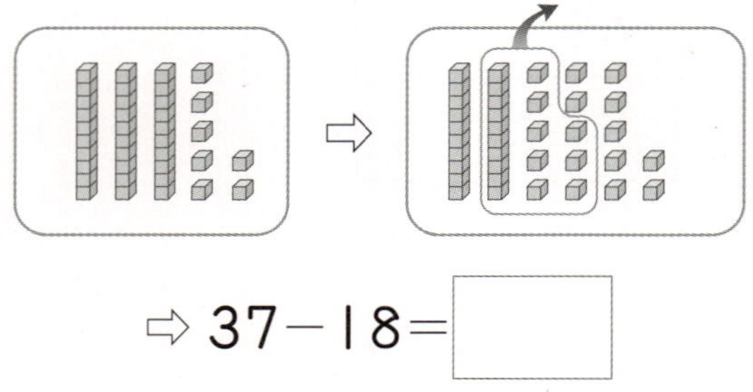

⇨ $37-18=$ ☐

[3~8] 계산해 보세요.

3
$$\begin{array}{r} 5\,6 \\ -7 \\ \hline \end{array}$$

4
$$\begin{array}{r} 7\,0 \\ -1\,3 \\ \hline \end{array}$$

5 $83-7$

6 $40-8$

7 $62-6$

8 $50-25$

[9~10] $70-37$을 다음과 같은 방법으로 계산했습니다. 물음에 답하세요.

〈 윤주 〉
37을 $30+7$로 생각해서 70에서 30을 빼고 7을 더 뺐어.
$$70-37=70-30-7$$
$$=40-7=33$$

〈 재영 〉
70과 37에 같은 수 3을 각각 더해 수를 다르게 나타내 구했어.
$$70-37=73-40=33$$

9 윤주가 계산한 방법과 같은 방법으로 $30-19$를 계산해 보세요.

$$30-19=30-10-9$$
$$=\boxed{}-9=\boxed{}$$

10 재영이가 계산한 방법과 같은 방법으로 $30-19$를 계산해 보세요.

$$30-19=\boxed{}-20=\boxed{}$$

3 단원 쪽지시험 4회 — 덧셈과 뺄셈

점수

3 단원

〔1~5〕계산해 보세요.

1
$$\begin{array}{r} 5\,1 \\ -\ 3\,3 \\ \hline \end{array}$$

2
$$\begin{array}{r} 7\,4 \\ -\ 2\,5 \\ \hline \end{array}$$

3
$$\begin{array}{r} 6\,2 \\ -\ 4\,9 \\ \hline \end{array}$$

4 $93-54$

5 $81-62$

〔6~7〕빈칸에 두 수의 차를 써넣으세요.

6 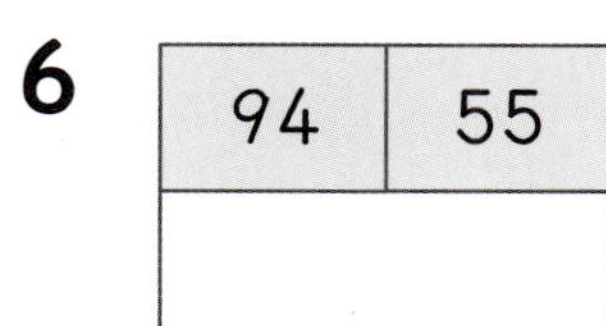

7 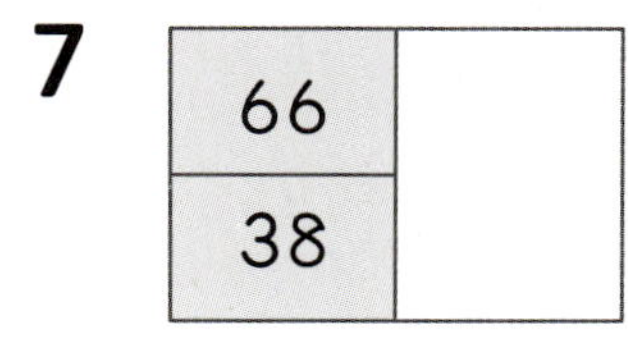

8 빈칸에 알맞은 수를 써넣으세요.

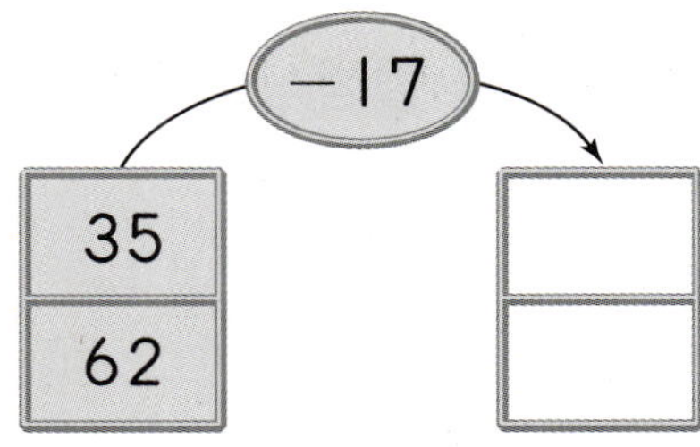

9 고구마는 4 1 개 있고 감자는 고구마보다 1 2 개 더 적습니다. 감자는 몇 개 있을까요?

(   )

10 공원에 까치가 46마리 있습니다. 이 중에서 1 8마리가 날아갔다면 남아 있는 까치는 몇 마리일까요?

(   )

3단원 쪽지시험 5회 덧셈과 뺄셈

점수

[1~2] 계산해 보세요.

1 $91-37+28$

2 $44+17-9$

[3~4] 덧셈식을 뺄셈식으로 나타내 보세요.

3 $28+6=34$

⇨ $34-28=\boxed{}$
  $34-6=\boxed{}$

4 $36+57=93$

⇨ $93-36=\boxed{}$
  $93-57=\boxed{}$

[5~6] 뺄셈식을 덧셈식으로 나타내 보세요.

5 $83-4=79$

⇨ $79+4=83$
  $\boxed{}+79=\boxed{}$

6 $72-25=47$

⇨ $\boxed{}+25=72$
  $25+\boxed{}=72$

[7~10] □ 안에 알맞은 수를 써넣으세요.

7 $\boxed{}+6=15$

8 $5+\boxed{}=14$

9 $10-\boxed{}=8$

10 $14-\boxed{}=7$

단원평가 1회   덧셈과 뺄셈

1 그림을 보고 □ 안에 알맞은 수를 써넣으세요.

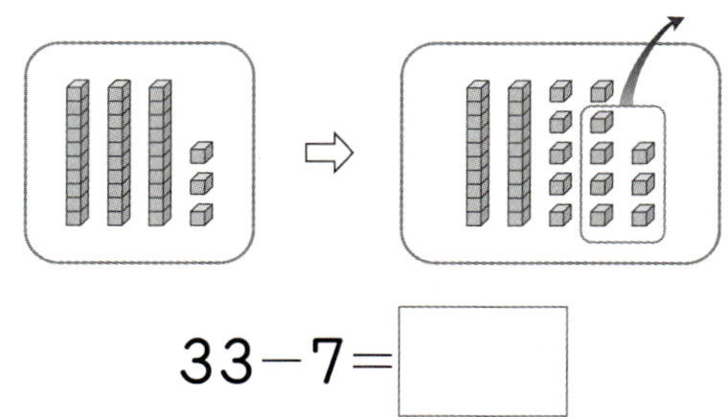

$33-7=$ □

2 그림을 보고 □ 안에 알맞은 수를 써넣으세요.

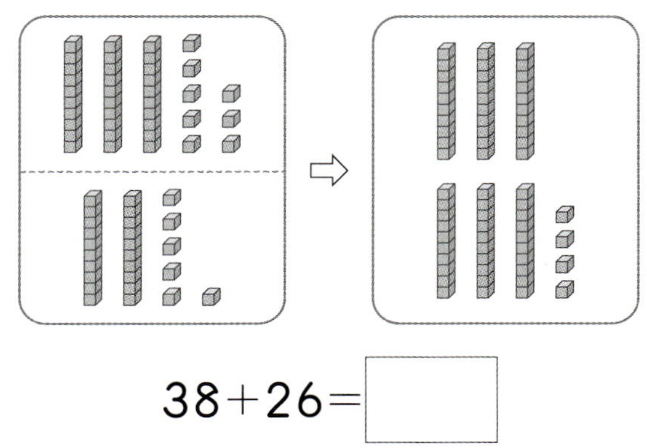

$38+26=$ □

[3~4] 덧셈을 해 보세요.

3
$$\begin{array}{r} 5\ 6 \\ +\quad 4 \\ \hline \end{array}$$

4
$$\begin{array}{r} 7\ 3 \\ +1\ 8 \\ \hline \end{array}$$

[5~6] 뺄셈을 해 보세요.

5
$$\begin{array}{r} 5\ 2 \\ -\quad 7 \\ \hline \end{array}$$

6
$$\begin{array}{r} 8\ 0 \\ -2\ 8 \\ \hline \end{array}$$

7 □ 안에 알맞은 수를 써넣으세요.

$27+56=$ □

8 $70-59$를 계산하려고 합니다. □ 안에 알맞은 수를 써넣으세요.

$70-59=70-$ □ -9

$=$ □ -9

$=$ □

9 빈칸에 두 수의 합을 써넣으세요.

57	69

12 뺄셈식을 덧셈식으로 나타내 보세요.

$$35-9=26$$

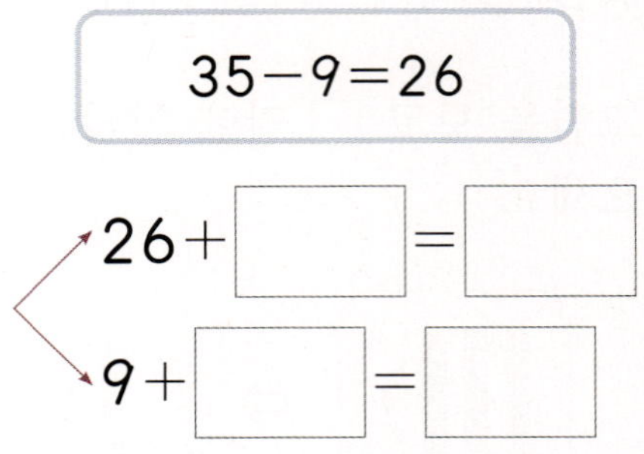

10 빈칸에 알맞은 수를 써넣으세요.

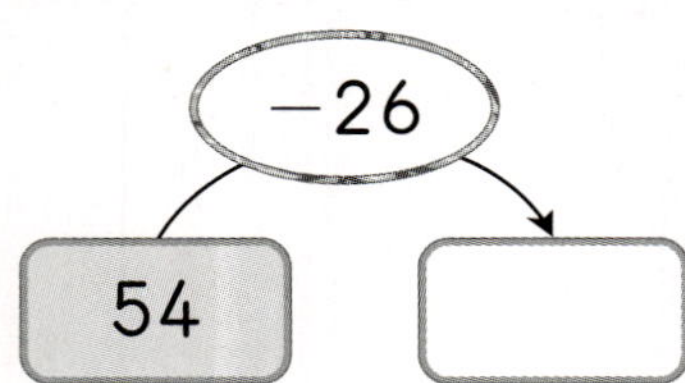

〔13~14〕 □ 안에 알맞은 수를 써넣으세요.

13 $28+17-14=$

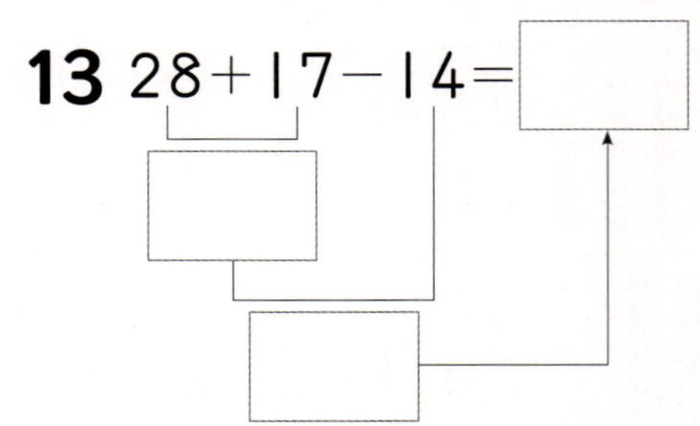

11 덧셈식을 뺄셈식으로 나타내 보세요.

$$46+5=51$$

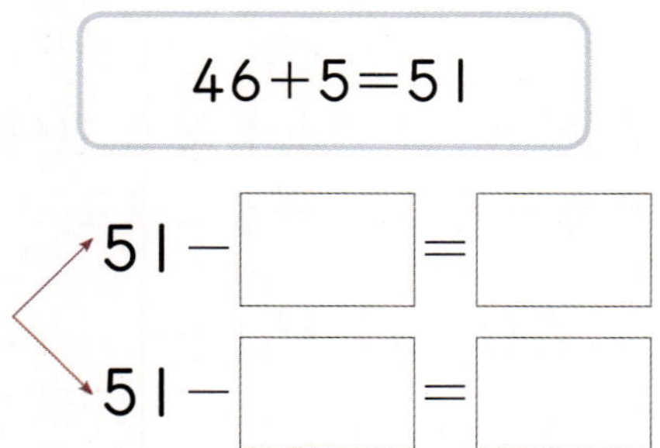

14 $23-19+28=$

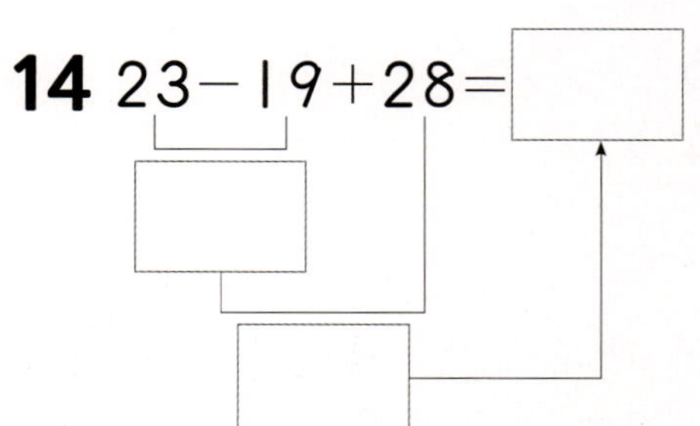

15 그림을 보고 가의 사탕은 몇 개인지 □를 사용하여 알맞은 덧셈식을 만들고 답을 구하세요.

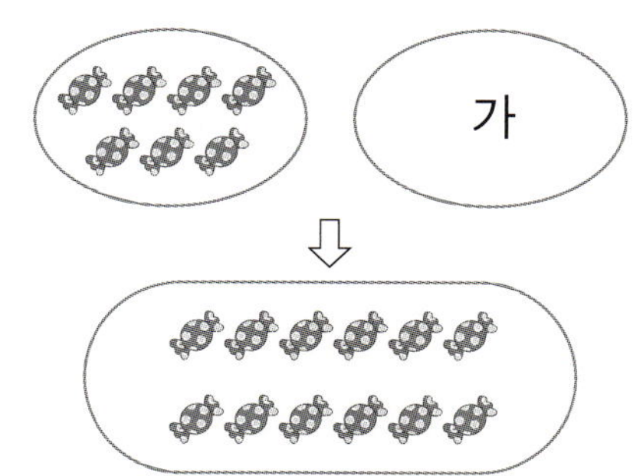

식 ______________________________

답 ______________________________

16 □ 안에 알맞은 수를 써넣으세요.

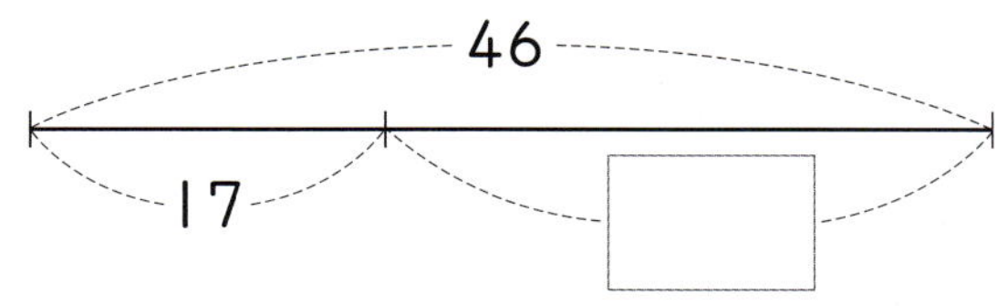

17 서현이는 어제 도토리를 36개 주웠고, 오늘은 39개 주웠습니다. 어제와 오늘 서현이가 주운 도토리는 모두 몇 개일까요?

(   )

18 공원에 있는 비둘기 73마리 중에서 18마리가 날아갔다면 남아 있는 비둘기는 몇 마리일까요?

(   )

19 버스에 32명이 타고 있었습니다. 이번 정류장에서 9명이 내리고 15명이 탔다면 버스에 타고 있는 사람은 몇 명일까요?

(   )

20 빨간색 구슬 8개, 파란색 구슬 몇 개가 있습니다. 구슬의 수를 모두 세어 보았더니 13개였습니다. 파란색 구슬은 몇 개인지 □를 사용하여 덧셈식을 만들고 답을 구하세요.

식 ______________________________

답 ______________________________

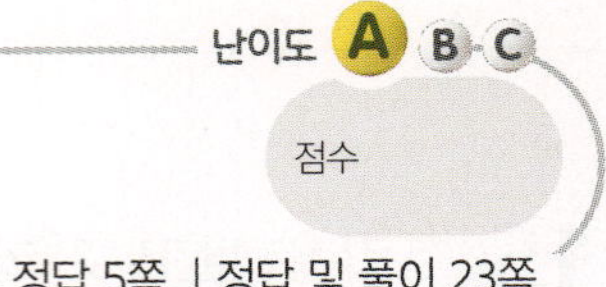

1 그림을 보고 □ 안에 알맞은 수를 써넣으세요.

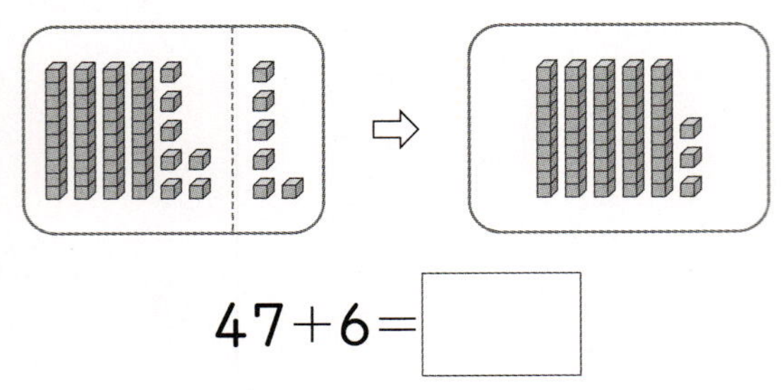

$$47+6=\boxed{}$$

2 그림을 보고 □ 안에 알맞은 수를 써넣으세요.

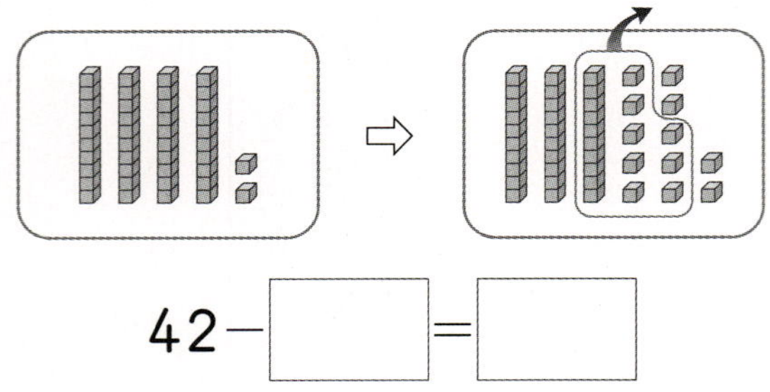

$$42-\boxed{}=\boxed{}$$

〔3~4〕 덧셈을 해 보세요.

3
$$\begin{array}{r} 3\ 7 \\ +\ 6\ 5 \\ \hline \end{array}$$

4
$$\begin{array}{r} 6\ 4 \\ +\ 1\ 8 \\ \hline \end{array}$$

〔5~6〕 뺄셈을 해 보세요.

5
$$\begin{array}{r} 9\ 6 \\ -\ 4\ 9 \\ \hline \end{array}$$

6
$$\begin{array}{r} 4\ 3 \\ -\ 2\ 8 \\ \hline \end{array}$$

〔7~8〕 □ 안에 알맞은 수를 써넣으세요.

7 $46+38$에서 46을 50보다 4만큼 더 작은 수임을 생각하여 계산하려고 합니다.

$$46+38=\boxed{}+38-4$$
$$=\boxed{}-4$$
$$=\boxed{}$$

8 $53-29$는 53에서 23을 빼고 6을 더 빼는 방법으로 계산하려고 합니다.

$$53-29=53-\boxed{}-6$$
$$=\boxed{}-6$$
$$=\boxed{}$$

9 빈칸에 두 수의 차를 써넣으세요.

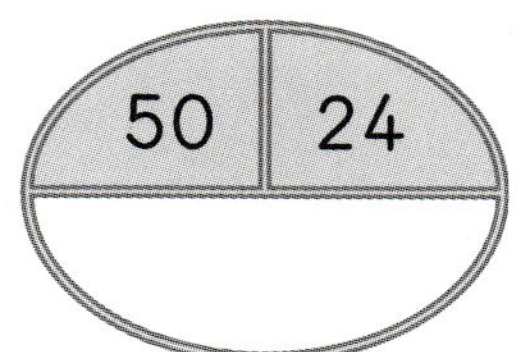

10 빈칸에 알맞은 수만큼 ○를 그리고,
□ 안에 알맞은 수를 써넣으세요.

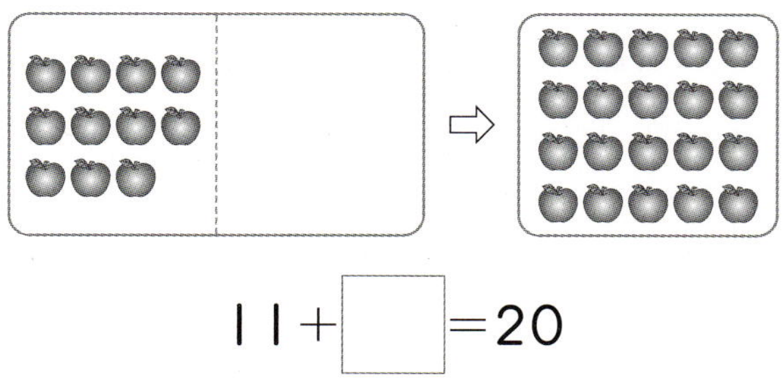

$$11 + \boxed{} = 20$$

11 뺄셈식을 덧셈식으로 나타내 보세요.

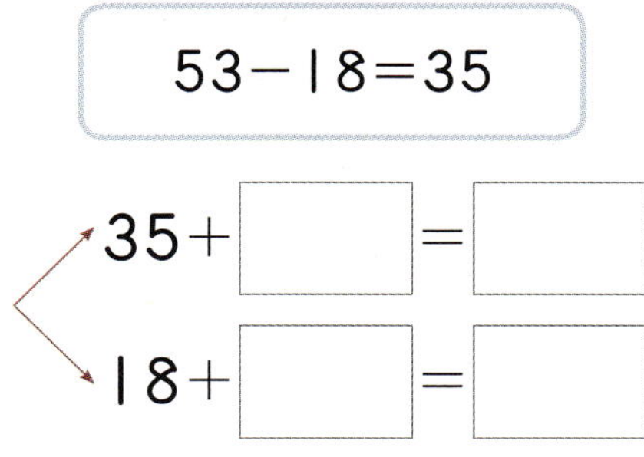

12 덧셈식을 뺄셈식으로 나타내 보세요.

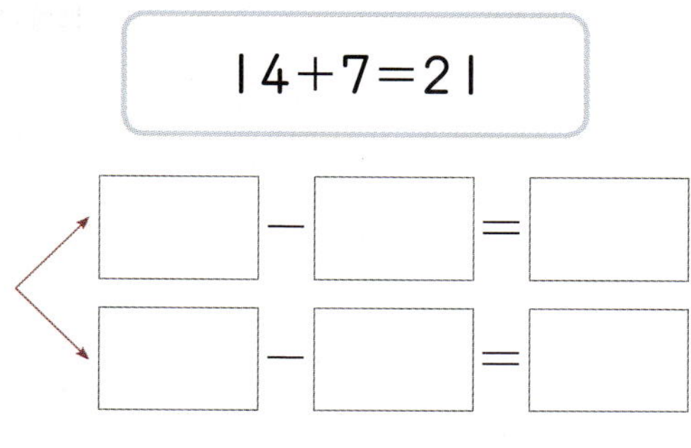

13 두 수의 차가 가운데에 있는 수가 되는
두 수를 찾아 ○표 하세요.

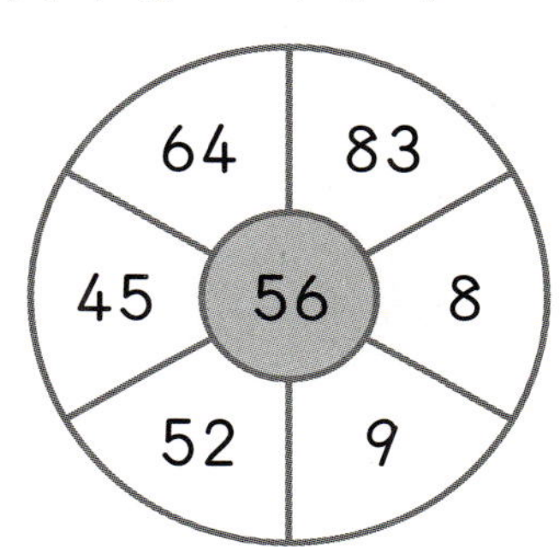

14 □ 안에 알맞은 수를 써넣으세요.

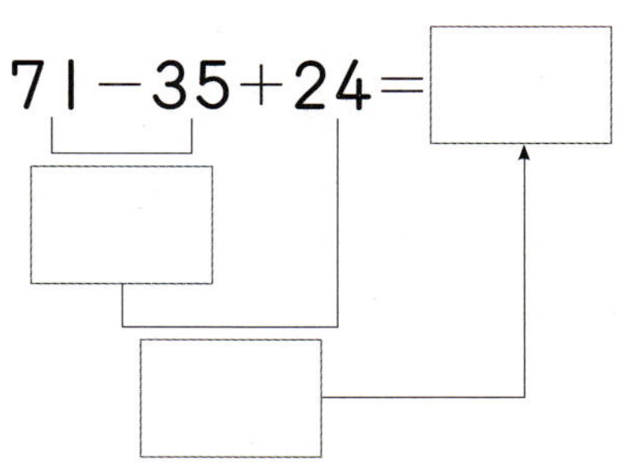

15 빈칸에 알맞은 수를 써넣으세요.

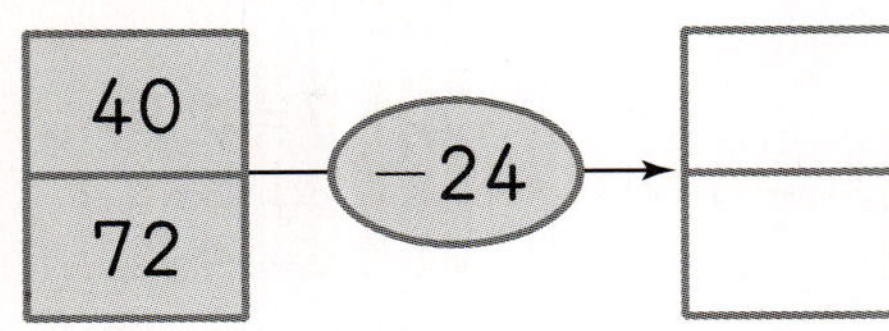

16 □ 안에 알맞은 수를 써넣으세요.

$$7 + \boxed{} = 12$$

17 수아는 색종이 13장을 가지고 있었습니다. 몇 장을 친구에게 주었더니 7장이 남았습니다. 친구에게 준 색종이는 몇 장인지 □를 사용하여 뺄셈식을 만들고 답을 구하세요.

식 _______________________________

답 _______________________________

18 지선이는 칭찬 붙임 딱지를 35장 모았습니다. 42장이 되려면 몇 장을 더 모아야 할까요?

(   )

19 채소 가게에 당근 72개, 오이 49개가 있습니다. 당근은 오이보다 몇 개 더 많을까요?

(   )

20 지후는 색종이를 54장 가지고 있었습니다. 동생에게 29장을 주고, 누나에게 37장을 받았습니다. 지후가 가지고 있는 색종이는 몇 장일까요?

(   )

3단원

단원평가 3회

덧셈과 뺄셈

〔1~2〕 계산해 보세요.

1 73+9

2 53-6

3 빈칸에 두 수의 합을 써넣으세요.

66	7

4 관계있는 것끼리 선으로 이어 보세요.

| 74-8 | 72-5 |

· ·

· · ·

| 67 | 66 | 65 |

〔5~6〕 계산해 보세요.

5
```
   6 5
 + 2 9
```

6
```
   7 4
 - 3 5
```

7 빈칸에 알맞은 수를 써넣으세요.

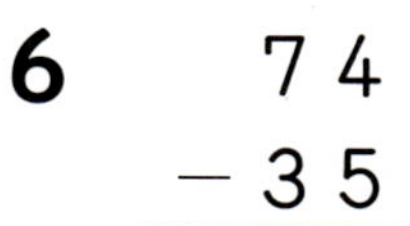

8 빈칸에 두 수의 차를 써넣으세요.

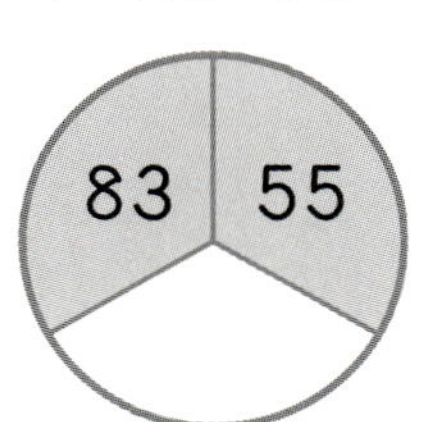

[9~10] 67−29를 다음과 같이 여러 가지 방법으로 계산해 보세요.

9 ┤방법 1├

일의 자리 수를 7로 같게 하여 뺍니다.

$$67-29=67-27-\boxed{}$$

$$=40-\boxed{}$$

$$=\boxed{}$$

10 ┤방법 2├

67에서 30을 뺀 후 1을 더합니다.

$$67-29=67-\boxed{}+1$$

$$=\boxed{}+1$$

$$=\boxed{}$$

11 세 수를 이용하여 덧셈식을 2개 만들어 보세요.

| 73 26 47 |

$$\boxed{}+\boxed{}=\boxed{}$$

$$\boxed{}+\boxed{}=\boxed{}$$

12 빈칸에 알맞은 수를 써넣으세요.

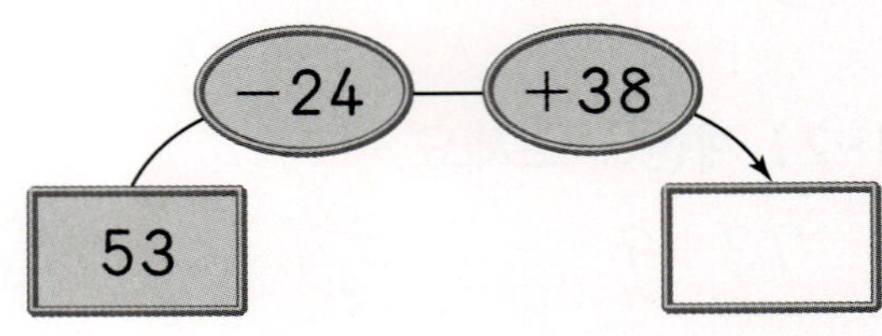

13 빈칸에 알맞은 수를 써넣으세요.

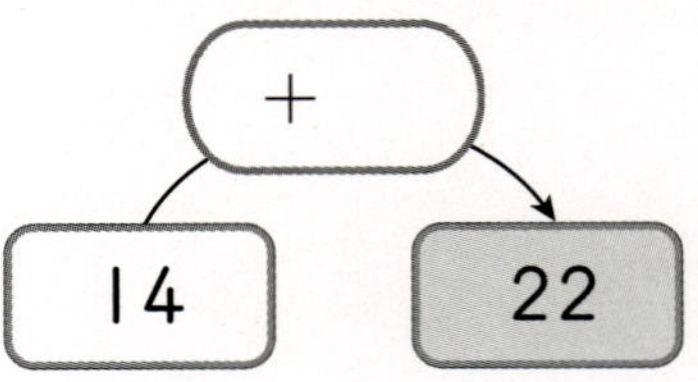

서술형

14 준석이는 사과를 어제 58개 땄고, 오늘은 73개 땄습니다. 준석이가 오늘 딴 사과는 어제보다 몇 개 더 많은지 풀이 과정을 쓰고 답을 구하세요.

풀이

답 ___________

15 □ 안에 알맞은 수를 써넣으세요.

$$\begin{array}{r} \boxed{}\,5 \\ +\ 6\ 7 \\ \hline 9\ 2 \end{array}$$

16 ■가 26일 때 ▲의 값을 구하세요.

> ■+■=★
> ★-18=▲

(   )

17 □ 안에 알맞은 수를 써넣으세요.

$$49-\boxed{}=31$$

18 꽃병에 분홍색 국화가 28송이, 노란색 국화가 26송이 꽂혀 있습니다. 그중에서 18송이가 시들어서 버렸습니다. 꽃병에 남아 있는 국화는 몇 송이일까요?

(   )

19 태우는 클립을 24개 가지고 있었습니다. 그중 친구에게 몇 개 주었더니 남은 클립은 17개였습니다. 친구에게 준 클립은 몇 개인지 □를 사용하여 뺄셈식을 만들고 답을 구하세요.

식 _______________________________

답 _______________________________

20 어떤 수에 37을 더해야 할 것을 잘못하여 뺐더니 12가 되었습니다. 바르게 계산하면 얼마일까요?

(   )

단원평가 4회 · 덧셈과 뺄셈

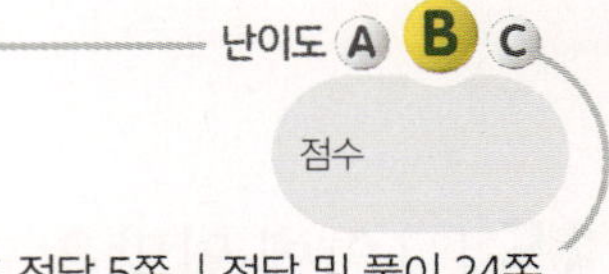

[1~2] 계산해 보세요.

1
$$\begin{array}{r} 3\,5 \\ +\ \ 7 \\ \hline \end{array}$$

2
$$\begin{array}{r} 6\,0 \\ -4\,2 \\ \hline \end{array}$$

3 오른쪽 덧셈식에서 $\boxed{1}$ 은 실제로 얼마를 나타 낼까요? ····· (　　　)

$$\begin{array}{r} \boxed{1} \\ 4\,8 \\ +\ \ 6 \\ \hline 5\,4 \end{array}$$

① 1　　　② 10
③ 40　　④ 50
⑤ 100

[4~5] 계산해 보세요.

4 $52-9$

5 $75+39$

6 빈칸에 두 수의 차를 써넣으세요.

54	7

7 빈칸에 알맞은 수를 써넣으세요.

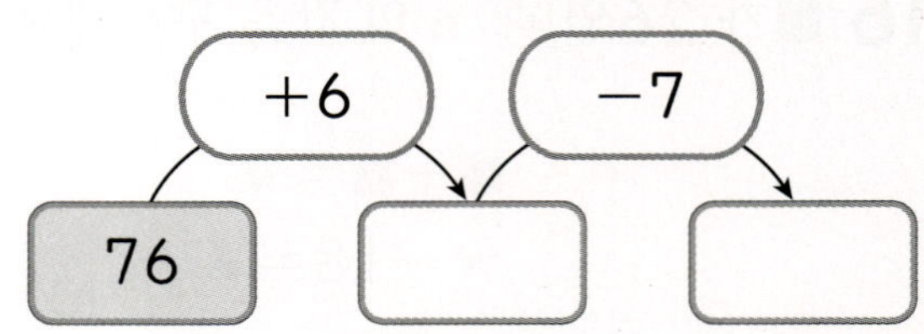

8 $35+18$에서 두 자리 수를 몇십과 몇 으로 가르기하여 계산해 보세요.

$$35+18=30+5+10+8$$
$$=30+\boxed{}+5+8$$
$$=\boxed{}+13$$
$$=\boxed{}$$

9 □ 안에 알맞은 수를 구하세요.

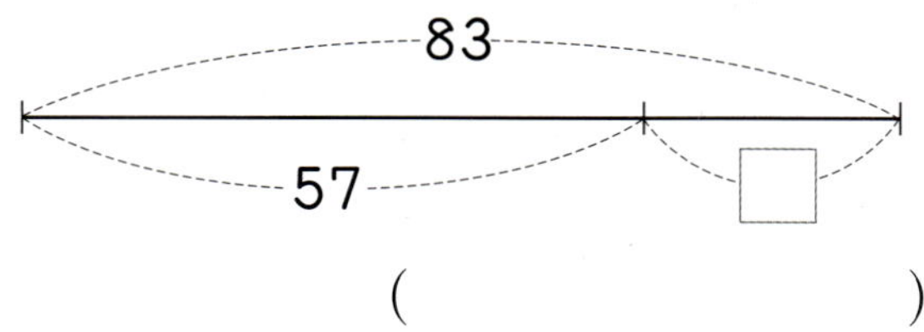

( )

10 계산 결과가 가장 큰 것의 기호를 써 보세요.

　㉠ 37+26　　㉡ 45+28
　㉢ 75-27　　㉣ 91-44

( )

11 다음 세 수를 이용하여 덧셈식을 완성하고 뺄셈식으로 나타내 보세요.

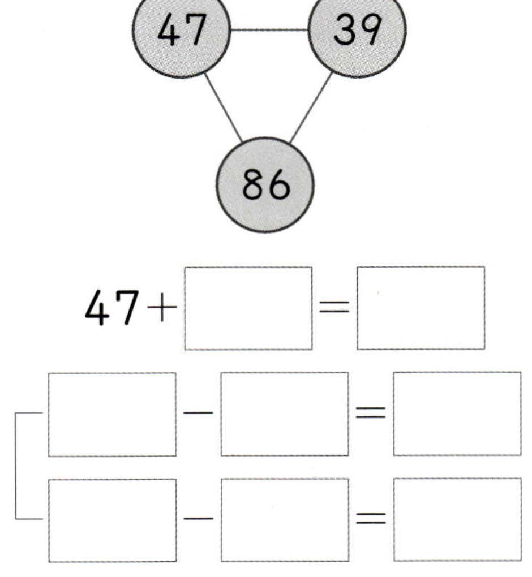

47+□=□

□-□=□

□-□=□

12 계산해 보세요.

45+38-19

13 농장 체험을 하면서 가지를 민성이는 29개 땄고 지혜는 43개 땄습니다. 가지를 누가 몇 개 더 많이 땄는지 차례대로 써 보세요.

( ), ( )

14 가운데 있는 수에서 바깥에 있는 수를 빼어 빈칸에 써넣으세요. 계산 결과가 가장 큰 수와 가장 작은 수에 해당하는 글자를 차례대로 써서 단어를 만들어 보세요.

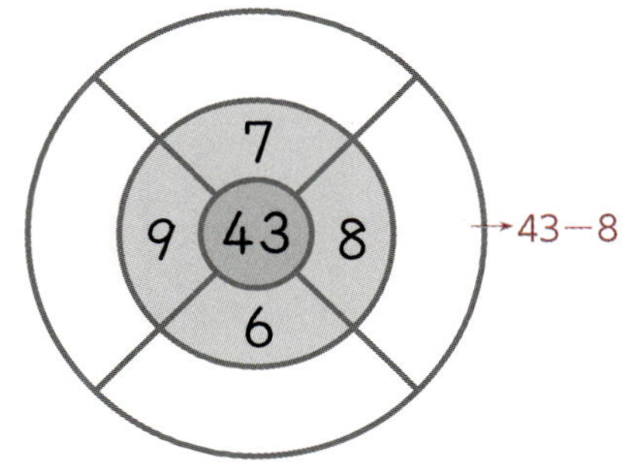

34	35	33	37	36	38
교	일	실	학	수	과

( )

15 □ 안에 알맞은 수를 써넣으세요.

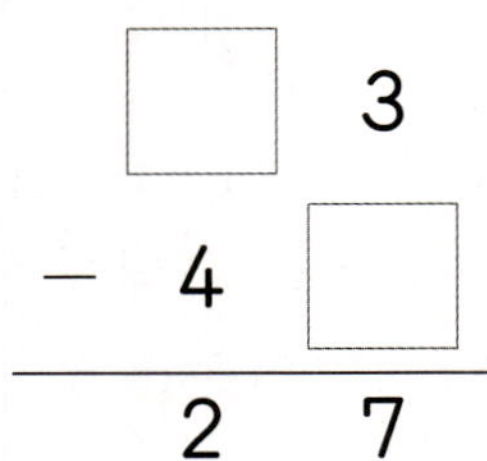

16 채소 가게에 빨간색 피망이 39개, 초록색 피망이 47개 있습니다. 그중에서 28개를 팔았습니다. 채소 가게에 남은 피망은 몇 개일까요?

(   )

17 화살 두 개를 던져 맞힌 두 수의 합이 가운데 수와 같도록 하려면 어느 두 수를 맞혀야 하는지 ○표 하세요.

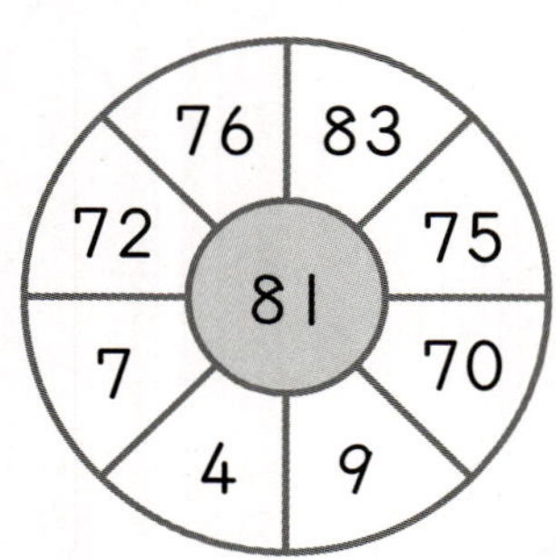

18 다음 중에서 두 수를 골라 □ 안에 써넣어 식을 완성해 보세요.

56	45	38

$$83 - \boxed{} + \boxed{} = 76$$

19 십의 자리 숫자가 4인 두 자리 수 중 □ 안에 들어갈 수 있는 수를 모두 구하세요.

$$80 - \boxed{} < 34$$

(   )

20 정우는 구슬을 75개 가지고 있었습니다. 그중에서 누나에게 29개를 주고, 동생에게 몇 개를 받았더니 73개가 되었습니다. 정우가 동생에게 받은 구슬은 몇 개인지 풀이 과정을 쓰고 답을 구하세요.

풀이

답 _______________

단원평가 5회 · 덧셈과 뺄셈

1 계산해 보세요.

$$94+37$$

2 계산 결과가 가장 큰 것의 기호를 써 보세요.

> ㉠ 38+6 ㉡ 36−7 ㉢ 35+7

( )

3 공깃돌을 정현이는 37개 모았고, 동우는 85개 모았습니다. 두 사람이 모은 공깃돌은 모두 몇 개일까요?

( )

4 가장 큰 수와 가장 작은 수의 합을 구하세요.

> 6   57   8   65   9

( )

5 공원에 참새가 60마리 있습니다. 이 중에서 29마리가 날아갔다면 남은 참새는 몇 마리일까요?

( )

[6~7] □ 안에 알맞은 수를 써넣으세요.

6 35+17에서 17을 5와 12로 가른 후 계산하려고 합니다.

$$35+17=35+5+12$$
$$=\boxed{}+12$$
$$=\boxed{}$$

7 83−28을 83에서 30을 뺀 후 2를 더해 주는 방법으로 계산하려고 합니다.

$$83-28=83-30+\boxed{}$$
$$=53+\boxed{}$$
$$=\boxed{}$$

8 빈칸에 알맞은 수를 써넣으세요.

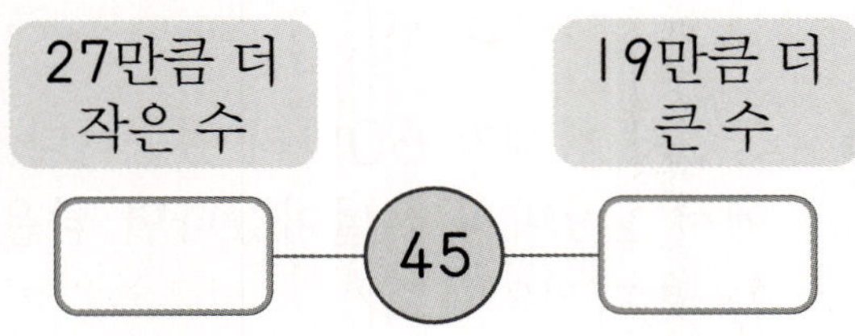

9 덧셈식을 **뺄셈식**으로 나타내 보세요.

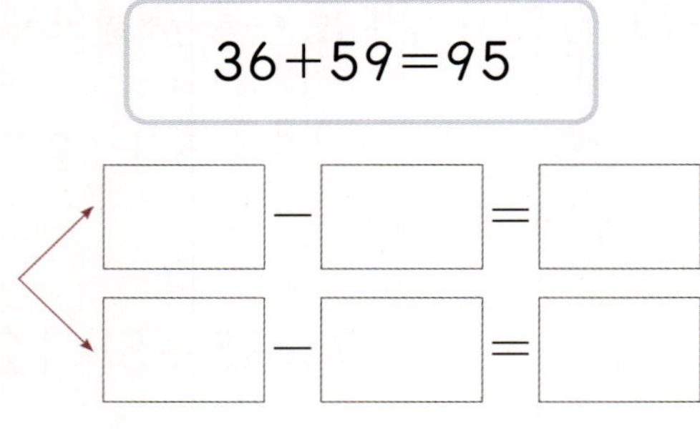

10 연못에 오리가 몇 마리 있었습니다. 오리 6마리가 연못 안으로 더 들어와서 모두 18마리가 되었습니다. 처음에 있던 오리는 몇 마리였을까요?

( )

11 빈칸에 알맞은 수를 써넣으세요.

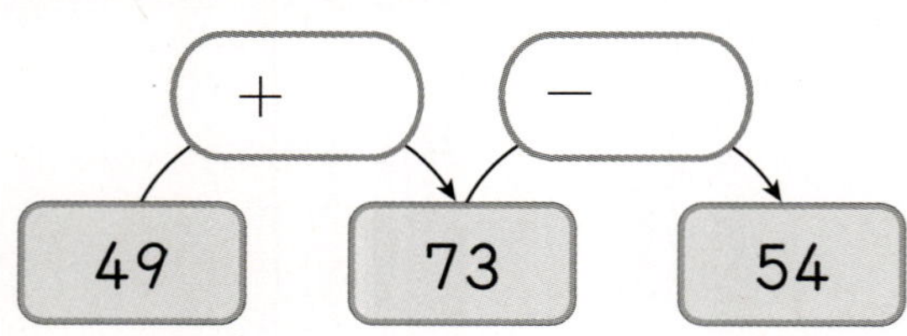

12 빈칸에 알맞은 수를 써넣으세요.

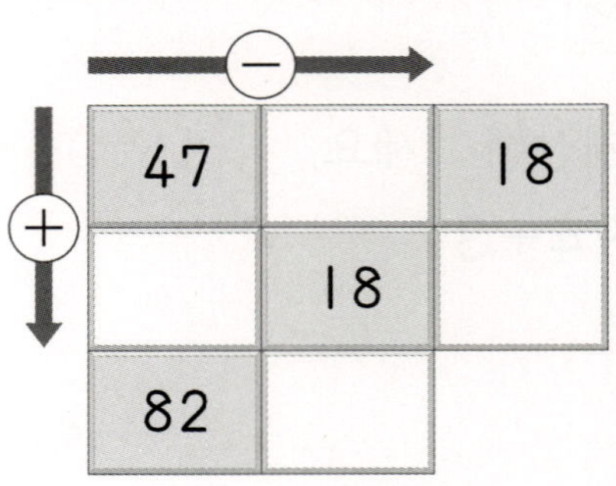

13 현빈이는 다음과 같이 두 자리 수가 적힌 카드 2장을 가지고 있습니다. 이 두 수의 합이 73일 때 두 수를 구하세요.

□5   2□

( )

14 ★이 5일 때 ●는 얼마인지 풀이 과정을 쓰고 답을 구하세요.

$$★+★+★=■$$
$$■+■=▲$$
$$▲−■+★=●$$

풀이

답 _______________

15 세 수의 계산 결과가 **47**이 되도록 ○ 안에 **+** 또는 **−**를 알맞게 써넣으세요.

$$82 \bigcirc 16 \bigcirc 19 = 47$$

16 상자에 사과가 **27**개 있었습니다. 그 중 **5**개는 썩어서 버렸습니다. 이 상자에 사과 **18**개를 더 담았다면 상자에 있는 사과는 몇 개인지 식을 쓰고 답을 구하세요.

식 _______________________________

답 _______________________________

17 **4**장의 수 카드를 한 번씩만 사용하여 (두 자리 수)＋(두 자리 수)를 만들려고 합니다. 만들 수 있는 덧셈식의 계산 결과가 가장 클 때의 값을 구하세요.

| 4 | 5 | 6 | 7 |

(   )

18 동화책을 펼쳐서 나온 두 쪽수를 더했더니 **81**이었습니다. 두 쪽수를 차례대로 써 보세요.

(,   )

19 다음 수를 한 번씩만 이용하여 다음 식을 완성해 보세요.

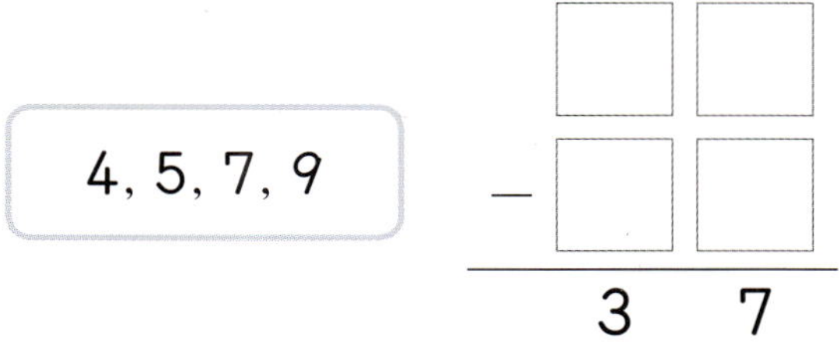

서술형

20 **1**부터 **9**까지의 수 중에서 □ 안에 들어갈 수 있는 수를 모두 구하려고 합니다. 풀이 과정을 쓰고 답을 구하세요.

$$28 + \boxed{}3 < 61$$

풀이

답 _______________________________

1 상자에 복숭아가 63개, 자두가 99개 들어 있습니다. 상자에 들어 있는 복숭아와 자두는 모두 몇 개인지 구하세요.

❶ 복숭아 수와 자두 수를 더하는 덧셈식을 써 보세요.

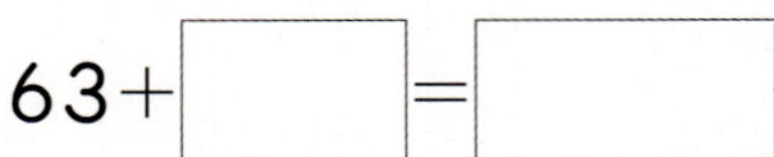

$$63 + \boxed{} = \boxed{}$$

❷ 상자에 들어 있는 복숭아와 자두는 모두 몇 개일까요?

(   )

2 준하의 연필은 35자루입니다. 동생에게 몇 자루 주었더니 남은 연필이 27자루입니다. 동생에게 준 연필은 몇 자루인지 구하세요.

❶ 동생에게 준 연필의 수를 □라 하고 뺄셈식을 써 보세요.

식 _________________________________
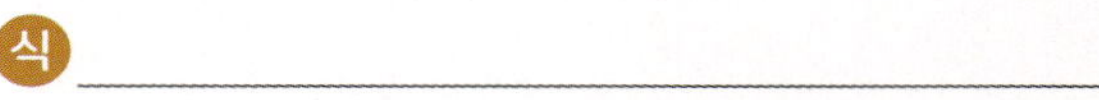

❷ □의 값을 구하세요.

(   )

❸ 준하가 동생에게 준 연필은 몇 자루일까요?

(   )

3 주현이는 색연필을 47자루 가지고 있었습니다. 그중에서 동생에게 39자루를 주고 난 다음, 언니에게 13자루를 받으면 주현이가 가지고 있는 색연필은 몇 자루가 되는지 구하세요.

❶ 주현이가 동생에게 색연필을 주고 남은 색연필은 몇 자루일까요?

(   )

❷ 언니에게 색연필을 받으면 주현이가 가지고 있는 색연필은 몇 자루가 될까요?

(   )

4 ◆와 ♥는 각각 얼마인지 구하세요.

$$◆+34=62, \ 93-♥=◆$$

❶ ◆는 얼마인지 구하세요.

(   )

❷ ♥는 얼마인지 구하세요.

(   )

풀이 과정을 직접 쓰는

서술형 평가 ❷　덧셈과 뺄셈

점수

1 체리가 10개씩 6묶음과 낱개 1개가 있었습니다. 그중 37개를 먹었다면 남은 체리는 몇 개인지 풀이 과정을 쓰고 답을 구하세요.

풀이

답 ______________________

🖉 **어떻게 풀까요?**

먼저 체리가 몇 개 있는지 알아봅니다.

2 강당에 남학생 25명과 여학생 19명이 있었습니다. 잠시 후 16명의 학생이 나갔다면 강당에 남아 있는 학생은 몇 명인지 풀이 과정을 쓰고 답을 구하세요.

풀이

답 ______________________

🖉 **어떻게 풀까요?**

처음 강당에 있었던 학생 수를 먼저 알아봅니다.

3 4장의 수 카드를 한 번씩 사용하여 두 자리 수를 만들려고 합니다. 만들 수 있는 수 중에서 가장 큰 수와 가장 작은 수의 합은 얼마인지 풀이 과정을 쓰고 답을 구하세요.

$$\boxed{3}\ \boxed{4}\ \boxed{7}\ \boxed{9}$$

풀이

답 _______________

> **어떻게 풀까요?**
>
> 가장 큰 수와 가장 작은 수를 만들어 두 수의 합을 구합니다.

4 어떤 수에서 13을 빼야 할 것을 잘못하여 더했더니 82가 되었습니다. 바르게 계산하면 얼마인지 풀이 과정을 쓰고 답을 구하세요.

풀이

답 _______________

> **어떻게 풀까요?**
>
> 어떤 수를 □라 하고 식을 세워 봅니다.

1 가장 큰 수와 가장 작은 수의 차는 얼마일까요?

| 26 | 35 | 54 | 49 |

(   )

2 버스에 65명이 타고 있었는데 27명이 내리고, 13명이 탔습니다. 지금 버스에 있는 사람은 몇 명일까요?

(   )

3 도서관에 남학생 34명과 여학생 29명이 있었습니다. 이 중 13명이 나가고 16명이 들어왔습니다. 지금 도서관에 있는 학생은 몇 명일까요?

(   )

4 빈칸에 들어갈 수는 선으로 연결된 위의 두 수의 차입니다. 빈칸에 알맞은 수를 써넣으세요.

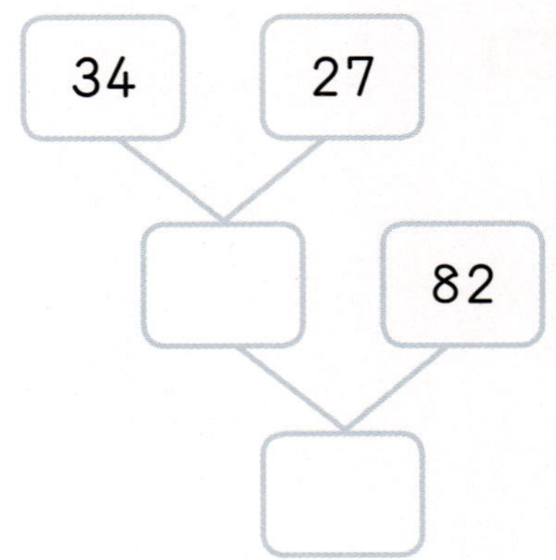

5 어떤 수에 36을 더해야 할 것을 잘못하여 뺐더니 18이 되었습니다. 바르게 계산하면 얼마인지 구하세요.

(   )

길이 재기

개념 ① 길이 비교하는 방법

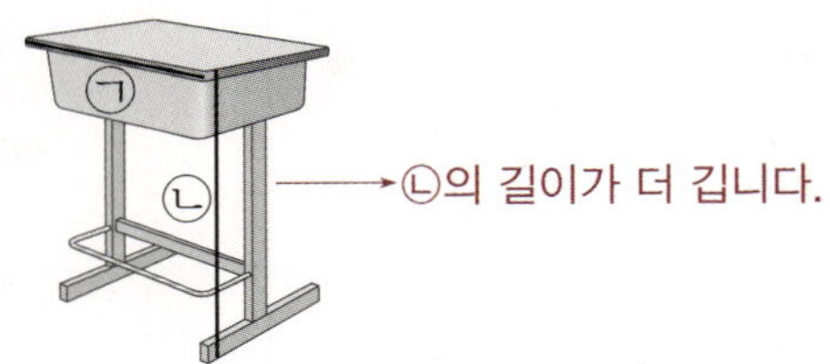

직접 맞대어 비교할 수 없는 길이는 종이띠, 털실과 같은 물건을 사용하여 길이를 비교합니다.

개념 ② 여러 가지 단위로 길이 재기

길이를 재는 데 기준이 되는 길이를 단위길이라고 합니다.

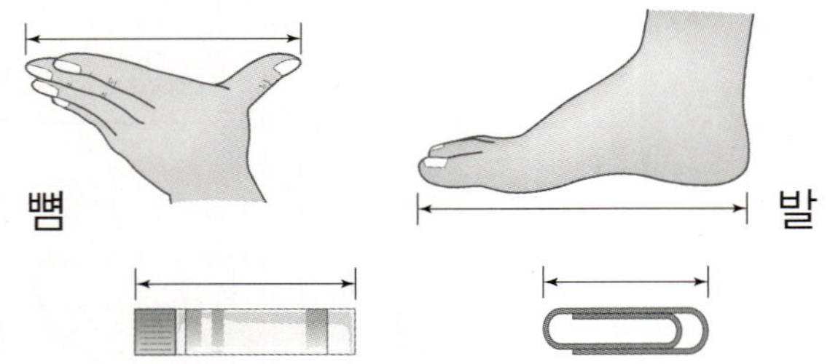

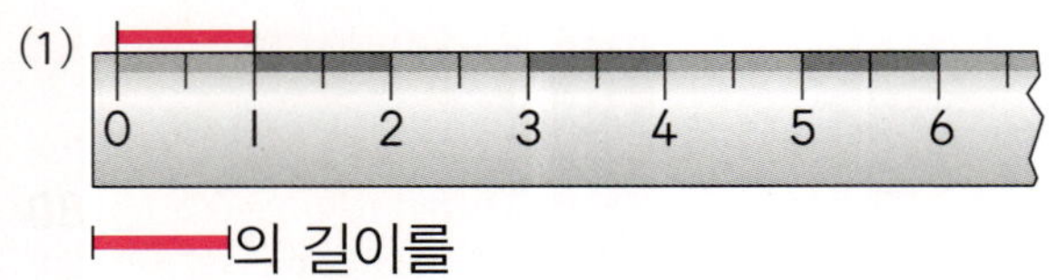
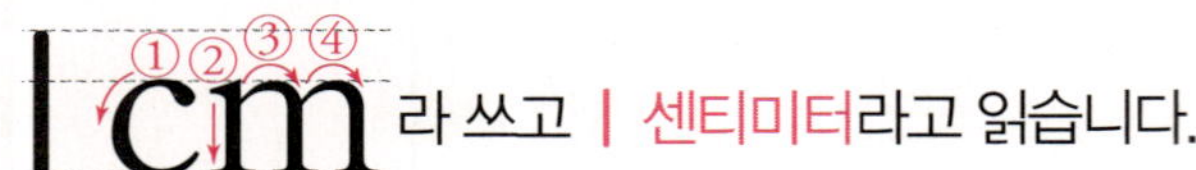
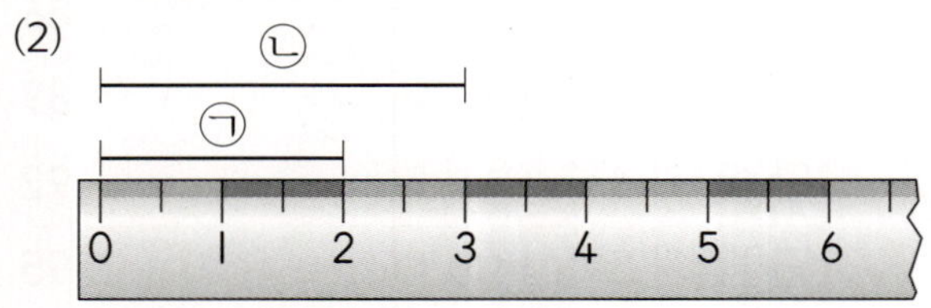

개념 ③ 1 cm 알아보기

(1)
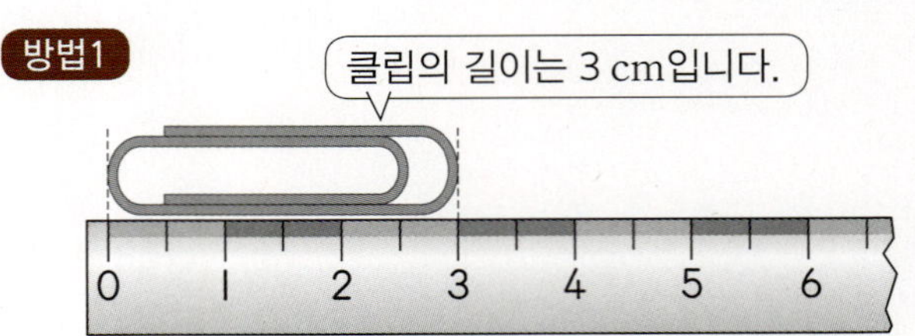

의 길이를

1cm 라 쓰고 1 센티미터라고 읽습니다.

(2)
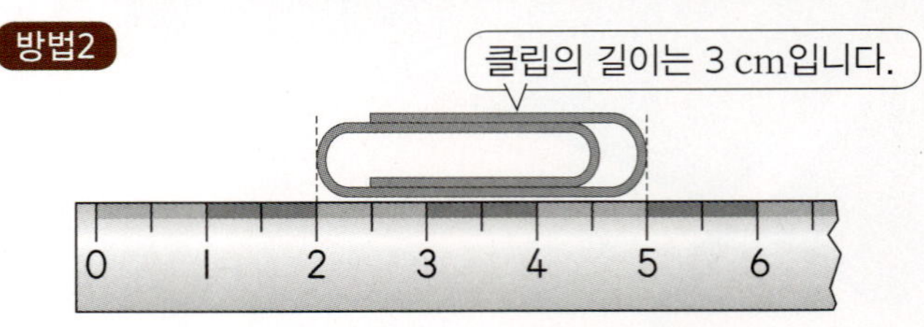

ㄱ: 1 cm가 2번 ⇨ 2 cm

ㄴ: 1 cm가 3번 ⇨ ❶ cm

개념 ④ 자로 길이 재는 방법 알아보기

방법1
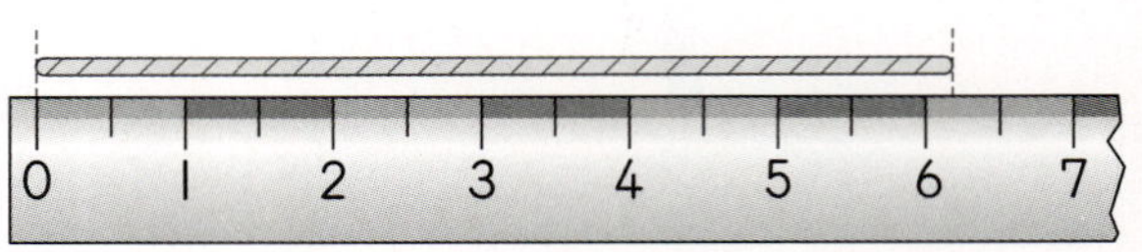

① 클립의 한쪽 끝을 자의 눈금 0에 맞춥니다.
② 클립의 다른 쪽 끝에 있는 자의 눈금을 읽습니다.

방법2

① 클립의 한쪽 끝을 자의 한 눈금에 맞춥니다.
② 그 눈금에서 다른 쪽 끝까지 1 cm가 몇 번 들어가는지 셉니다.

• 길이가 자의 눈금 사이에 있을 때는 눈금과 가까운 쪽에 있는 숫자를 읽으며, 숫자 앞에 약을 붙여 말합니다.

⇨ 끈의 길이는 6 cm에 가깝기 때문에

약 ❷ cm입니다.

개념 ⑤ 길이 어림하기

• 자를 사용하지 않고 물건의 길이를 어림해 봅니다.
• 어림한 길이를 말할 때는 '약 ☐ cm'라고 합니다.

예 ⇨ 끈의 길이: 약 3 cm

| 정답 | ❶ 3 ❷ 6

4 단원

쪽지시험 1회　길이 재기

1 액자의 길이를 비교하여 더 긴 쪽에 ○표 하세요.

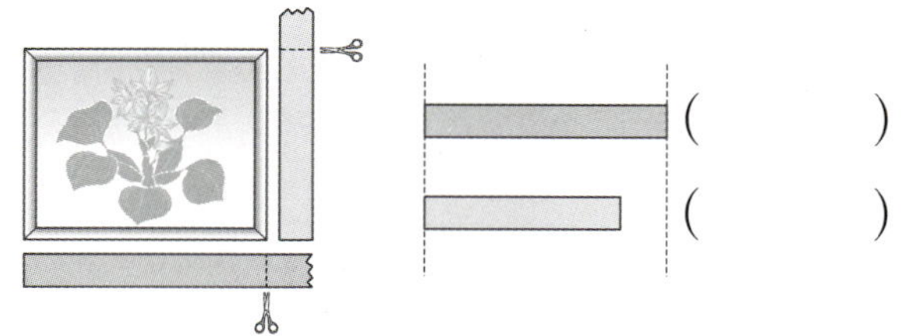

(　　　)

(　　　)

2 1 센티미터를 바르게 쓴 것은 어느 것일까요? ·························· (　　　)

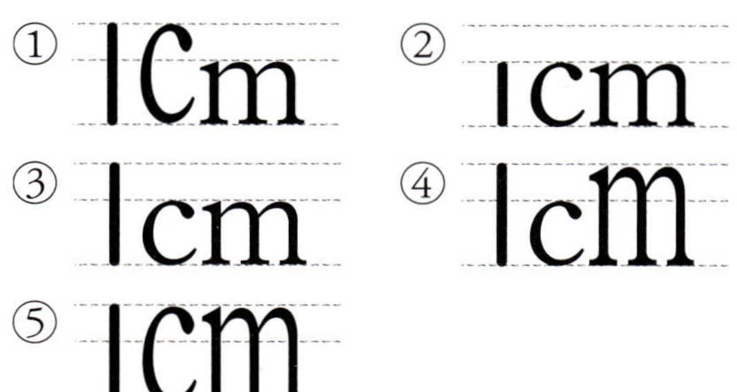

① 1Cm　　② 1cm
③ 1cm　　④ 1cM
⑤ 1cM

3 색연필의 길이는 엄지손톱으로 재면 몇 번일까요?

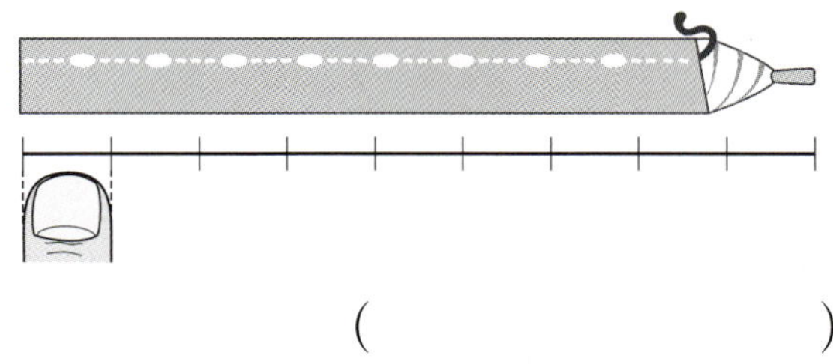

(　　　)

[4~5] 막대의 길이를 클립과 지우개로 재면 각각 몇 번인지 구하세요.

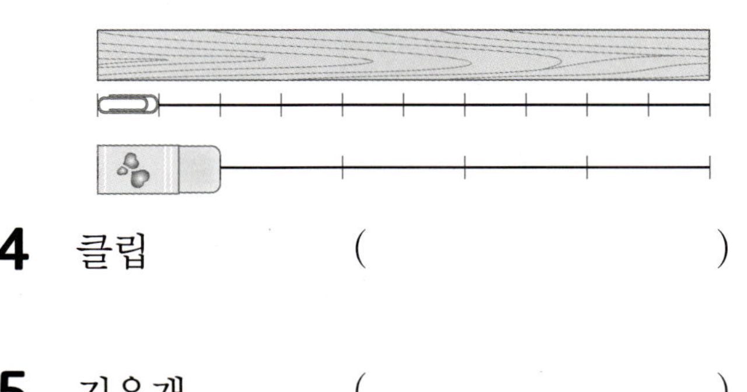

4 클립　　(　　　)

5 지우개　　(　　　)

[6~7] 그림을 보고 물음에 답하세요.

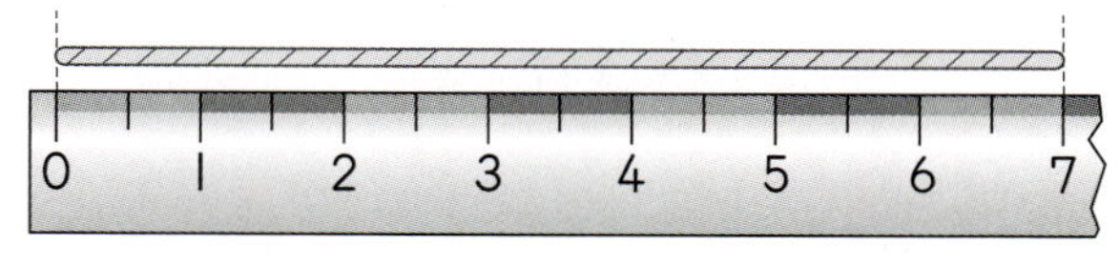

6 끈의 길이는 1 cm가 몇 번일까요?

(　　　)

7 끈의 길이는 몇 cm일까요?

(　　　)

8 머리핀의 길이는 몇 cm일까요?

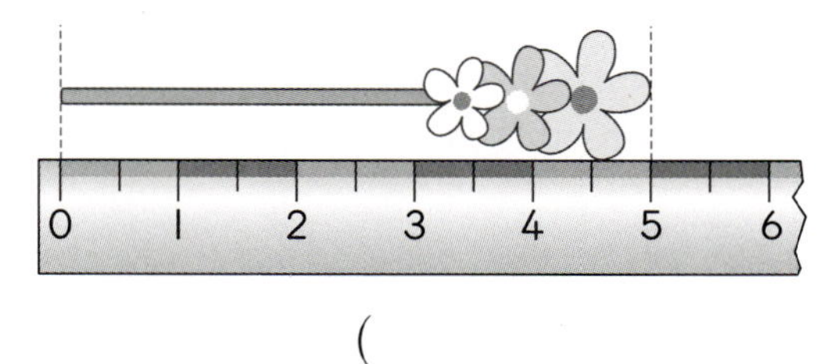

(　　　)

9 땅콩의 길이는 몇 cm일까요?

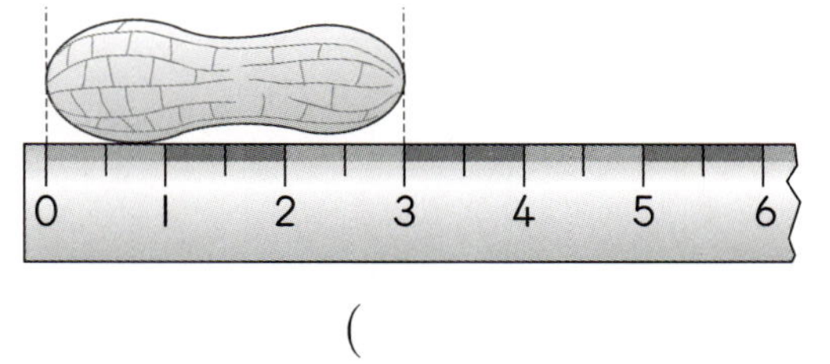

(　　　)

10 크레파스의 길이를 어림하고 자로 재어 확인해 보세요.

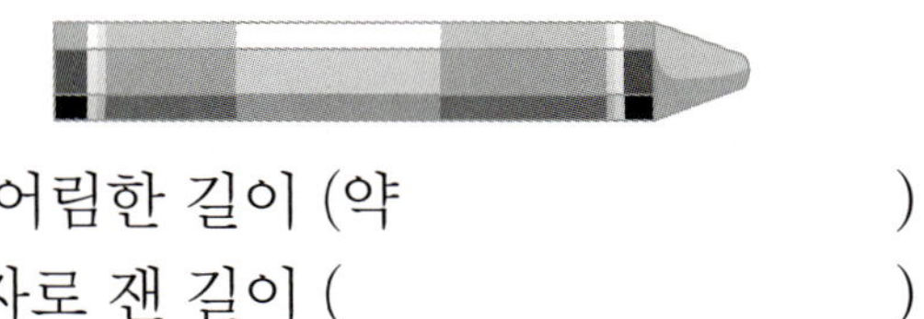

어림한 길이 (약　　　　)
자로 잰 길이 (　　　　)

쪽지시험 2회 길이 재기

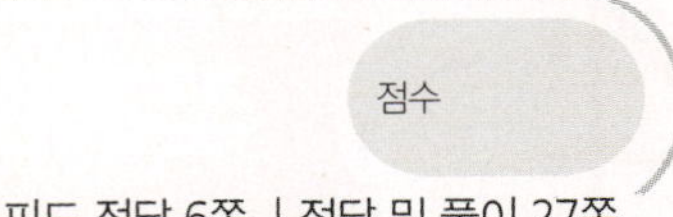
점수

1 지우개의 길이는 몇 cm일까요?

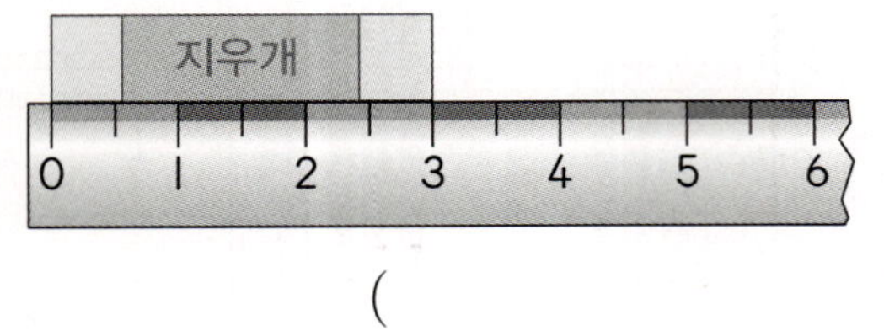

( )

2 선의 길이를 자로 재어 보세요.

( )

3 l cm인 막대가 있습니다. **4** cm만큼 색칠해 보세요.

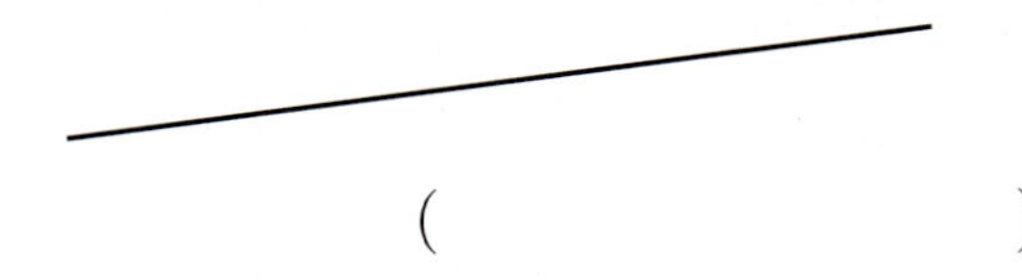

4 □ 안에 알맞은 수를 써넣으세요.

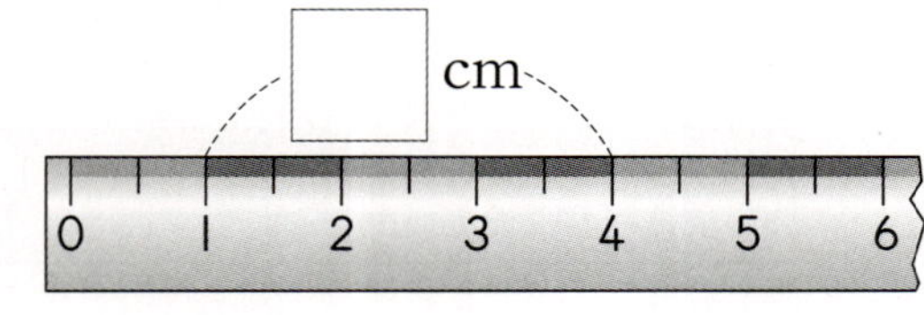

5 삼각형의 가장 짧은 변의 길이를 자로 재어 보세요.

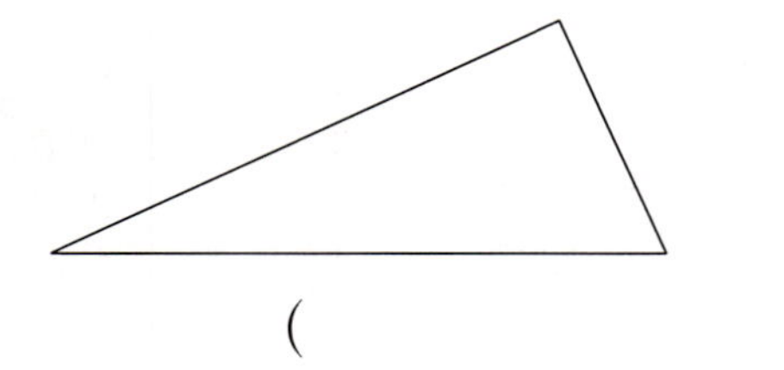

( )

〔6~7〕 □ 안에 알맞은 수를 써넣으세요.

6

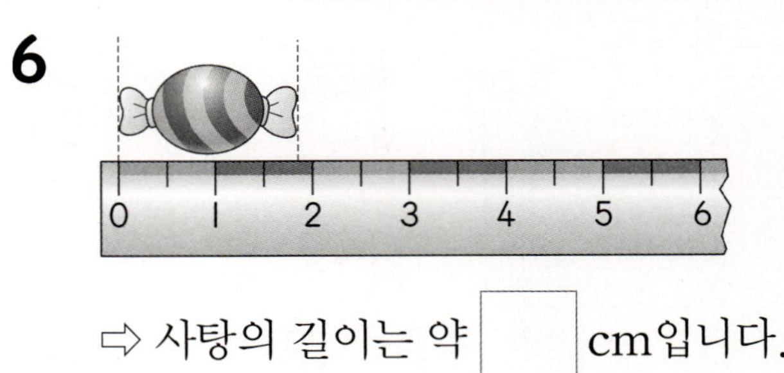

⇨ 사탕의 길이는 약 □ cm입니다.

7

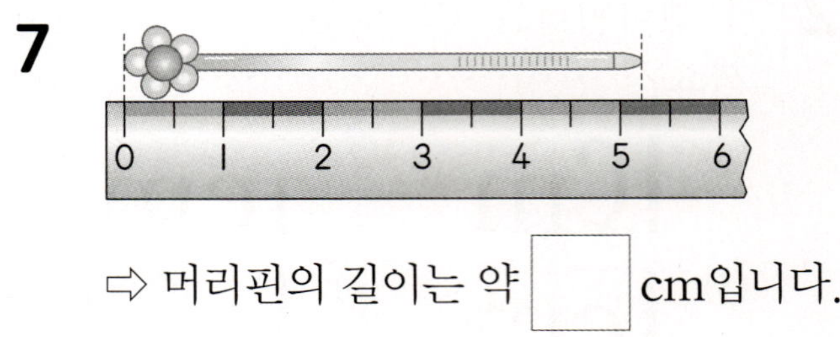

⇨ 머리핀의 길이는 약 □ cm입니다.

8 테이프의 길이를 어림하고 자로 재어 확인해 보세요.

어림한 길이 (약)
자로 잰 길이 ( )

9 민서의 줄넘기 길이를 다음 물건으로 재어 보았습니다. 잰 횟수가 가장 많은 것은 어느 것일까요? ……………( )

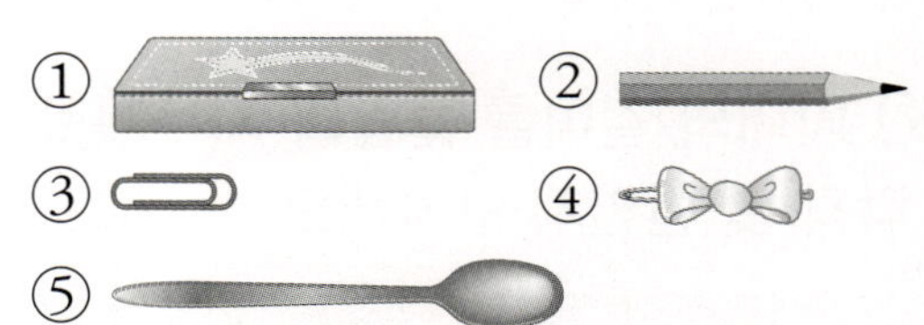

10 더 긴 것의 기호를 써 보세요.

⊙

⊙

( )

4 단원

단원평가 1회 길이 재기

1 □ 안에 알맞은 수를 써넣으세요.

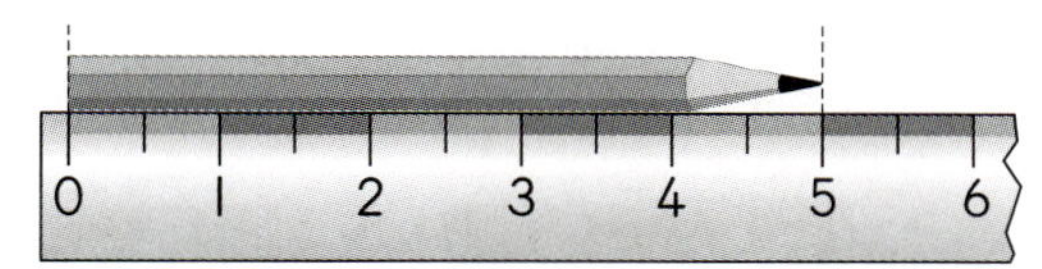

연필의 한쪽 끝을 자의 눈금 □ 에 맞추고 연필의 다른 쪽 끝에 있는 자의 눈금을 읽으면 연필의 길이는 □ cm 입니다.

2 주어진 길이만큼 점선을 따라 선을 그어 보세요.

2 cm

3 책꽂이의 긴 쪽의 길이는 몇 뼘일까요?

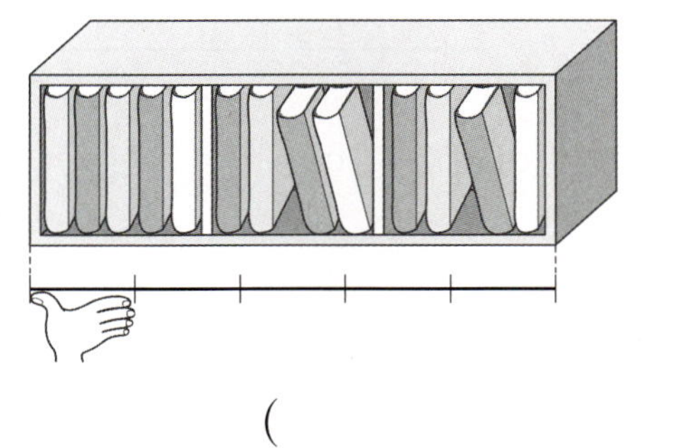

(   )

4 다음 중 1 센티미터를 바르게 쓴 것을 찾아 기호를 써 보세요.

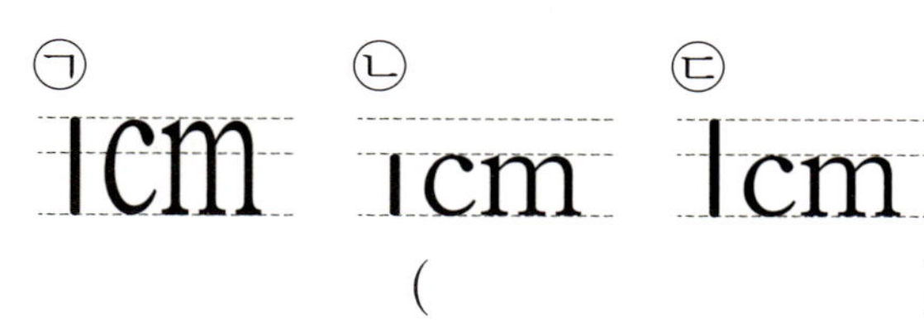

(   )

[5~6] □ 안에 알맞은 수를 써넣으세요.

5

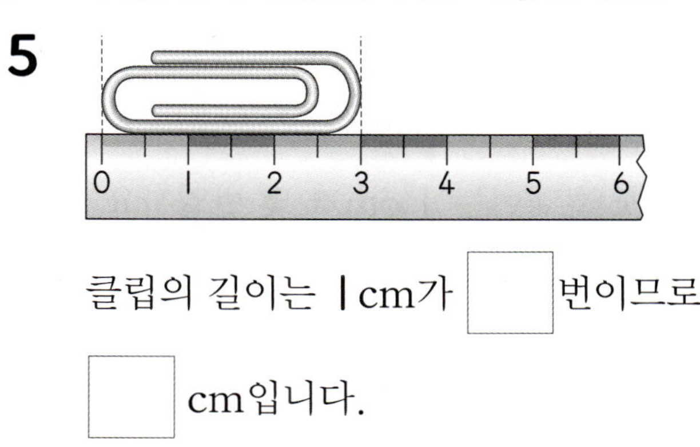

클립의 길이는 1 cm가 □ 번이므로

□ cm입니다.

6

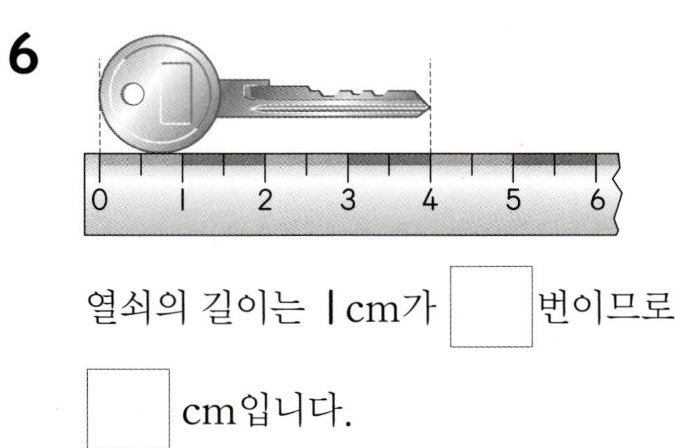

열쇠의 길이는 1 cm가 □ 번이므로

□ cm입니다.

7 색연필의 길이는 테이프 가, 나로 각각 몇 번일까요?

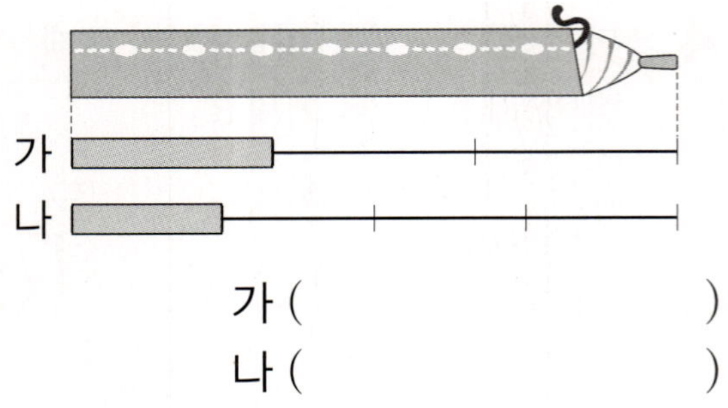

가 (   )

나 (   )

[8~9] 그림을 보고 물음에 답하세요.

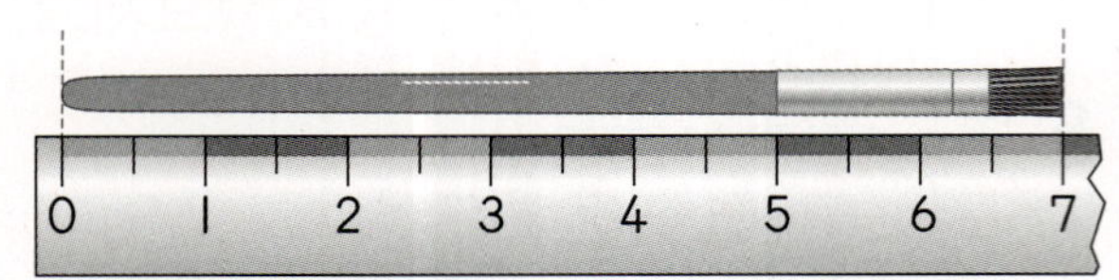

8 붓의 길이는 1 cm가 몇 번일까요?

(   )

9 붓의 길이는 몇 cm일까요?

(   )

10 풀의 길이는 몇 cm일까요?

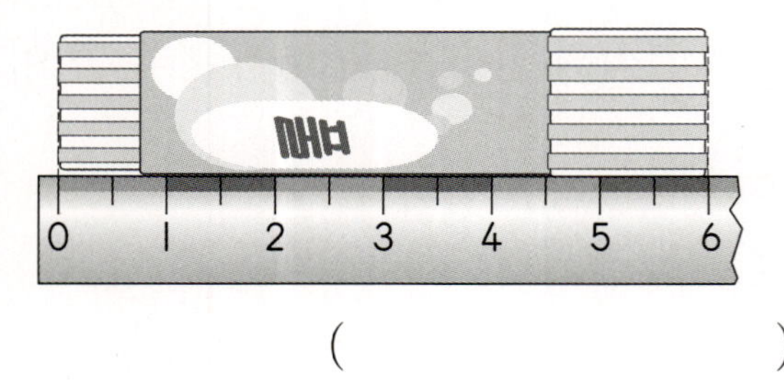

(   )

11 선의 길이를 바르게 잰 것은 어느 것일까요? ·························· (   )

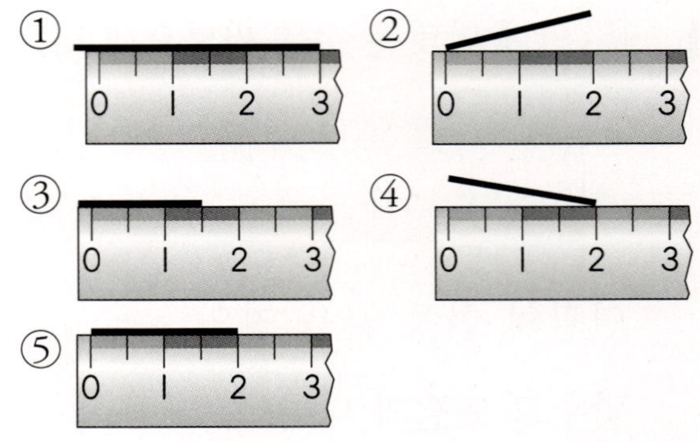

12 크레파스의 길이는 몇 cm일까요?

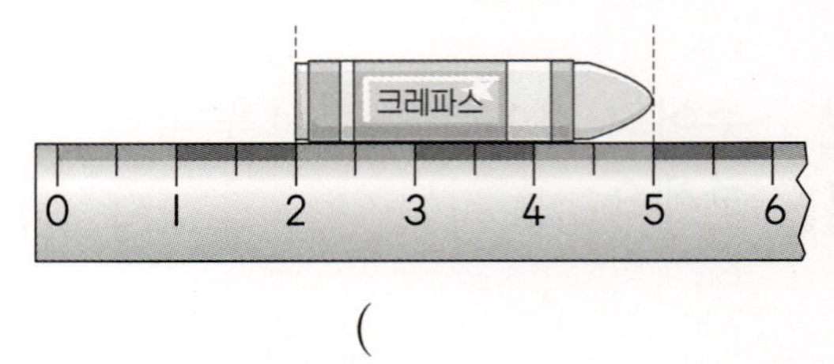

(   )

13 주어진 선의 길이를 어림하고 자로 재어 확인해 보세요.

어림한 길이	약 ☐	cm
자로 잰 길이	☐	cm

〔14~15〕 못의 길이를 자로 재어 보세요.

14

( )

15

( )

16 ㉮와 ㉯ 중 길이가 더 긴 색 테이프는 어느 것일까요?

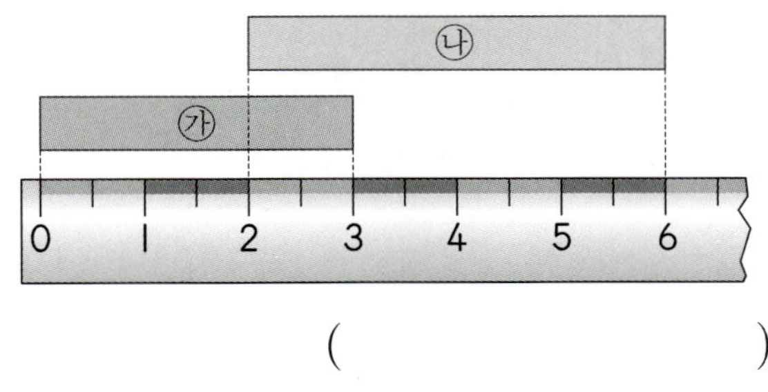

( )

17 막대의 길이는 약 몇 cm일까요?

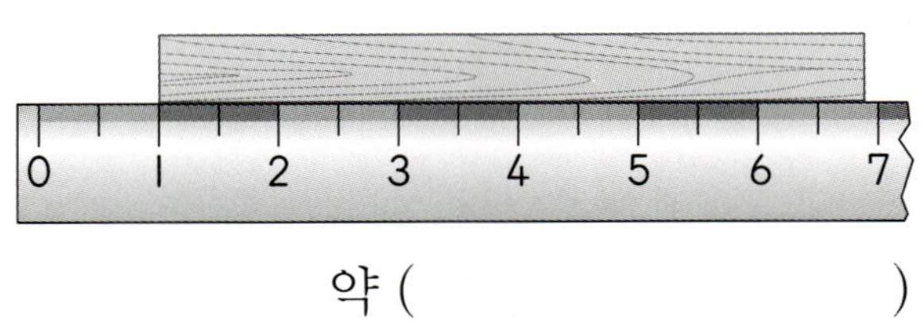

약 ( )

18 두 사람이 같은 크레파스로 줄의 길이를 재었습니다. 더 짧은 줄을 가진 사람의 이름을 써 보세요.

> 영은: 내 줄의 길이는 크레파스로 6번이야.
>
> 재석: 내 줄의 길이는 크레파스로 3번이야.

( )

19 같은 볼펜을 단위로 우산과 지팡이의 길이를 재었더니 잰 횟수가 우산은 6번, 지팡이는 8번이었습니다. 우산과 지팡이 중 길이가 더 긴 것은 무엇일까요?

( )

20 실제 길이가 20 cm인 빨대의 길이를 승호와 진호가 다음과 같이 어림하였습니다. 실제 길이에 더 가깝게 어림한 사람은 누구일까요?

승호	진호
약 22 cm	약 19 cm

( )

4단원 **단원평가** 2회 　길이 재기

1 □ 안에 알맞은 수를 써넣으세요.

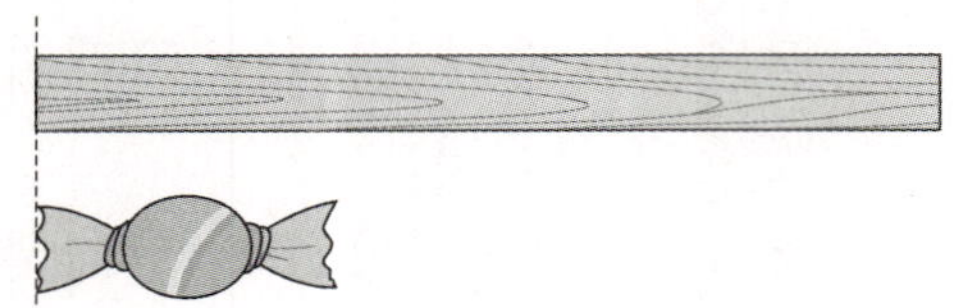

막대의 길이는 사탕으로 □번쯤입니다.

2 □ 안에 알맞은 수를 써넣으세요.

8 cm는 1 cm가 □번입니다.

3 연필의 길이는 몇 cm일까요?

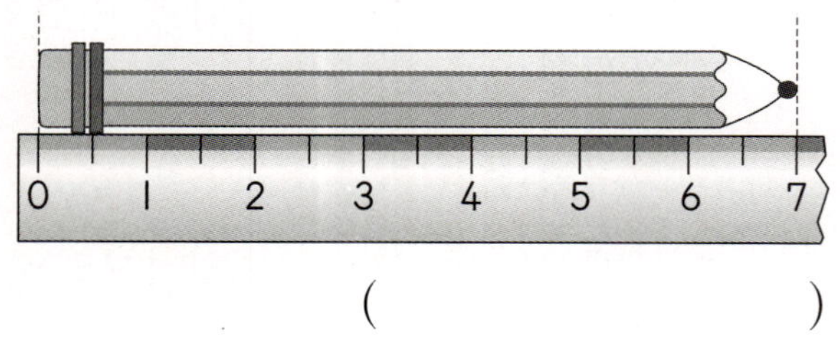

(　　　　　　　)

〔4~5〕 □ 안에 알맞은 수를 써넣으세요.

4

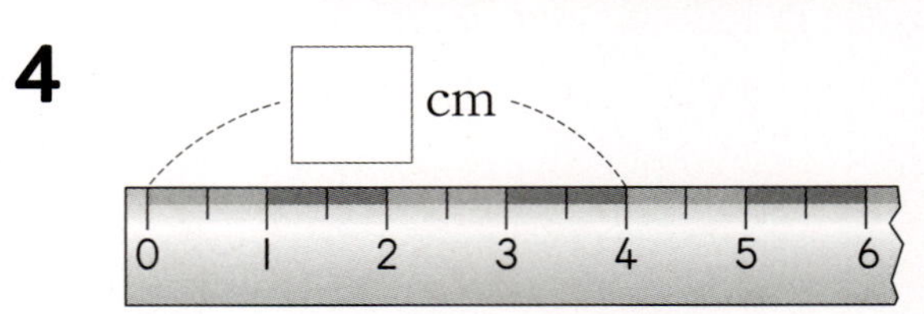

5

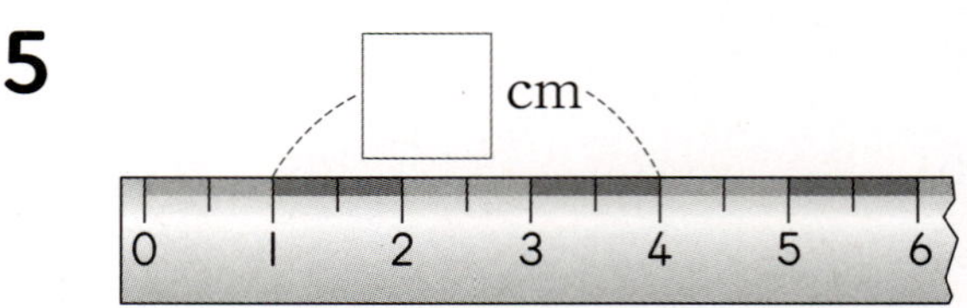

6 다음 중 가장 정확한 길이의 단위를 찾아 ○표 하세요.

| 1뼘 | 1 cm | 1걸음 |

(　　　) 　(　　　) 　(　　　)

7 테이프의 길이는 약 몇 cm일까요?

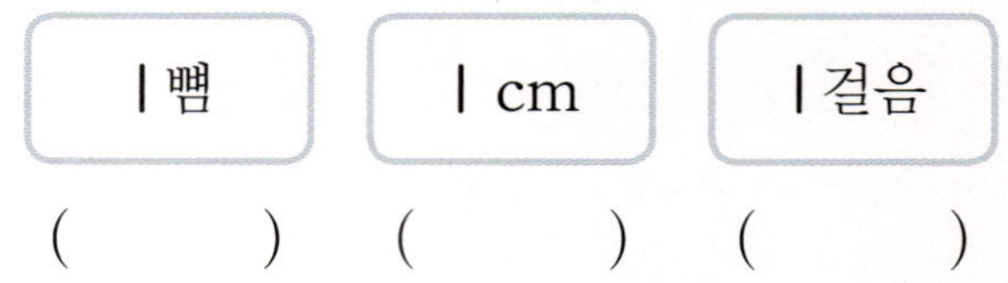

약 (　　　　　　　)

8 색연필의 길이를 클립과 지우개로 재면 각각 몇 번인지 써 보세요.

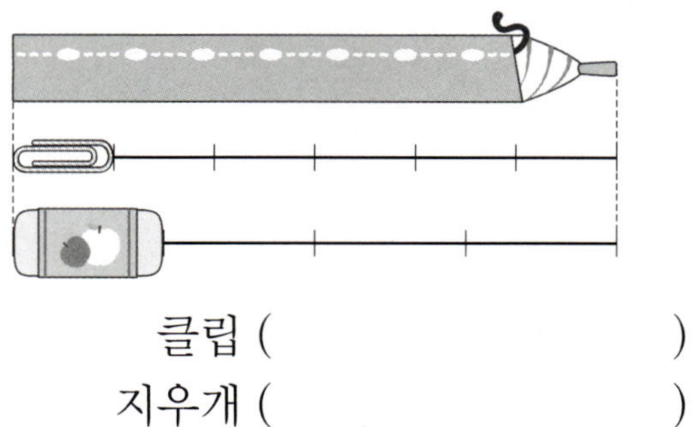

클립 (　　　　　　　　)

지우개 (　　　　　　　　)

[9~10] 선의 길이를 자로 재어 보세요.

9 ―――――――――

(　　　　　　　　)

10 ――――――――――――

(　　　　　　　　)

11 과자의 길이를 어림하고 자로 재어 확인해 보세요.

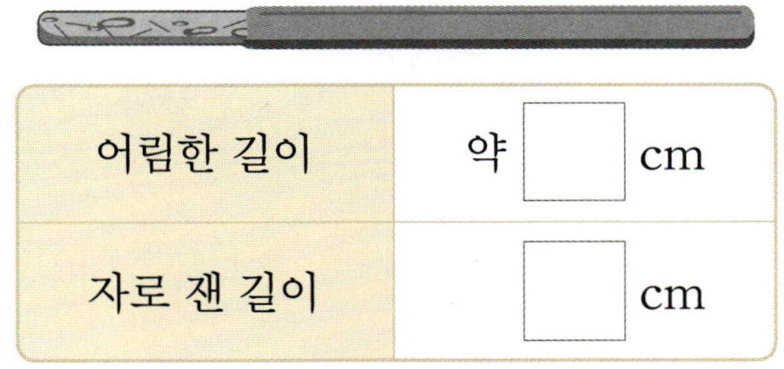

어림한 길이	약 ☐ cm
자로 잰 길이	☐ cm

12 길이를 바르게 잰 것에 ○표 하세요.

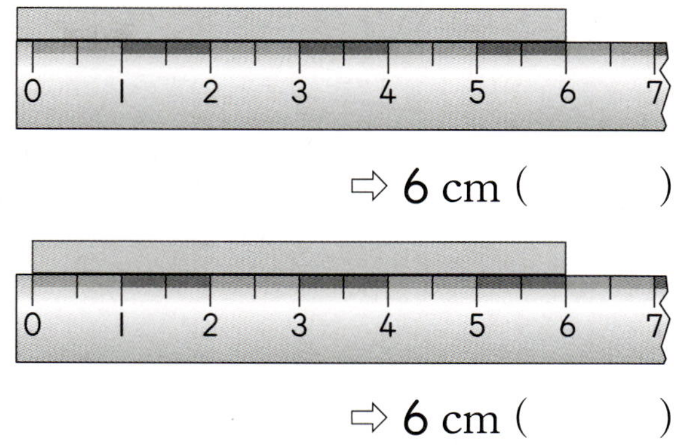

⇨ 6 cm (　　　　　)

⇨ 6 cm (　　　　　)

13 색연필의 길이는 1 cm가 15번입니다. 이 색연필의 길이는 몇 cm일까요?

(　　　　　　　　)

14 끈의 길이가 더 짧은 것의 기호를 써 보세요.

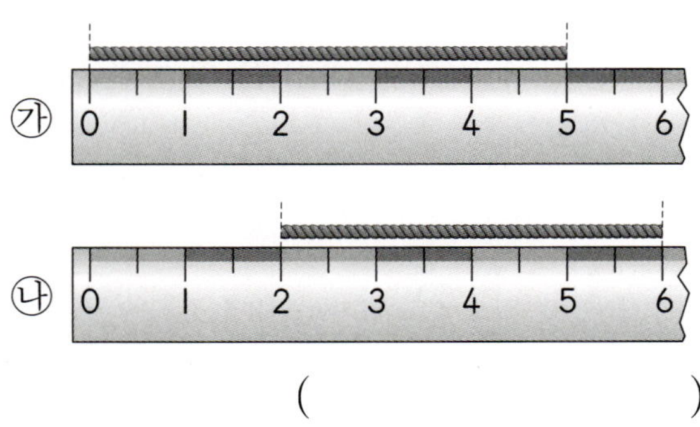

(　　　　　　　　)

15 ㉮, ㉯, ㉰ 중에서 가장 짧은 선의 길이는 몇 cm인지 써 보세요.

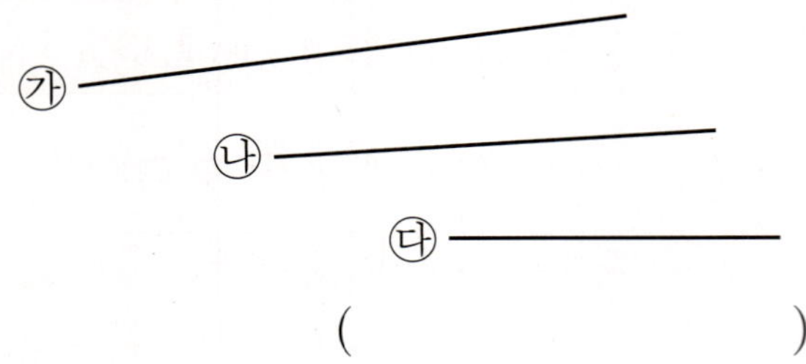

(   )

16 삼각형의 가장 긴 변의 길이를 자로 재어 보세요.

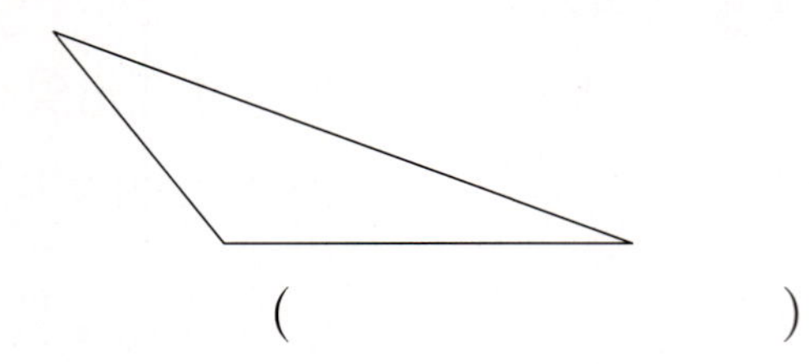

(   )

17 정아는 뼘으로 우산의 길이를 재어 보았습니다. 길이가 더 긴 우산은 무슨 색일까요?

빨간색 우산	파란색 우산
12번	11번

(   )

18 보기 에서 알맞은 길이를 골라 문장을 완성해 보세요.

보기
130 cm, 18 cm

• 초등학교 2학년인 민정이의 키는
　　　　　입니다.

• 색연필의 길이는 　　　　　입니다.

[19~20] 소영이의 몸의 일부분으로 물건의 길이를 재었습니다. 물음에 답하세요.

가　　　　　　나

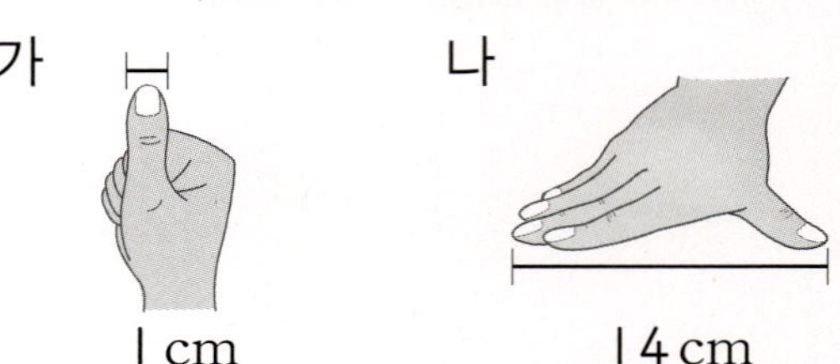

1 cm　　　　14 cm

19 필통의 짧은 쪽은 가로 8번입니다. 필통의 짧은 쪽 길이는 몇 cm일까요?

(   )

20 책상의 짧은 쪽은 나로 3번입니다. 책상의 짧은 쪽 길이는 몇 cm일까요?

(   )

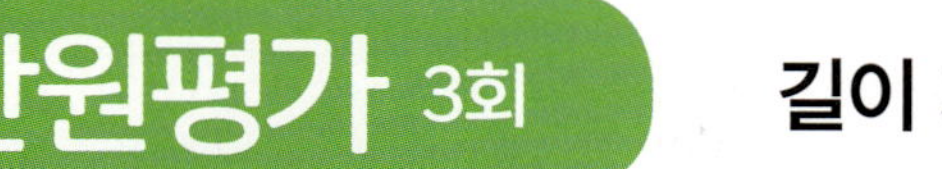

4 단원

단원평가 3회 길이 재기

1 □ 안에 알맞은 수를 써넣으세요.

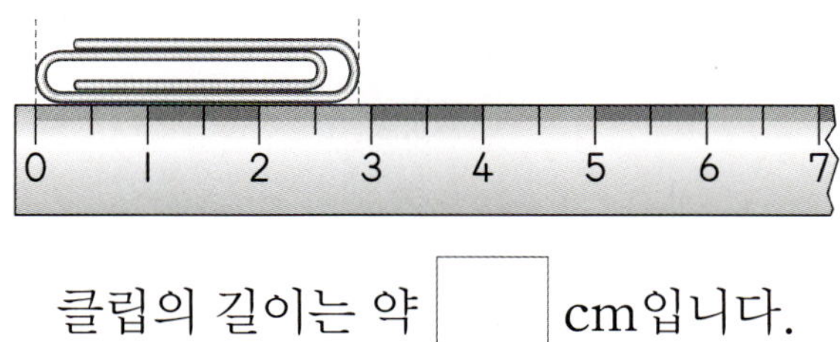

클립의 길이는 약 ☐ cm입니다.

2 자를 사용하여 연필의 길이를 재어 보세요.

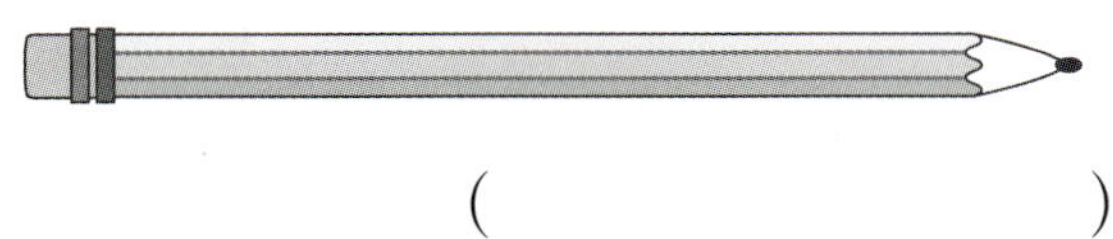

( )

3 크레파스의 길이는 몇 cm일까요?

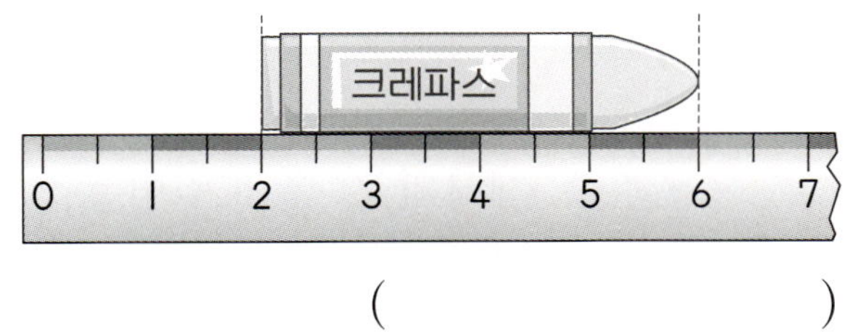

( )

4 선의 길이를 어림하고 자로 재어 확인해 보세요.

———————

어림한 길이 (약)
자로 잰 길이 (약)

〔**5~6**〕 과자의 길이는 몇 cm일까요?

5

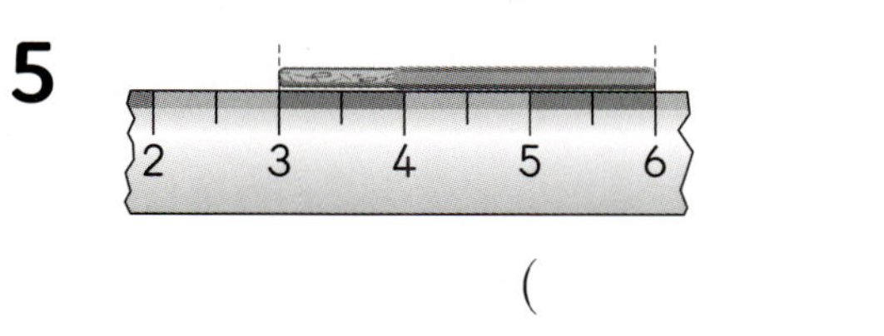

( )

6

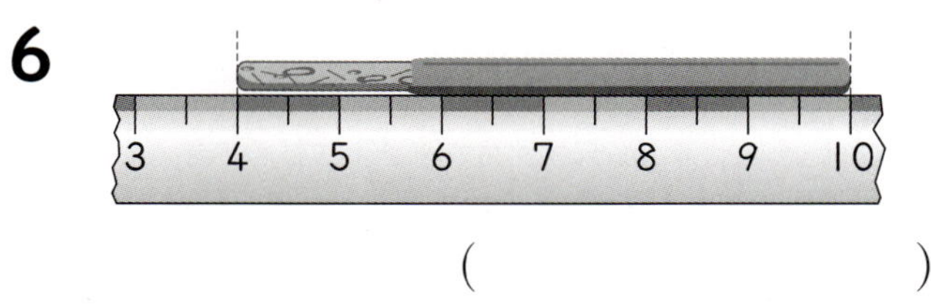

( )

7 못의 길이가 더 긴 것의 기호를 써 보세요.

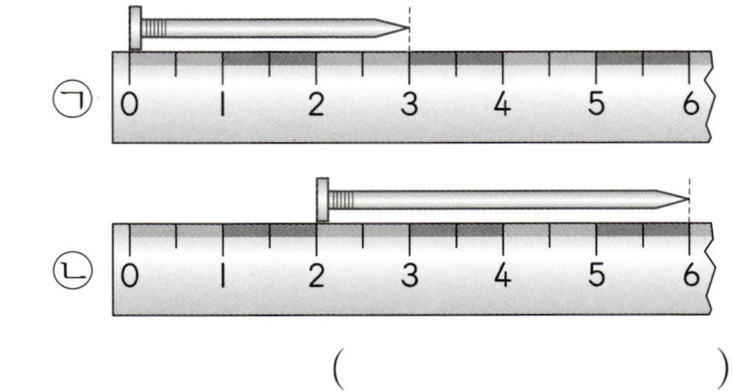

( )

8 같은 길이를 찾아 선으로 이어 보세요.

l cm 3번 ·	· l cm 7번
7 센티미터 ·	· 3 cm
l cm ·	· l 센티미터

9 자의 큰 눈금 한 칸의 길이는 1 cm입니다. 준하가 **빨대**의 길이를 자로 재었더니 큰 눈금으로 **8**칸이었습니다. 이 **빨대**의 길이는 몇 cm일까요?

(   )

10 □ 안에 알맞은 수가 더 큰 것을 찾아 기호를 써 보세요.

> ㉠ 1 cm가 **4**번이면 ☐ cm입니다.
>
> ㉡ **3** cm는 1 cm가 ☐ 번입니다.

(   )

11 길이를 잴 수 있는 자에 대한 설명 중 <u>틀린</u> 것은 어느 것일까요?····(   )
① 모두 눈금이 있습니다.
② 1 cm의 길이가 모두 같습니다.
③ 정확한 길이를 잴 수 있습니다.
④ 길이를 편리하게 잴 수 있습니다.
⑤ 같은 물건도 재는 사람에 따라 길이가 다릅니다.

12 ㉮의 길이는 **4** cm입니다. ㉯의 길이를 어림해 보세요.

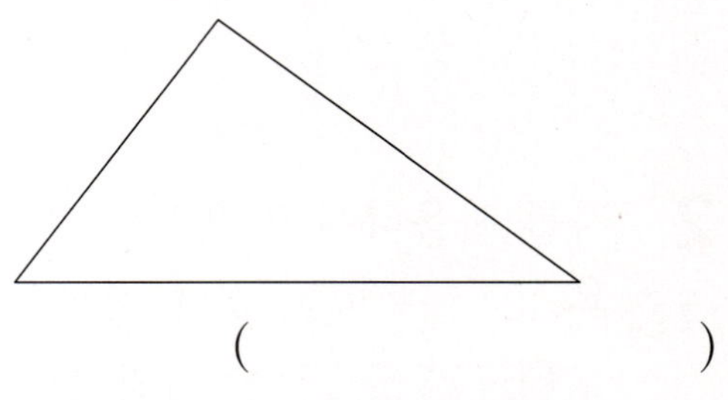

약 (   )

13 가장 긴 변의 길이는 가장 짧은 변의 길이보다 몇 cm 더 길까요?

(   )

14 준호와 민주가 같은 책상의 길이를 재었습니다. 다음과 같이 준호와 민주가 잰 결과가 <u>다른</u> 이유는 무엇일까요?
······································· (   )

> • 준호: 책상의 긴 쪽의 길이는 **4**뼘이야.
> • 민주: 책상의 긴 쪽의 길이는 **5**뼘이야.

① 준호의 손이 더 작기 때문입니다.
② 두 사람의 뼘의 길이가 다르기 때문입니다.
③ 준호와 민주의 손의 크기가 같기 때문입니다.
④ 두 사람이 다른 쪽의 길이를 재었기 때문입니다.
⑤ 두 사람이 다른 책상의 길이를 재었기 때문입니다.

15 세 사람이 똑같은 풀로 우산의 길이를 재었습니다. 가장 긴 우산을 가지고 있는 사람은 누구일까요?

> • 수영: 내 우산은 풀로 5번이야.
> • 윤아: 내 우산은 풀로 4번이야.
> • 유리: 내 우산은 풀로 6번이야.

(   )

16 가장 작은 사각형의 변의 길이는 모두 1 cm입니다. 굵은 선의 길이는 몇 cm일까요?

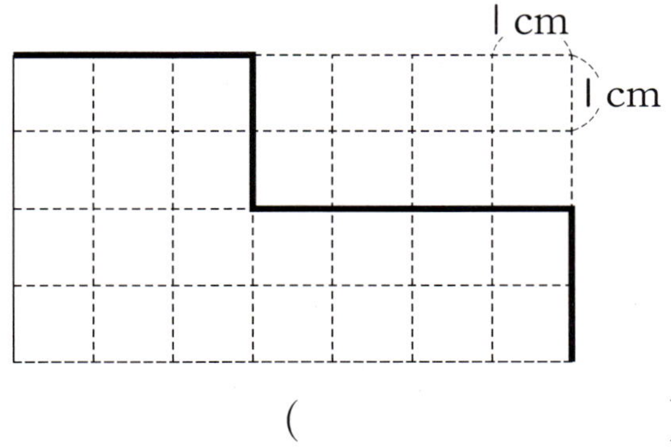

(   )

17 책상의 긴 쪽의 길이를 가위로 재었더니 5번이었습니다. 가위의 길이가 14 cm일 때 책상의 긴 쪽의 길이는 몇 cm일까요?

(   )

18 텔레비전의 긴 쪽의 길이를 뼘으로 재어 나타낸 것입니다. 한 뼘의 길이가 가장 짧은 사람은 누구일까요?

정호	민주	은희
4뼘	5뼘	7뼘

(   )

19 길이를 잴 때 cm로 나타내면 어떤 점이 좋은지 써 보세요.

____

____

20 실제 길이가 14 cm인 윷가락을 찬우는 약 17 cm로 어림하였고, 은성이는 약 13 cm로 어림하였습니다. 실제 길이에 더 가깝게 어림한 사람은 누구인지 풀이 과정을 쓰고 답을 구하세요.

풀이

답 _______________________________

단원평가 4회 길이 재기

1 머리핀의 길이를 써 보세요.

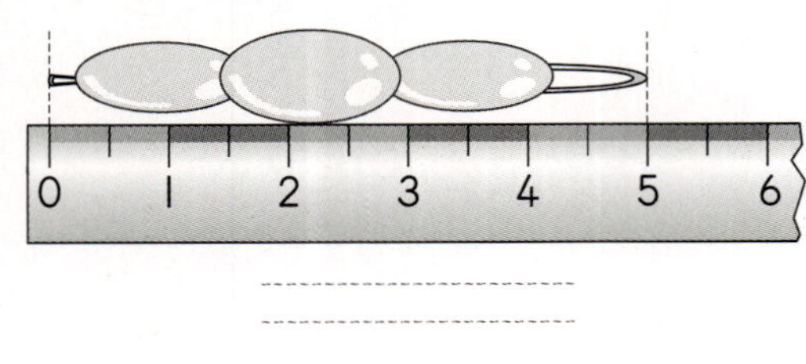

2 가장 짧은 변의 길이를 자로 재어 보세요.

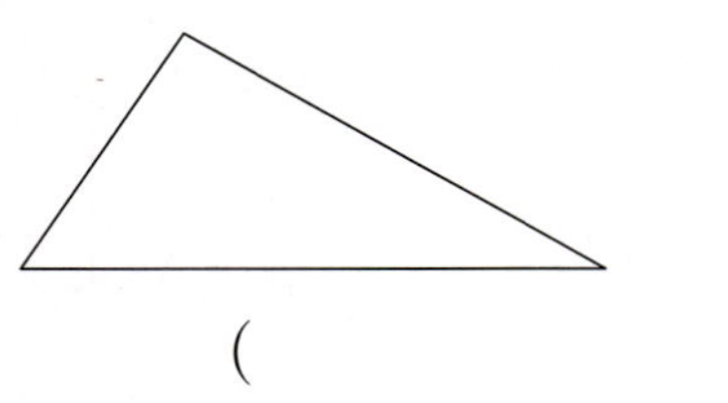

(   )

3 길이를 바르게 잰 것은 어느 것일까요?
······································ (   )

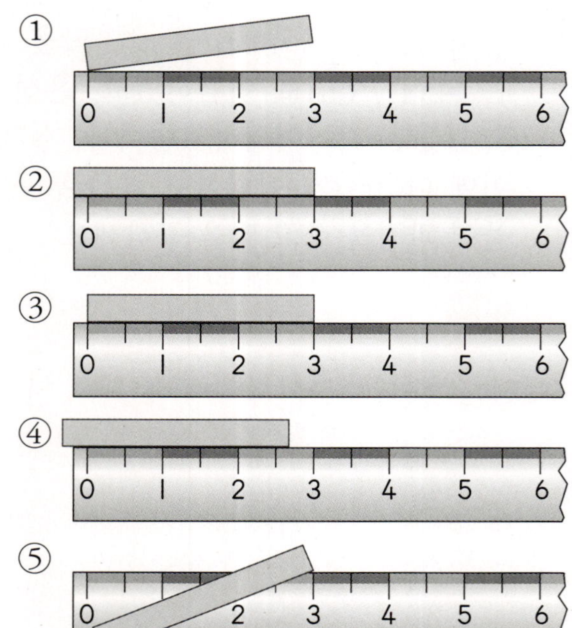

4 테이프의 길이는 몇 cm일까요?

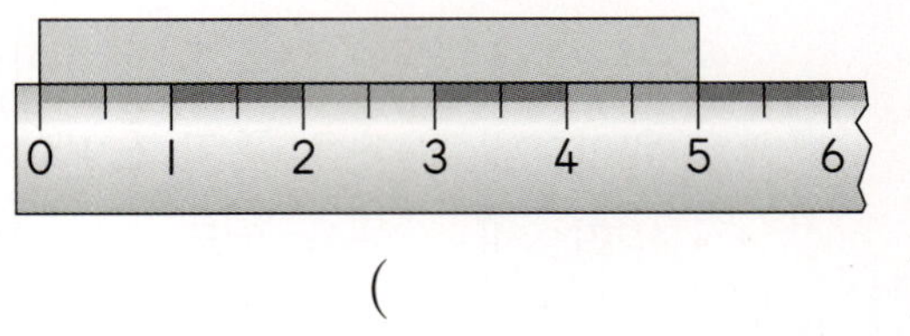

(   )

[5~7] 색연필의 길이를 크레파스, 풀, 바늘로 잰 것입니다. 물음에 답하세요.

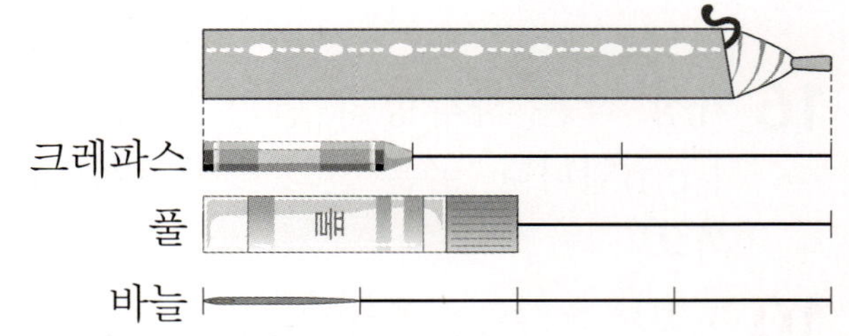

5 크레파스, 풀, 바늘 중 가장 짧은 것은 무엇일까요?

(   )

6 색연필의 길이는 바늘로 몇 번일까요?

(   )

7 바르게 설명한 것의 기호를 써 보세요.

> ㉠ 색연필의 길이는 크레파스로 **3**번입니다.
> ㉡ 색연필의 길이는 풀로 **4**번입니다.

(   )

8 선의 길이를 자로 재어 보세요.

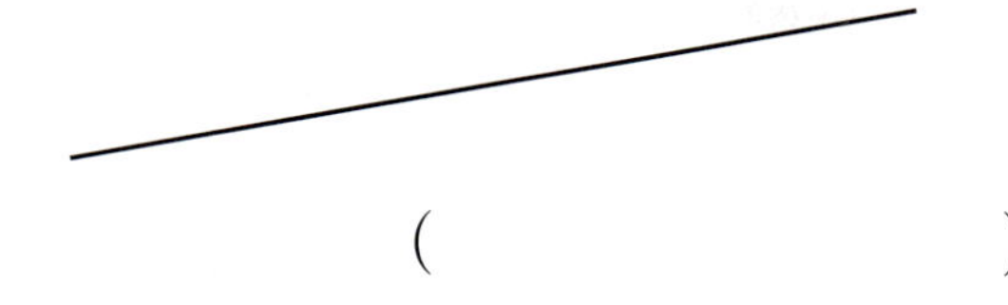

(   )

9 면봉의 길이는 몇 cm일까요?

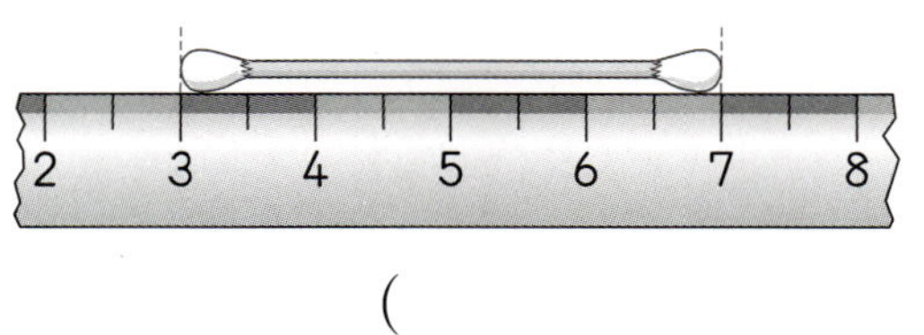

(   )

10 도형의 변의 길이를 자로 재어 □ 안에 알맞은 수를 써넣으세요.

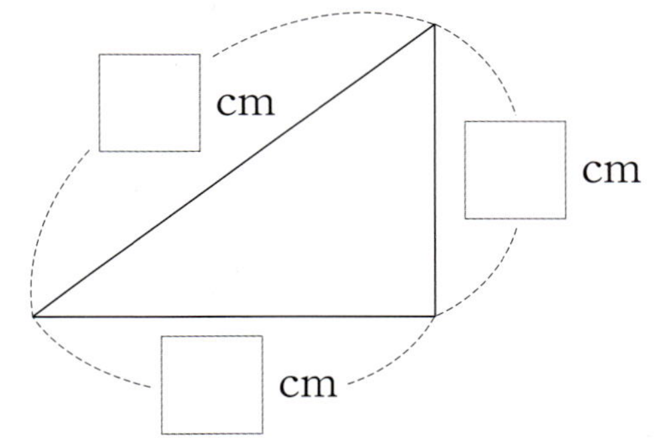

11 진수가 뼘으로 우산, 빗자루의 길이를 각각 재었습니다. 물건의 길이가 더 긴 것은 무엇일까요?

우산	빗자루
4뼘	6뼘

(   )

[12~13] 다음 대화를 보고 물음에 답하세요.

> 연서: 오빠, 내 사진이 들어갈 액자 좀 만들어줘. 사진의 긴 쪽의 길이는 색연필로 **4**번, 짧은 쪽의 길이는 색연필로 **3**번이야.
>
> 오빠: 앗! 액자가 사진보다 작네!
>
> 
>

12 액자가 사진보다 작게 만들어진 이유로 알맞은 것의 기호를 써 보세요.

> ㉠ 오빠가 연서를 싫어해서
> ㉡ 오빠의 색연필이 연서의 색연필보다 더 길어서
> ㉢ 오빠와 연서의 색연필 길이가 달라서

(   )

13 이런 일이 생기지 않도록 편리하게 길이를 잴 수 있는 방법을 써 보세요.

____

____

14 ㉮와 ㉯ 막대를 겹치지 않게 이어 붙이면 몇 cm일까요?

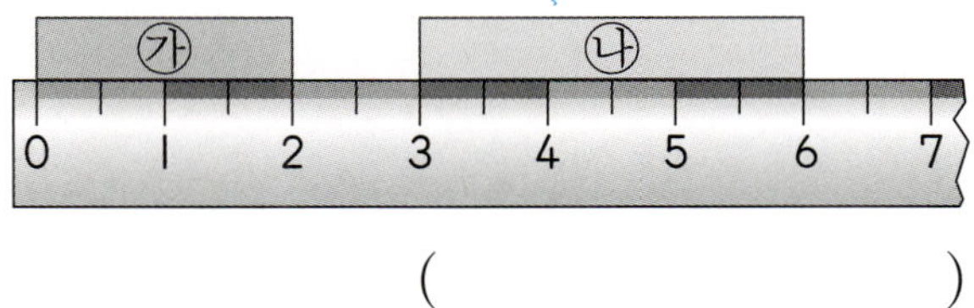

(   )

15 ㉮의 길이가 **3** cm라면, ㉯의 길이는 몇 cm일까요?

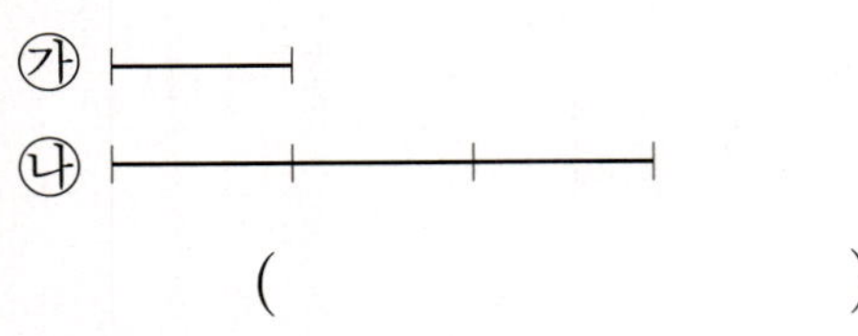

(   )

16 동화책의 긴 쪽의 길이를 다음 학용품으로 재었습니다. 길이가 가장 긴 학용품은 어느 것일까요?

색연필	지우개	볼펜
2번	7번	3번

(   )

17 길이가 **28** cm인 끈을 막대로 재려고 합니다. 길이가 **7** cm인 막대로 몇 번 재어야 하는지 풀이 과정을 쓰고 답을 구하세요.

답 _______________

18 그림에서 가장 작은 사각형의 네 변의 길이는 **1** cm로 모두 같습니다. 굵은 선의 길이는 몇 cm일까요?

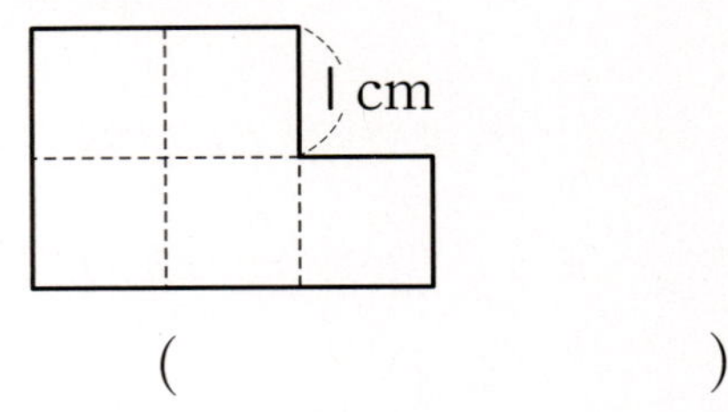

(   )

19 실제 길이가 **30** cm인 끈의 길이를 지은이와 친구들이 다음과 같이 어림하였습니다. 실제 길이에 가장 가깝게 어림한 사람은 누구일까요?

지은	경민	소연
약 32 cm	약 35 cm	약 29 cm

(   )

20 이준이의 테이프의 길이는 길이가 **3** cm인 옷핀으로 재면 **4**번이고, 주원이의 테이프의 길이는 길이가 **5** cm인 지우개로 재면 **3**번입니다. 누구의 테이프가 몇 cm 더 길까요?

(   ), (   )

단원평가 5회 — 길이 재기

1 분필의 길이는 몇 cm일까요?

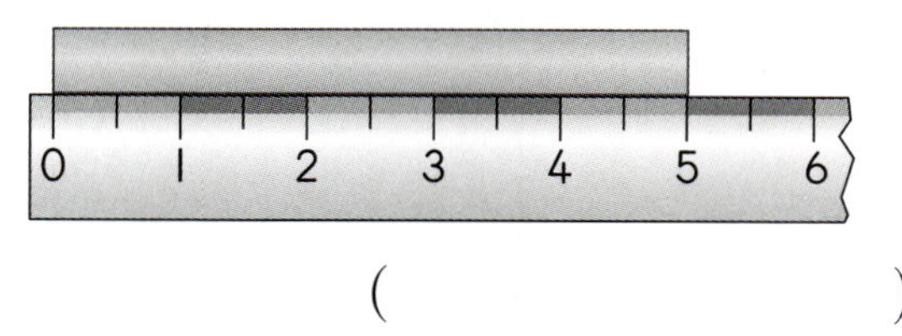

( )

2 수수깡의 길이는 l cm가 몇 번일까요?

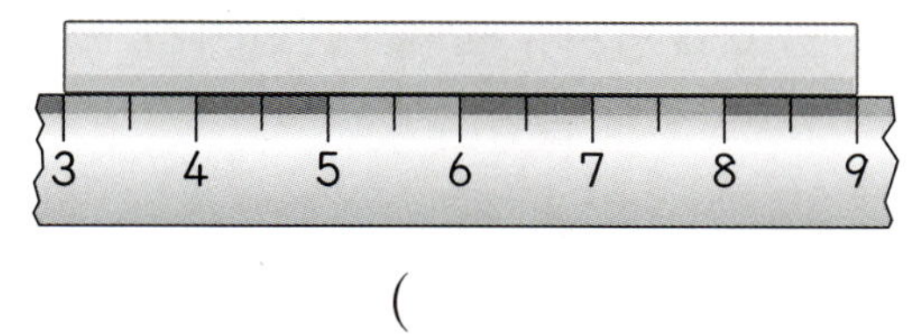

( )

3 못의 길이는 몇 cm일까요?

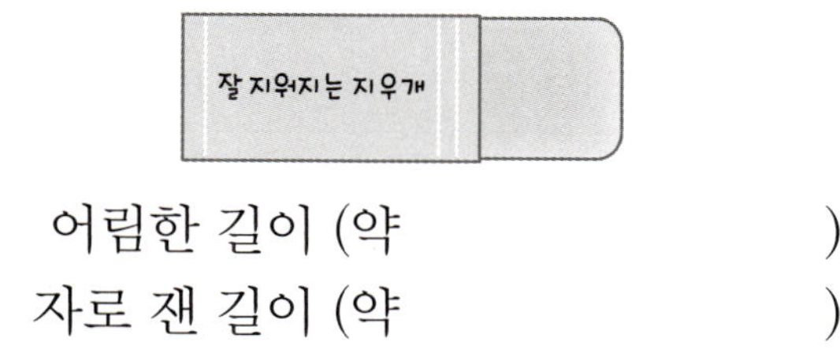

( )

4 막대과자의 길이를 자로 재어 보세요.

( )

5 지우개의 길이를 어림하고 자로 재어 확인해 보세요.

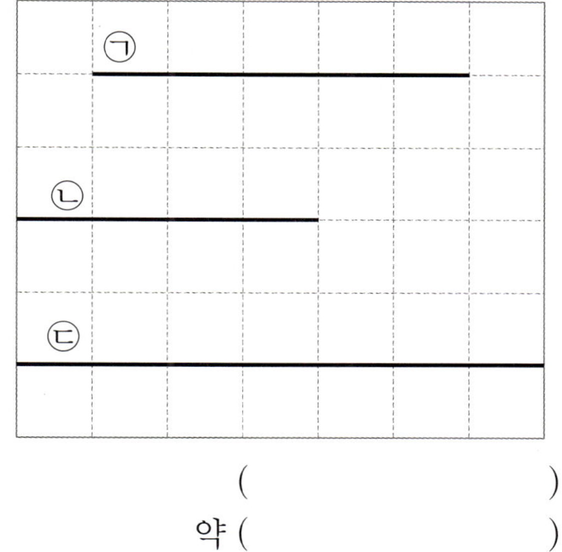

어림한 길이 (약)
자로 잰 길이 (약)

6 가장 긴 선의 기호를 쓰고, 길이를 어림해 보세요.

( )
약 ( )

7 연필의 길이는 클립으로 몇 번인지 구하세요.

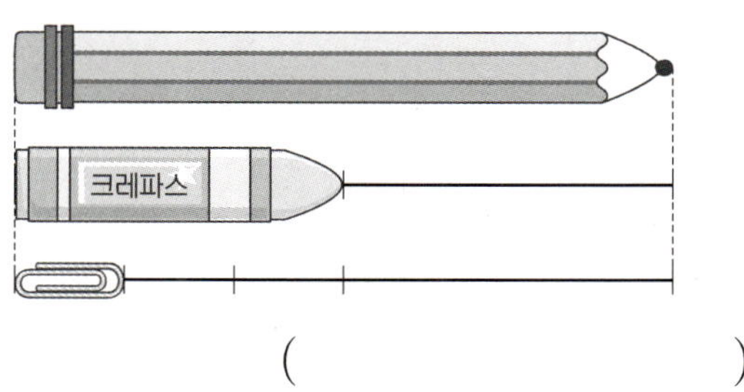

( )

8 테이프 ㉠과 ㉡의 길이의 차는 몇 cm일까요?

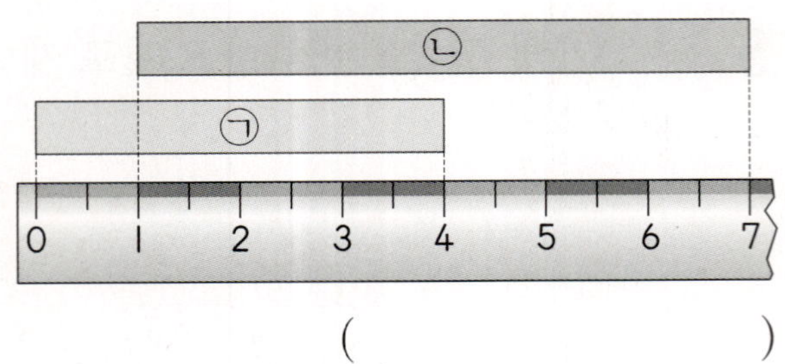

(   )

[9~10] 물건의 긴 쪽의 길이는 약 몇 cm인지 재어 보세요.

9

약 (   )

10

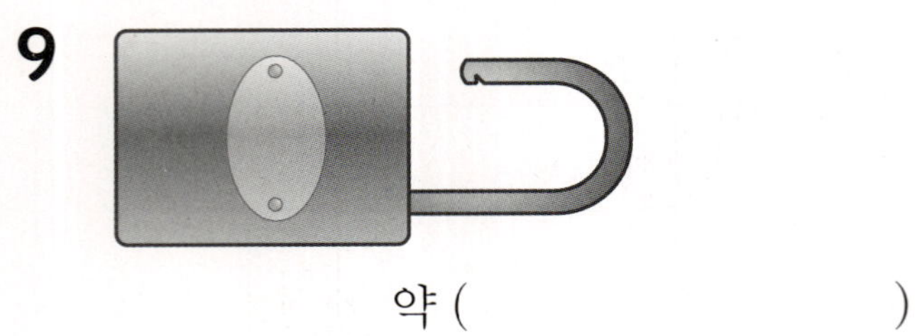

약 (   )

11 도형의 변의 길이를 자로 재어 세 변의 길이의 합은 몇 cm인지 구하세요.

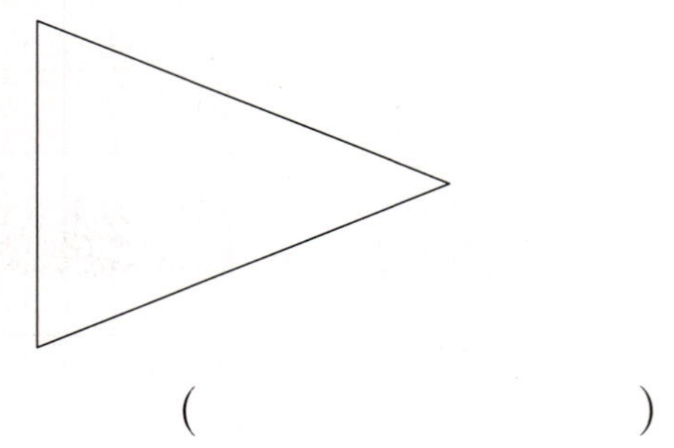

(   )

12 민현이가 가지고 있는 종이의 길이를 나타냈습니다. 긴 쪽은 짧은 쪽보다 몇 cm 더 긴지 구하세요.

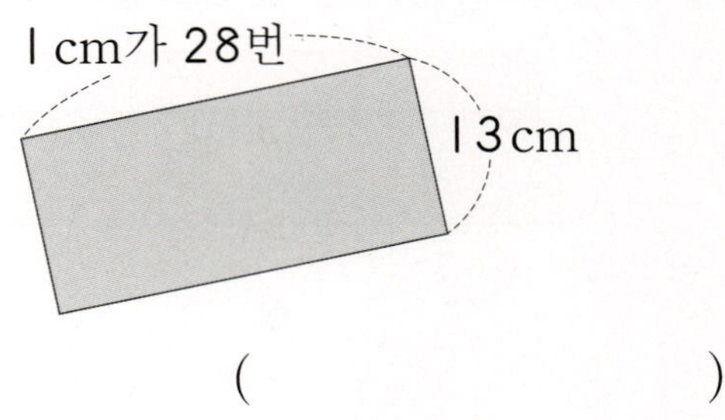

(   )

13 칠판의 긴 쪽의 길이를 뼘으로 재어 보았더니 영진이는 13뼘, 설아는 12뼘이었습니다. 한 뼘의 길이가 더 짧은 사람은 누구일까요?

(   )

14 정우와 유진이가 뼘으로 같은 줄넘기의 길이를 재었습니다. 왜 다른 결과가 나왔는지 써 보세요.

정우의 뼘	유진이의 뼘
13번	16번

____

____

15 수빈이가 가지고 있는 지우개의 길이는 3 cm입니다. 수학책의 짧은 쪽의 길이를 지우개로 재었더니 6번입니다. 수학책의 짧은 쪽의 길이는 몇 cm일까요?

(   )

16 그림을 보고 종이의 짧은 쪽의 길이를 <u>잘못</u> 잰 까닭을 써 보세요.

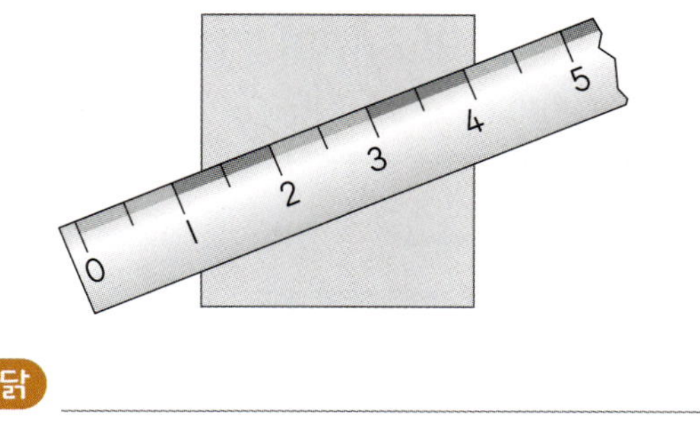

까닭 ______________________________

____

17 칠판의 짧은 쪽의 길이를 세범이는 약 82 cm로 어림하였고, 재희는 세범이보다 5 cm 더 길게 어림하였습니다. 칠판의 짧은 쪽의 실제 길이는 재희가 어림한 것보다 8 cm 더 짧다고 합니다. 칠판의 짧은 쪽의 실제 길이는 몇 cm일까요?

( )

18 ㉮, ㉯, ㉰ 물건으로 액자의 긴 쪽의 길이를 재었더니 다음과 같았습니다. 길이가 긴 물건부터 차례대로 기호를 써 보세요.

| ㉮ 6번 | ㉯ 3번 | ㉰ 2번 |

( )

19 다음 그림에서 가장 작은 사각형의 네 변의 길이는 모두 같고, 한 변의 길이는 1 cm입니다. ㉮에서 ㉯까지 사각형의 변을 따라 가려고 할 때, 가장 가까운 길은 몇 cm일까요?

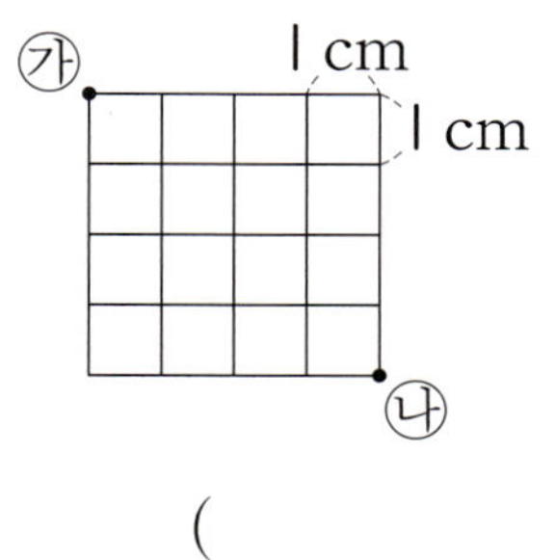

( )

20 은원이의 연필의 길이는 민지의 연필의 길이보다 3 cm 더 길고, 민지의 연필의 길이는 재호의 연필의 길이보다 5 cm 더 짧습니다. 재호의 연필의 길이가 12 cm이면 은원이의 연필의 길이는 몇 cm인지 풀이 과정을 쓰고 답을 구하세요.

풀이

답 ______________________________

서술형 평가 ❶ 길이 재기

1 끈 ㉮와 ㉯의 길이를 재어 보았습니다. ㉮는 ㉯보다 몇 cm 더 긴지 구하세요.

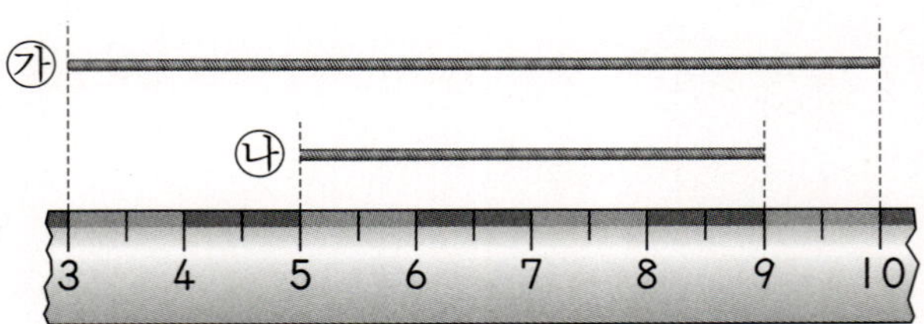

❶ ㉮는 몇 cm일까요?

( )

❷ ㉯는 몇 cm일까요?

( )

❸ ㉮는 ㉯보다 몇 cm 더 길까요?

( )

2 책장 ㉮, ㉯, ㉲의 높이를 주하의 뼘으로 재었습니다. ㉮는 6뼘, ㉯는 8뼘, ㉲는 13뼘이라면 가장 높은 책장의 기호를 써 보세요.

❶ 뼘으로 잰 횟수가 많은 순서대로 기호를 써 보세요.

( )

❷ 가장 높은 책장의 기호를 써 보세요.

( )

3 거실의 긴 쪽의 길이를 젓가락으로 잰 것입니다. 누구의 젓가락이 더 짧은지 구하세요.

진수: 52번   태이: 57번

❶ 알맞은 말에 ○표 하세요.

젓가락의 길이가 짧을수록 잰 횟수가 (많습니다, 적습니다).

❷ 누구의 젓가락이 더 짧을까요?

(   )

4 그림을 보고 클립 한 개의 길이가 4 cm일 때 못의 길이는 몇 cm인지 구하세요.

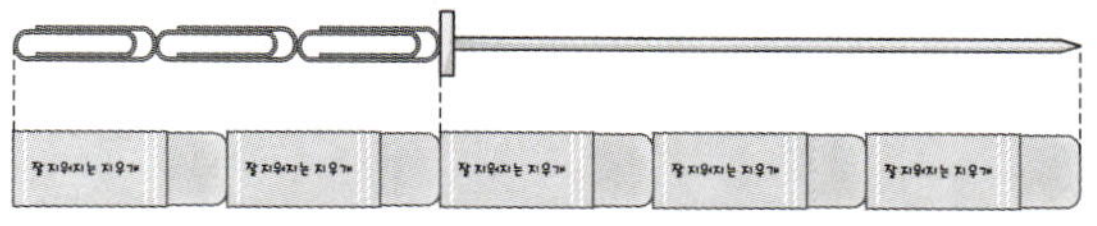

❶ 클립 3개의 길이는 몇 cm일까요?

(   )

❷ 지우개 1개의 길이는 몇 cm일까요?

(   )

❸ 못의 길이는 몇 cm일까요?

(   )

서술형 평가 ❷ 길이 재기

점수

1 길이가 4 cm인 지우개로 막대의 길이를 재었더니 지우개로 5번이었습니다. 막대의 길이는 몇 cm인지 풀이 과정을 쓰고 답을 구하세요.

풀이

답 ______________________

> ✏ **어떻게 풀까요?**
> 막대의 길이는 지우개의 길이를 5번 더한 것과 같습니다.

2 실제 길이가 17 cm인 색연필의 길이를 어림하였습니다. 가장 가깝게 어림한 사람은 누구인지 풀이 과정을 쓰고 답을 구하세요.

준민	원석	은영
약 20 cm	약 18 cm	약 15 cm

풀이

답 ______________________

> ✏ **어떻게 풀까요?**
> 어림한 길이와 실제 길이의 차가 가장 작은 사람이 가장 가깝게 어림한 사람입니다.

3 준호가 가지고 있는 종이의 길이를 나타내었습니다. 긴 쪽은 짧은 쪽보다 몇 cm 더 긴지 풀이 과정을 쓰고 답을 구하세요.

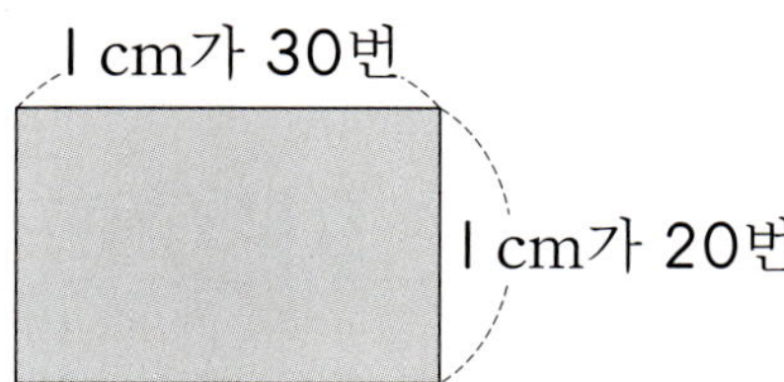

풀이

답 _________________

> **어떻게 풀까요?**
>
> 종이의 긴 쪽과 짧은 쪽의 길이를 구해 그 차를 구합니다.

4 한 뼘의 길이가 현경이는 14 cm, 서진이는 13 cm입니다. 각자 뼘으로 가지고 있는 끈의 길이를 재었습니다. 누구의 끈이 몇 cm 더 긴지 풀이 과정을 쓰고 답을 구하세요.

> 현경: 내 끈은 4뼘이야.
> 서진: 내 끈은 5뼘인데….

풀이

답 _________________, _________________

> **어떻게 풀까요?**
>
> 먼저 현경이와 서진이가 가지고 있는 끈의 길이를 구합니다.

1 초의 길이가 더 긴 것은 어느 것일까요?

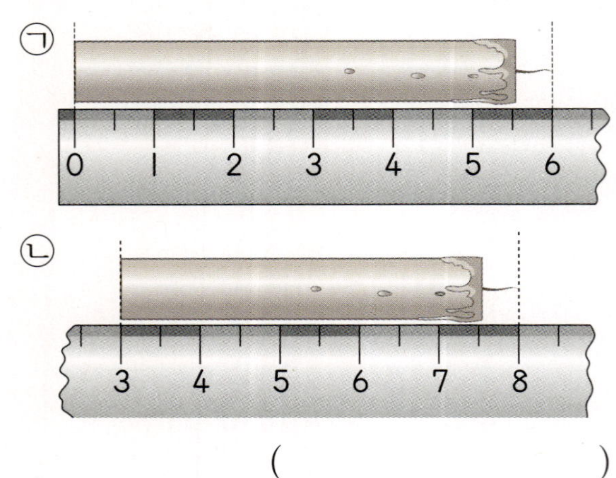

( )

2 □ 안에 알맞은 수를 써넣으세요.

1 cm가 7번이면 ☐ cm입니다.

3 모눈종이에 선을 그었습니다. 길이가 긴 선부터 차례대로 기호를 써 보세요.

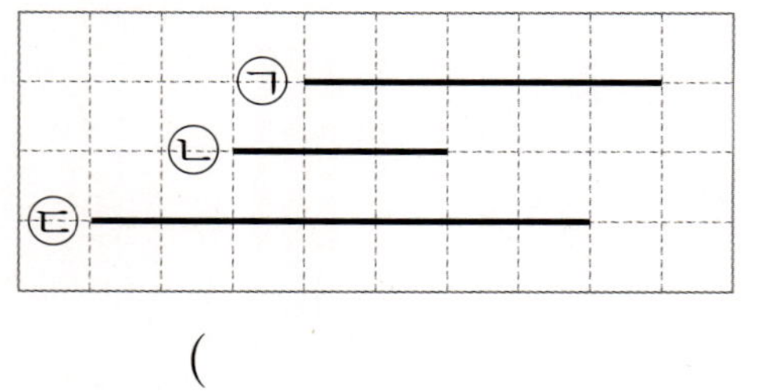

( )

4 크레파스의 길이를 바르게 어림한 것을 찾아 기호를 써 보세요.

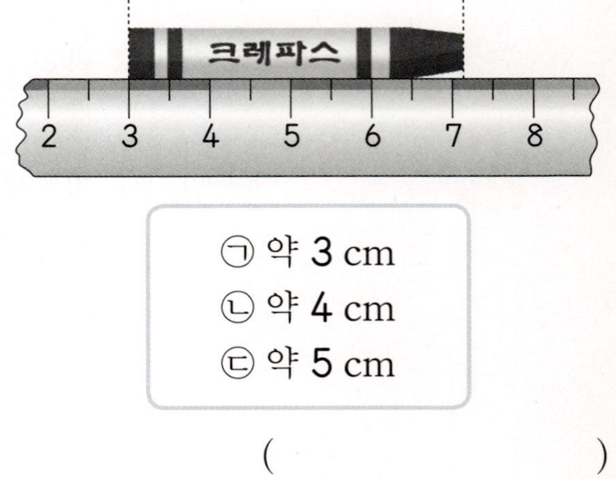

㉠ 약 3 cm
㉡ 약 4 cm
㉢ 약 5 cm

( )

5 실제 길이가 19 cm인 가위를 현우는 약 17 cm로 유미는 약 23 cm로 어림 했습니다. 누가 실제 길이에 더 가깝게 어림했을까요?

( )

분류하기

개념 ① 분류의 기준

(1) 알맞은 분류 기준

옷장에 있는 옷을 분류할 때 예쁜 옷과 예쁘지 않은 옷으로 분류하는 것은 알맞지 않습니다.

  ─ 비싼 옷과 싼 옷 (×)
  ─ 좋아하는 옷과 좋아하지 않는 옷 (×)
  ─ 위에 입는 옷과 아래에 입는 옷 (○)

(2) 분류는 누가 분류하더라도 결과가 같아지는 분명한 기준으로 나누는 것입니다.

개념 ② 기준에 따라 분류하기

(1) 단추를 구멍 수에 따라 분류하기

2개	3개	4개

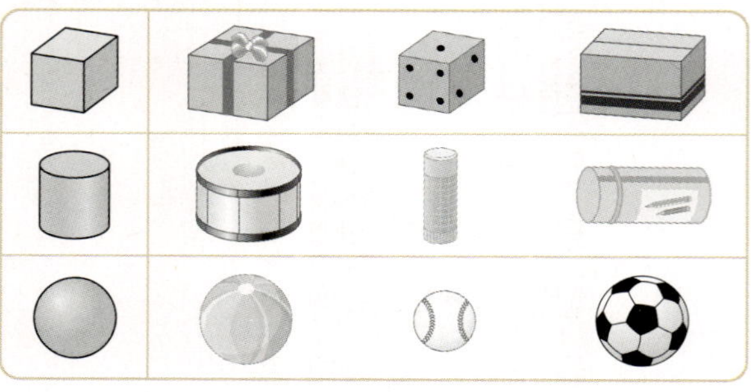

(2) 여러 가지 물건을 모양에 따라 분류하기

개념 ③ 분류하여 세어 보기

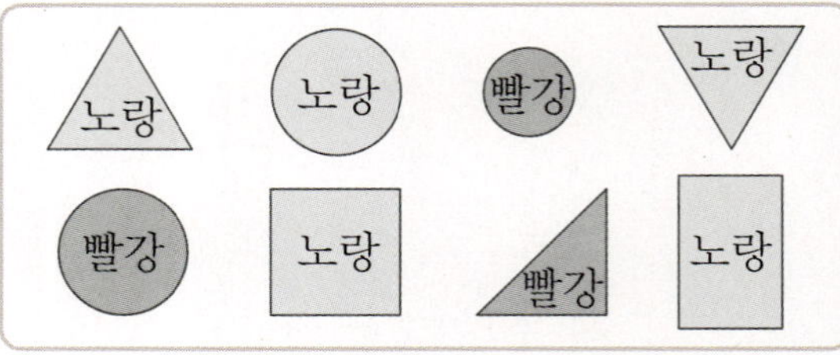

(1) 색깔에 따라 분류하여 세어 보기

분류 기준	색깔

색깔	노란색	빨간색
도형 수(개)	❶	❷

(2) 모양에 따라 분류하여 세어 보기

분류 기준	모양

모양	삼각형	사각형	원
도형 수(개)	3	❸	❹

개념 ④ 분류한 결과를 말해 보기

• 친구들이 태어난 계절을 조사하였습니다.

겨울	가을	여름	가을	가을
여름	겨울	봄	여름	가을

(1) 태어난 계절에 따라 분류하고 그 수를 세어 보기

분류 기준	계절

계절	봄	여름	가을	겨울
친구 수(명)	1	3	❺	2

(2) 분류한 결과를 말해 보기

① ❻ 에 태어난 친구가 가장 많습니다.

② 봄에 태어난 친구가 가장 적습니다.

| 정답 | ❶ 5 ❷ 3 ❸ 2 ❹ 3 ❺ 4 ❻ 가을

 **5단원**

쪽지시험 1회 분류하기

1 도형을 다음과 같이 분류하였습니다. 분류한 기준이 무엇인지 ○표 하세요.

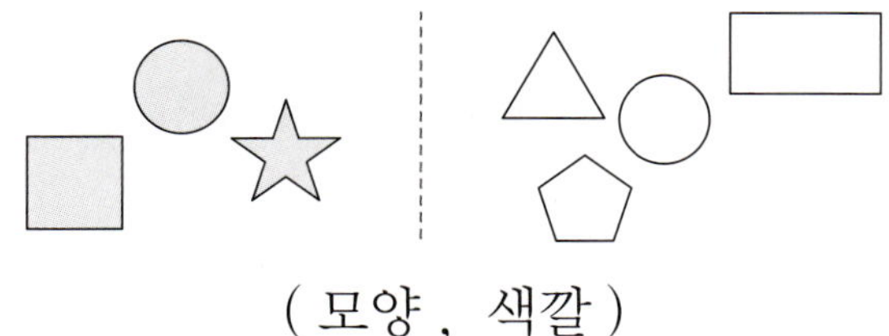

(모양 , 색깔)

2 분류 기준으로 알맞은 것에 ○표 하세요.

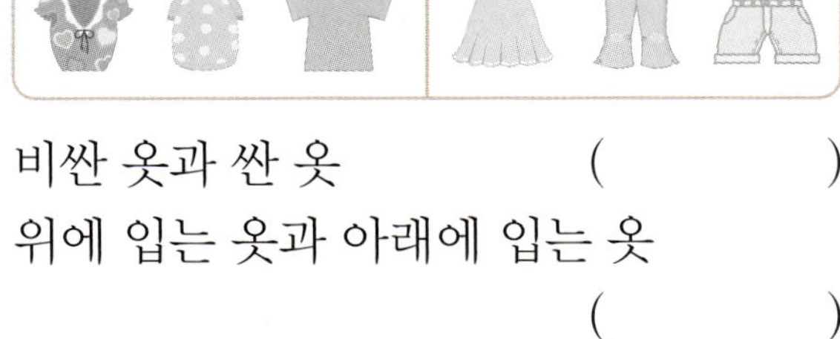

비싼 옷과 싼 옷 ( )
위에 입는 옷과 아래에 입는 옷
( )

〔3~5〕 용훈이가 가지고 있는 학용품을 조사하였습니다. □ 안에 알맞은 수나 말을 써넣으세요.

| 연필 | 자 | 지우개 | 연필 |
| 연필 | 자 | 연필 | 지우개 |

3 용훈이가 가지고 있는 학용품은 연필, 자, □ 입니다.

4 연필은 □ 자루 있습니다.

5 자는 □ 개 있습니다.

〔6~7〕 수지네 반 친구들이 받고 싶어 하는 선물을 조사하였습니다. 물음에 답하세요.

| 게임기 | 인형 | 게임기 | 학용품 | 게임기 |
| 학용품 | 게임기 | 학용품 | 게임기 | 인형 |

6 선물을 종류에 따라 분류하고 그 수를 세어 보세요.

분류 기준	종류	

종류	게임기	인형	학용품
친구 수(명)			

7 가장 많은 친구들이 받고 싶어 하는 선물은 무엇일까요?

( )

〔8~10〕 지우네 모둠 친구들이 좋아하는 과일을 조사하였습니다. 물음에 답하세요.

바나나	포도	사과	배
포도	바나나	포도	배
바나나	포도	바나나	포도

8 바나나를 좋아하는 친구는 몇 명일까요?

( )

9 과일을 종류에 따라 분류하고 그 수를 세어 보세요.

분류 기준	종류		

종류	바나나	포도	사과	배
친구 수(명)		5		

10 가장 적은 친구들이 좋아하는 과일은 무엇일까요?

( )

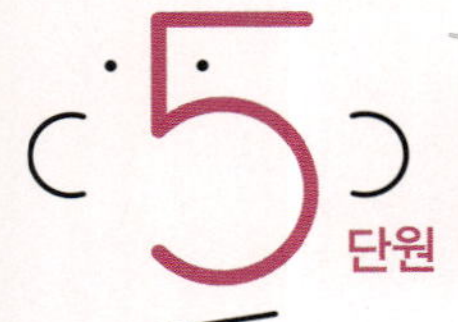

쪽지시험 2회 분류하기

점수

1 분류 기준으로 알맞은 것에 ◯표 하세요.

(크기 , 모양)

[2~5] 지연이네 반 친구들이 좋아하는 운동을 조사하였습니다. 물음에 답하세요.

수영	농구	야구	수영	축구
수영	야구	농구	수영	야구

2 친구들이 좋아하는 운동에는 어떤 것이 있는지 모두 써 보세요.

( )

3 운동을 종류에 따라 분류하고 그 수를 세어 보세요.

분류 기준	종류		

종류	농구	야구	축구	수영
친구 수(명)	2			

4 가장 많은 친구들이 좋아하는 운동은 무엇일까요?

( )

5 가장 적은 친구들이 좋아하는 운동은 무엇일까요?

( )

6 이동 수단을 분류한 것입니다. 분류 기준을 써 보세요.

( )

[7~10] 연수네 반 친구들이 좋아하는 채소를 조사하였습니다. 물음에 답하세요.

양파	가지	당근	양파	오이
오이	양파	양파	오이	양파
양파	가지	당근	당근	오이

7 모두 몇 명을 조사하였을까요?

( )

8 채소를 종류에 따라 분류하고 그 수를 세어 보세요.

분류 기준	종류		

종류	양파	가지	당근	오이
친구 수(명)				

9 가장 많은 친구들이 좋아하는 채소는 무엇일까요?

( )

10 가장 적은 친구들이 좋아하는 채소는 무엇일까요?

( )

5 단원

단원평가 1회 분류하기

1 분류 기준으로 알맞은 것에 ○표 하세요.

무서운 것과 무섭지 않은 것 (　　　　　)

하늘을 날 수 있는 것과 날 수 없는 것
(　　　　　)

좋아하는 것과 좋아하지 않는 것
(　　　　　)

2 오른쪽과 같은 모양으로 분류할 수 있는 것은 어느 것일까요?
·····················(　　　　　)

① 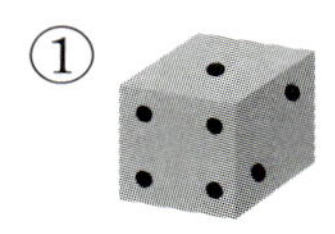　② 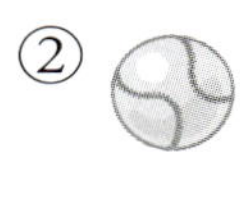　③ 

④ 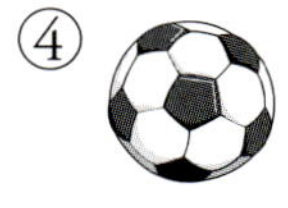　⑤ 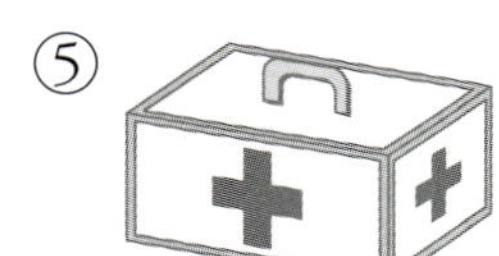

3 다음 물건을 모양에 따라 분류하고 그 수를 세어 보세요.

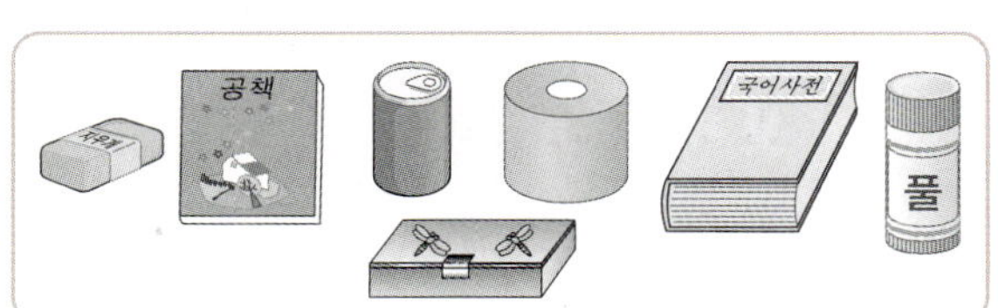

분류 기준	모양

모양	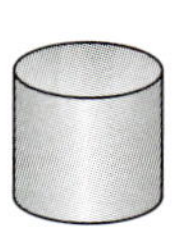	
물건 수(개)		

4 동물을 날 수 있는 것과 날 수 없는 것으로 분류하여 번호를 써 보세요.

① 돼지	② 참새	③ 여우	④ 사슴
⑤ 소	⑥ 토끼	⑦ 독수리	⑧ 앵무새

날 수 있는 것	
날 수 없는 것	

〔5~6〕 하늘이네 모둠 친구들이 좋아하는 과일을 조사하였습니다. 물음에 답하세요.

하늘	유리	지원
포도(보라색)	사과(빨간색)	포도(보라색)
지민	재하	연정
사과(빨간색)	앵두(빨간색)	앵두(빨간색)
수지	성규	채영
앵두(빨간색)	포도(보라색)	포도(보라색)

5 과일을 종류에 따라 분류하고 그 수를 세어 보세요.

분류 기준	종류

종류	포도	사과	앵두
친구 수(명)			

6 과일을 색깔에 따라 분류하고 그 수를 세어 보세요.

분류 기준	색깔

색깔	보라색	빨간색
친구 수(명)		

〔7~9〕 선우네 반 학생들의 장래 희망을 조사하였습니다. 물음에 답하세요.

선생님	선생님	연예인	축구선수
연예인	선생님	연예인	의사
축구선수	연예인	선생님	연예인

7 장래 희망에 따라 분류하고 그 수를 세어 보세요.

분류 기준	장래 희망		

장래 희망	의사	축구선수	연예인	선생님
세면서 표시하기	/			
학생 수(명)	1			

8 가장 많은 학생들의 장래 희망은 무엇일까요?

(   )

9 가장 적은 학생들의 장래 희망은 무엇일까요?

(   )

〔10~11〕 해수네 반 친구들이 좋아하는 간식을 조사하였습니다. 물음에 답하세요.

햄버거	피자	떡볶이	김밥
피자	김밥	햄버거	피자
햄버거	햄버거	피자	햄버거

10 간식을 종류에 따라 분류하고 그 수를 세어 보세요.

분류 기준	종류		

종류	햄버거	피자	떡볶이	김밥
친구 수(명)				

11 가장 많은 친구들이 좋아하는 간식은 무엇일까요?

(   )

〔12~13〕 유미네 반 학급 문고에 있는 책을 조사하였습니다. 물음에 답하세요.

12 책을 종류에 따라 분류하고 그 수를 세어 보세요.

분류 기준	종류		

종류	동화책	과학책	만화책	위인전
책 수(권)				

13 가장 적게 있는 책은 무엇이고 몇 권일까요?

(,   )

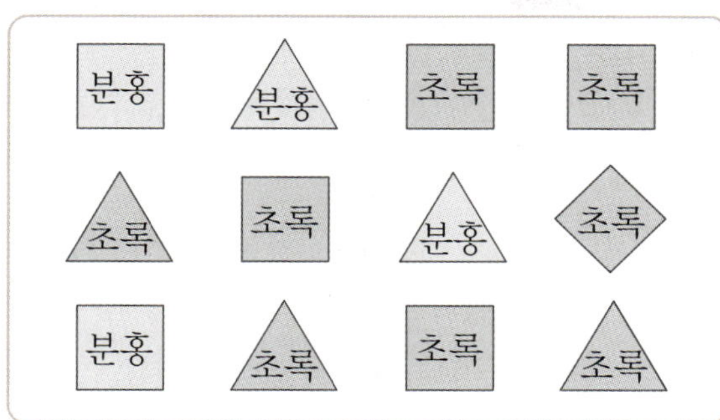

14 도형을 모양에 따라 분류하고 그 수를 세어 보세요.

분류 기준	모양	
모양	사각형	삼각형
도형 수(개)		

15 도형을 색깔에 따라 분류하고 그 수를 세어 보세요.

분류 기준	색깔	
색깔	분홍색	초록색
도형 수(개)		

16 초록색 삼각형은 몇 개일까요?

( )

〔17~18〕 유진이네 반 친구들이 좋아하는 옷 색깔을 조사하였습니다. 물음에 답하세요.

분류 기준	색깔			
색깔	흰색	검은색	파란색	노란색
친구 수(명)	18	9	7	2

17 가장 많은 친구들이 좋아하는 옷 색깔은 무엇일까요?

( )

18 위 표를 바탕으로 옷 가게에서 옷을 들여 놓으려고 합니다. 옷을 더 많이 팔기 위해 어떤 색깔의 옷을 가장 많이 들여 놓으면 좋을까요?

( )

〔19~20〕 칠판에 붙어 있는 자석을 기준을 정하여 분류해 보세요.

19 분류 기준을 써 보세요.

( )

20 기준에 따라 분류해 보세요.

종류	글자	숫자
자석		

1 그림을 보고 □ 안에 알맞은 말을 써넣으세요.

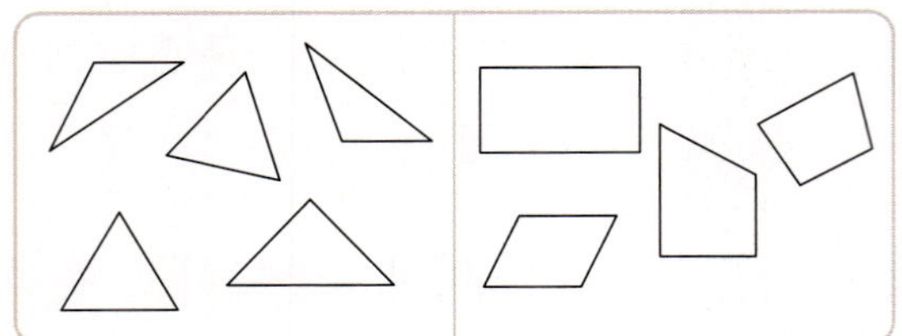

도형을 [ ]과 사각형으로 분류한 것입니다.

2 같은 모양끼리 선으로 이어 보세요.

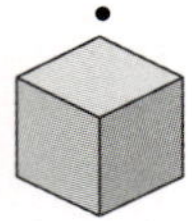 

3 동물을 사는 곳에 따라 분류하였을 때 사는 곳이 <u>다른</u> 하나는 어느 것일까요?
··························· (   )

①  ②  ③ 

④  ⑤ 

4 다리 수가 같은 동물끼리 분류하여 번호를 써 보세요.

① 강아지	② 토끼	③ 오리	④ 닭
⑤ 고양이	⑥ 앵무새	⑦ 호랑이	⑧ 기린

다리 2개	
다리 4개	

〔5~7〕 지성이네 모둠 친구들이 좋아하는 장난감을 조사하였습니다. 물음에 답하세요.

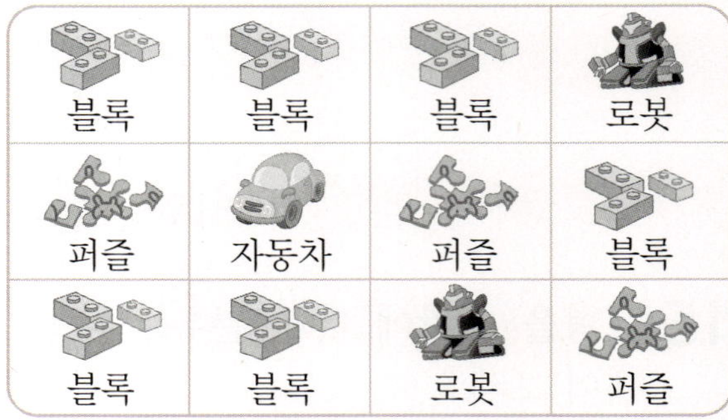

블록	블록	블록	로봇
퍼즐	자동차	퍼즐	블록
블록	블록	로봇	퍼즐

5 장난감을 종류에 따라 분류하고 그 수를 세어 보세요.

분류 기준	종류		

종류	블록	로봇	자동차	퍼즐
친구 수(명)				

6 가장 많은 친구들이 좋아하는 장난감은 무엇일까요?

(   )

7 가장 적은 친구들이 좋아하는 장난감은 무엇이고 몇 명이 좋아하는지 써 보세요.

(,   )

〔8~11〕 지혜네 모둠 친구들이 배우고 싶어 하는 운동을 조사하였습니다. 물음에 답하세요.

지혜	승현	진호
탁구	축구	야구
준서	장원	성재
야구	야구	농구
하준	주하	민석
야구	탁구	야구

8 탁구를 배우고 싶어 하는 친구는 몇 명일까요?

( )

9 지혜네 모둠 친구들이 배우고 싶어 하는 운동이 <u>아닌</u> 것은 어느 것일까요?
·····························( )

① 탁구　　② 농구　　③ 배구
④ 축구　　⑤ 야구

10 운동을 종류에 따라 분류하고 그 수를 세어 보세요.

분류 기준	종류

종류	탁구	축구	야구	농구
친구 수(명)				

11 가장 많은 친구들이 배우고 싶어 하는 운동은 무엇일까요?

( )

〔12~14〕 정우네 반 친구들이 등교할 때 이용하는 교통수단을 조사하였습니다. 물음에 답하세요.

지하철	자전거	자전거	버스	버스
자전거	버스	버스	지하철	지하철
버스	지하철	버스	지하철	버스

12 교통수단에 따라 분류하고 그 수를 세어 보세요.

분류 기준	교통수단

교통수단	지하철	자전거	버스
친구 수(명)			

13 가장 많은 친구들이 이용하는 교통수단은 무엇일까요?

( )

14 위의 표를 보고 <u>잘못</u> 말한 것을 찾아 기호를 써 보세요.

> ㉠ 가장 적은 친구들이 이용하는 교통수단은 자전거입니다.
> ㉡ 지하철을 이용하는 친구는 4명입니다.
> ㉢ 조사한 친구는 모두 15명입니다.

( )

[15~17] 연우가 가지고 있는 단추를 조사하였습니다. 물음에 답하세요.

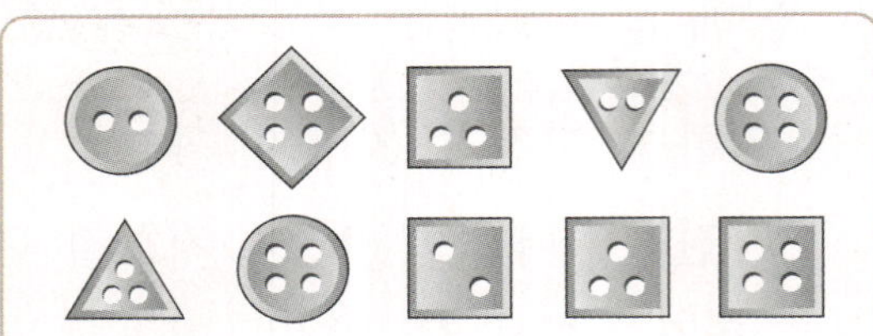

15 단추를 구멍의 수에 따라 분류하고 그 수를 세어 보세요.

분류 기준	구멍의 수		
구멍의 수	2개	3개	4개
단추 수(개)			

16 단추를 모양에 따라 분류하고 그 수를 세어 보세요.

분류 기준	모양		
모양	원	사각형	삼각형
단추 수(개)			

17 사각형이면서 구멍이 3개인 단추는 몇 개일까요?

(   )

[18~20] 다은이네 반 친구들이 일주일 동안 가장 많이 사용한 학용품을 조사하였습니다. 물음에 답하세요.

지우개	연필	연필	자
연필	지우개	지우개	연필
공책	자	연필	지우개

18 학용품을 종류에 따라 분류하고 그 수를 세어 보세요.

분류 기준	종류			
종류	지우개	연필	자	공책
친구 수(명)				

19 가장 많이 사용한 학용품은 무엇일까요?

(   )

20 조사한 결과를 바탕으로 문구점에서 학용품을 들여 놓으려고 합니다. 물건을 더 많이 팔기 위해 어떤 학용품을 가장 많이 들여 놓으면 좋을까요?

(   )

5단원 단원평가 3회 분류하기

1 책을 어떤 기준에 따라 분류하였을까요?······················ (　　　)

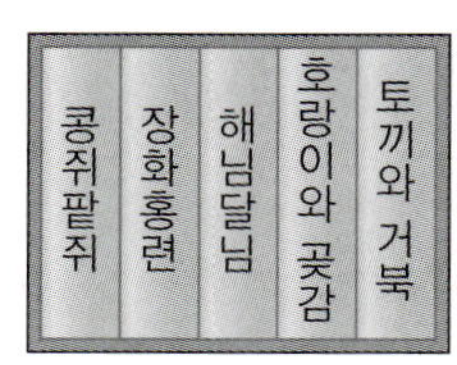

① 가격　　② 종류　　③ 색깔
④ 크기　　⑤ 쪽수

〔2~3〕 혜주네 모둠 친구들이 배우는 악기를 조사하였습니다. 물음에 답하세요.

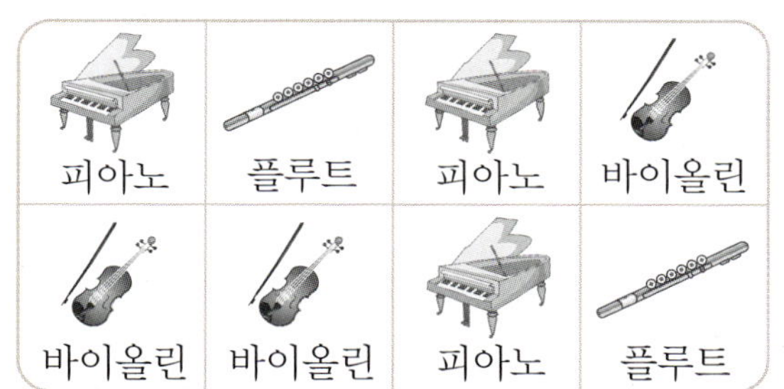

2 악기를 종류에 따라 분류하고 그 수를 세어 보세요.

분류 기준	종류		

종류	피아노	플루트	바이올린
친구 수(명)			

3 가장 적은 친구들이 배우는 악기는 무엇일까요?

(　　　　　　　)

〔4~7〕 수현이네 반 친구들이 좋아하는 음식을 조사하였습니다. 물음에 답하세요.

4 피자를 좋아하는 친구의 이름을 모두 써 보세요.

(　　　　　　　)

5 떡볶이를 좋아하는 친구는 몇 명일까요?

(　　　　　　　)

6 음식을 종류에 따라 분류하고 그 수를 세어 보세요.

분류 기준	종류			

종류	자장면	핫도그	떡볶이	피자
세면서 표시하기	////	////	////	////
친구 수(명)	3			

7 가장 많은 친구들이 좋아하는 음식은 무엇일까요?

(　　　　　　　)

8 은지네 반 친구들이 가지고 있는 수 카드입니다. 10보다 큰 수와 작은 수로 분류하여 써 보세요.

10보다 큰 수	
10보다 작은 수	

〔9~10〕동화 속 주인공을 조사하였습니다. 물음에 답하세요.

백설공주	신데렐라	흥부	놀부
어린왕자	심청	라푼젤	걸리버
콩쥐	팥쥐	견우	직녀

9 동화 속 주인공을 다음과 같이 분류하였습니다. 분류한 기준을 빈칸에 써넣으세요.

	백설공주, 신데렐라, 심청, 라푼젤, 콩쥐, 팥쥐, 직녀
	흥부, 놀부, 어린왕자, 걸리버, 견우

10 주인공을 성별에 따라 분류하고 그 수를 세어 보세요.

분류 기준	성별

성별		
주인공 수(명)		

〔11~12〕도현이가 가지고 있는 모양 조각을 조사하였습니다. 물음에 답하세요.

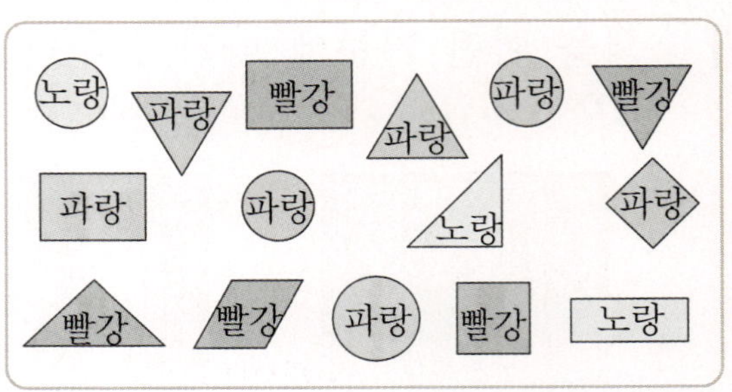

11 조각을 색깔에 따라 분류하고 그 수를 세어 보세요.

분류 기준	색깔

색깔	노란색	빨간색	파란색
세면서 표시하기			
조각 수(개)			

12 조각을 모양에 따라 분류하고 그 수를 세어 보세요.

분류 기준	모양

모양	원	삼각형	사각형
조각 수(개)			

13 분류하여 정리했습니다. 잘못 분류된 물건에 ○표 하고, 어느 칸으로 옮겨야 하는지 써 보세요.

( )칸

14 체육관에 있는 공을 분류하여 센 것입니다. 다음 중 <u>잘못</u> 설명한 것은 어느 것일까요? ·····················( )

분류 기준	종류			

종류	축구공	농구공	야구공	배구공
공의 수(개)	17	12	29	8

① 농구공은 12개입니다.

② 가장 많은 것은 야구공입니다.

③ 공은 모두 66개입니다.

④ 농구공은 축구공보다 많습니다.

⑤ 축구공은 농구공보다 5개 더 많습니다.

〔15~17〕 현우네 반 친구들이 좋아하는 과일을 조사하였습니다. 물음에 답하세요.

복숭아	수박	딸기	바나나	바나나	귤
귤	딸기	복숭아	수박	복숭아	딸기
바나나	복숭아	바나나	딸기	바나나	귤

15 과일을 종류에 따라 분류하고 그 수를 세어 보세요.

분류 기준	종류			

종류	복숭아	수박	딸기	바나나	귤
친구 수(명)					

16 딸기를 좋아하는 친구 수와 좋아하는 친구 수가 같은 과일은 무엇일까요?

( )

17 가장 많은 친구들이 좋아하는 과일은 무엇일까요?

( )

18 승현이는 학용품을 다음과 같이 나누었습니다. 어떻게 분류하였는지 써 보세요.

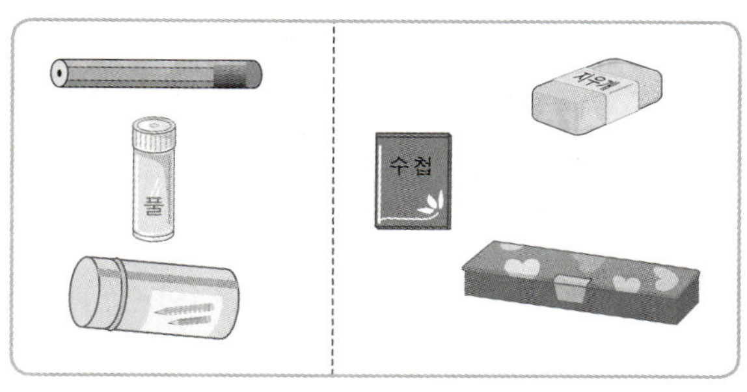

19 수정이네 반 친구들이 좋아하는 계절을 조사하였습니다. 가장 많은 친구들이 좋아하는 계절은 무엇일까요?

분류 기준	계절			

계절	봄	여름	가을	겨울
친구 수(명)	7	12	3	10

( )

서술형

20 경주네 반 친구 34명이 받고 싶은 선물을 조사하였습니다. 자전거를 받고 싶은 친구는 몇 명인지 풀이 과정을 쓰고 답을 구하세요.

분류 기준	종류			

종류	인형	컴퓨터	로봇	자전거
친구 수(명)	5	13	9	

풀이

답 ______________________

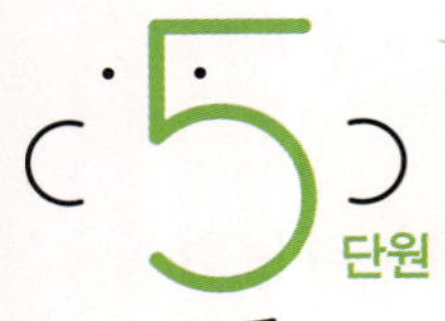

[1~2] 정원이네 반 친구들이 좋아하는 꽃을 조사하였습니다. 물음에 답하세요.

장미	민들레	코스모스	장미
코스모스	장미	민들레	백합
백합	민들레	장미	장미

1 꽃을 종류에 따라 분류하고 그 수를 세어 보세요.

분류 기준	종류

종류	장미	민들레	코스모스	백합
세면서 표시하기				
친구 수(명)				

2 가장 많은 친구들이 좋아하는 꽃은 무엇일까요?

( )

3 분류 기준으로 알맞지 <u>않은</u> 까닭을 써 보세요.

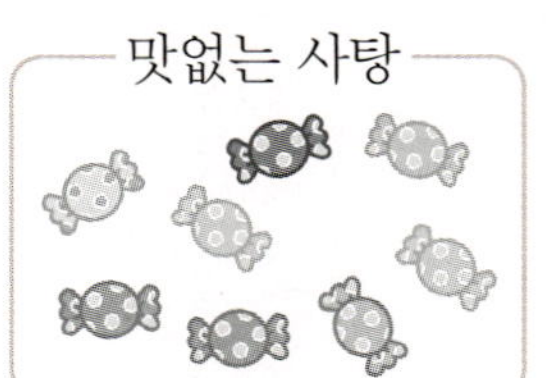

까닭 _______________________________

[4~7] 책상에 놓여 있는 책을 조사하였습니다. 물음에 답하세요.

① 수학 교과서	② 유관순	③ 장영실	④ 개미와 베짱이
⑤ 에디슨	⑥ 안중근	⑦ 인어공주	⑧ 세종대왕
⑨ 국어 교과서	⑩ 이순신	⑪ 콩쥐팥쥐	⑫ 아기돼지 삼형제

4 책을 종류에 따라 분류하여 번호를 써 보세요.

교과서	
위인전	
동화책	

5 책을 종류에 따라 분류하고 그 수를 세어 보세요.

분류 기준	종류

종류	교과서	위인전	동화책
책 수(권)			

6 세 종류의 책 중에서 어떤 종류의 책이 가장 많을까요?

( )

7 세 종류의 책 중에서 어떤 종류의 책이 가장 적을까요?

( )

〔8~11〕 찬형이네 반 친구들이 좋아하는 과일을 조사하였습니다. 물음에 답하세요.

8 민정이가 좋아하는 과일은 무엇일까요?

( )

9 과일을 종류에 따라 분류하고 그 수를 세어 보세요.

분류 기준		종류		

종류	사과	복숭아	귤	바나나
친구 수(명)				

10 가장 많은 친구들이 좋아하는 과일은 무엇일까요?

( )

11 복숭아를 좋아하는 친구는 바나나를 좋아하는 친구보다 몇 명 더 많을까요?

( )

〔12~14〕 규리네 반 친구들의 옷에 달려 있는 단추를 조사하였습니다. 물음에 답하세요.

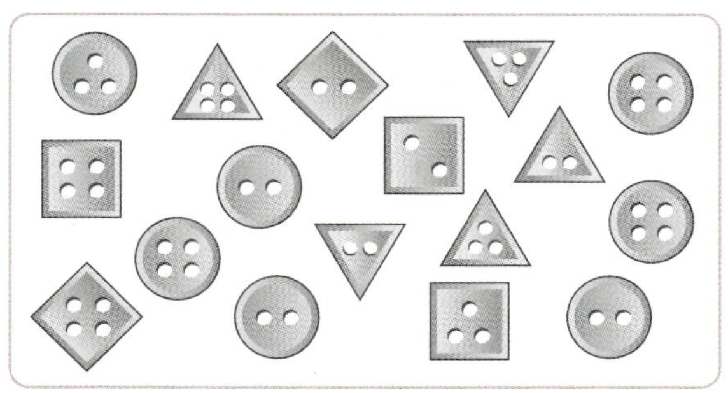

12 단추를 모양에 따라 분류하고 그 수를 세어 보세요.

분류 기준		모양	

모양	원	삼각형	사각형
단추 수(개)			

13 단추를 구멍의 수에 따라 분류하고 그 수를 세어 보세요.

분류 기준		구멍의 수	

구멍의 수	2개	3개	4개
단추 수(개)			

14 원 모양이면서 구멍이 4개인 단추는 몇 개일까요?

( )

[15~16] 민준이네 반 친구들이 미술 활동에 쓸 채소를 한 개씩 갖고 온 것입니다. 물음에 답하세요.

무	토마토	당근	당근	무
당근	당근	마늘	토마토	무
무	토마토	당근	마늘	당근

15 채소를 종류에 따라 분류하고 그 수를 세어 보세요.

분류 기준	종류			
종류	무	토마토	당근	마늘
친구 수(명)				

16 채소를 색깔에 따라 분류하고 그 수를 세어 보세요.

분류 기준	색깔	
색깔	흰색	흰색이 아닌 것
친구 수(명)		

17 학급 문고에 있는 책을 종류별로 조사하였습니다. 책 수가 종류별로 같으려면 어떤 종류의 책을 더 사야 할까요?

분류 기준	종류				
종류	사회	과학	예술	문학	역사
책 수(권)	15	15	15	15	5

( )

[18~20] 빙수 가게에서 오늘 팔린 빙수를 조사하였습니다. 물음에 답하세요.

팥빙수	팥빙수	딸기 빙수	우유 빙수	팥빙수
우유 빙수	망고 빙수	팥빙수	딸기 빙수	망고 빙수
팥빙수	딸기 빙수	팥빙수	딸기 빙수	팥빙수
딸기 빙수	팥빙수	딸기 빙수	팥빙수	망고 빙수

18 빙수를 종류에 따라 분류하고 그 수를 세어 보세요.

분류 기준	종류			
종류	팥	딸기	우유	망고
빙수 수(개)				

19 가장 많이 팔린 빙수와 가장 적게 팔린 빙수를 차례대로 써 보세요.

( )

20 빙수 가게 주인이 내일 빙수를 많이 팔려면 어떤 빙수를 가장 많이 준비하면 좋을지 설명해 보세요.

설명 ___________

〔1~3〕 도형을 보고 물음에 답하세요.

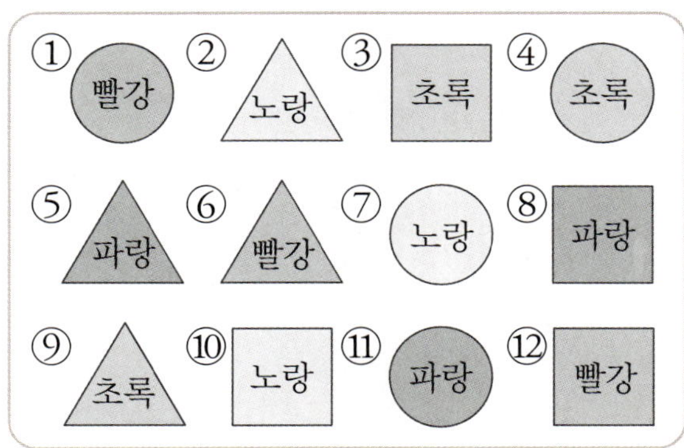

1 도형을 모양에 따라 분류하여 번호를 써 보세요.

원	
삼각형	
사각형	

2 모양에 따라 분류한 도형의 수를 세어 보세요.

분류 기준	모양	

모양	원	삼각형	사각형
도형 수(개)			

3 도형을 모양 이외에 어떤 기준으로 분류 할 수 있을까요?

( )

4 우유를 통의 모양과 맛에 따라 분류하여 번호를 써 보세요.

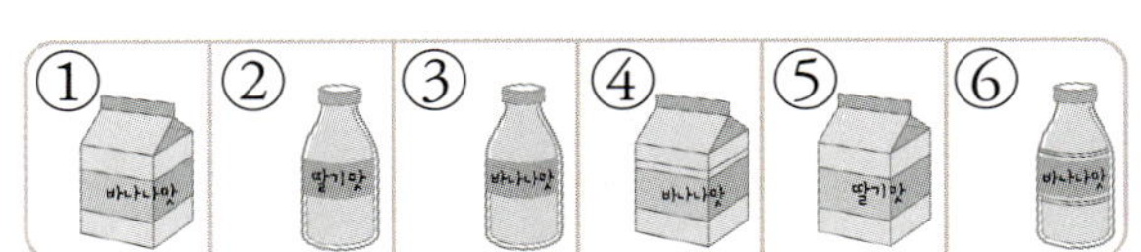

	딸기 맛	바나나 맛

〔5~7〕 주원이네 모둠 친구들이 밭에 심은 채소를 조사하였습니다. 물음에 답하세요.

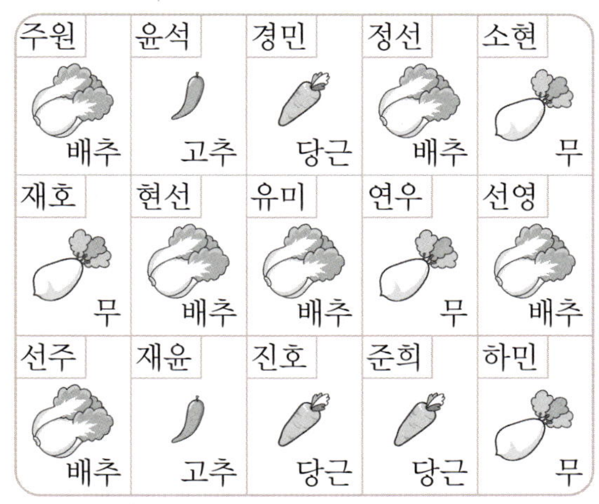

주원	윤석	경민	정선	소현
배추	고추	당근	배추	무
재호	현선	유미	연우	선영
무	배추	배추	무	배추
선주	재윤	진호	준희	하민
배추	고추	당근	당근	무

5 채소를 종류에 따라 분류하고 그 수를 세어 보세요.

분류 기준	종류			
종류	배추			
세면서 표시하기				
친구 수(명)				

6 가장 많은 친구들이 심은 채소는 무엇일 까요?

( )

7 배추를 심은 친구는 당근을 심은 친구보 다 몇 명 더 많을까요?

( )

[8~10] 장난감 가게에 있는 몬스터 인형입니다. 물음에 답하세요.

8 인형을 뿔의 수에 따라 분류하고 그 수를 세어 보세요.

분류 기준	뿔의 수	

뿔의 수	1개	2개	3개
인형 수(개)			

9 인형을 눈의 수에 따라 분류하고 그 수를 세어 보세요.

분류 기준	눈의 수	

눈의 수	1개	2개	3개
인형 수(개)			

10 뿔이 3개이고 눈이 2개인 몬스터 인형은 몇 개일까요?

( )

[11~12] 지수네 반 친구들이 좋아하는 신발의 종류를 조사하였습니다. 물음에 답하세요.

슬리퍼	샌들	운동화	운동화	슬리퍼	구두
운동화	운동화	샌들	슬리퍼	슬리퍼	운동화
운동화	구두	슬리퍼	샌들	운동화	샌들

11 신발을 종류에 따라 분류하고 그 수를 세어 보세요.

분류 기준	종류		

종류	슬리퍼	샌들	운동화	구두
친구 수(명)				

12 지수는 조사한 결과를 보고 학교 앞에 있는 신발 가게 주인에게 신발을 더 많이 팔 수 있도록 편지를 썼습니다. □ 안에 알맞은 말을 써넣으세요.

> 안녕하세요? 저는 박지수입니다.
> 우리 반 친구들이 좋아하는 신발의 종류를 조사했더니 ____________이/가 가장 많았어요.
> 그래서 ____________을/를 가장 많이 준비해 두시면 좋을 것 같아요.

서술형

13 옷을 어떤 기준으로 분류할 수 있는지 써 보세요.

〔14~16〕 집에 있는 단추를 색깔별로 분류하여 조사한 후, 다시 구멍의 수에 따라 분류하였습니다. 검은색 단추의 수와 구멍이 4개인 단추의 수가 같을 때, 물음에 답하세요.

분류 기준	색깔		
색깔	검은색	회색	파란색
단추 수(개)		15	8

분류 기준	구멍의 수		
구멍의 수	2개	3개	4개
단추 수(개)		7	9

14 검은색 단추는 몇 개일까요?

(   )

15 단추는 모두 몇 개일까요?

(   )

16 구멍이 2개인 단추는 몇 개일까요?

(   )

17 윤호네 반 친구들이 가지고 있는 공책의 수를 조사하였습니다. 가지고 있는 공책이 7권보다 많고 12권보다 적은 친구는 모두 몇 명일까요?

윤호	승호	재현	연주	민서	다원	유현
8	10	5	12	11	4	10
수빈	서은	주원	민주	정원	세영	지민
15	12	6	7	9	13	4
윤주	채연	유나	유정	재영	은비	재석
7	11	9	15	9	11	9

(   )

〔18~19〕 재윤이네 반 친구들의 장래 희망을 조사하였습니다. 물음에 답하세요.

요리사	운동선수	운동선수	과학자	요리사
선생님	의사	선생님	연예인	연예인
의사	연예인	운동선수	선생님	운동선수
요리사	과학자	요리사	요리사	요리사

18 장래 희망을 종류에 따라 분류하면 모두 몇 가지일까요? ·············· (   )

① 4가지　　② 5가지　　③ 6가지
④ 7가지　　⑤ 8가지

19 가장 많은 친구들의 장래 희망은 무엇일까요?

(   )

20 현종이네 모둠 10명이 좋아하는 악기를 조사하였습니다. 가장 많은 친구들이 좋아하는 악기는 무엇인지 풀이 과정을 쓰고 답을 구하세요.

분류 기준	종류		
종류	피아노	플루트	바이올린	첼로
친구 수(명)	4		3	1

풀이

답 _______________

서술형 평가 ❶   분류하기

1 아라네 모둠 친구들을 기준을 정하여 분류해 보세요.

아라	민재	보나
도연	진호	찬영

❶ 나만의 분류 기준을 정하여 한 가지만 써 보세요.

____

❷ ❶에서 정한 기준에 따라 친구들을 분류해 써 보세요.

2 다양한 모양의 단추를 분류하고 그 수를 세어 보세요.

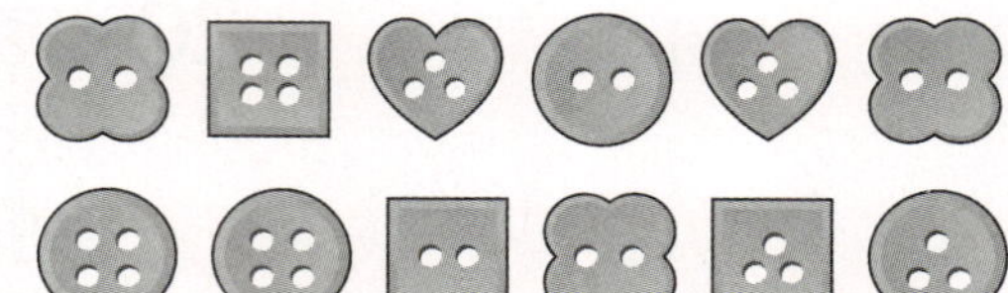

❶ 구멍의 수에 따라 분류하고 그 수를 세어 보세요.

분류 기준	구멍의 수	
구멍의 수	2개	3개	4개
단추 수(개)			

❷ 모양에 따라 분류하고 그 수를 세어 보세요.

분류 기준	모양		
모양				
단추 수(개)				

3 승주네 반 친구들이 여행 가고 싶은 도시를 조사하였습니다. 여수에 가고 싶은 친구가 남해에 가고 싶은 친구보다 3명 더 많다면 조사한 친구는 모두 몇 명인지 구하세요.

분류 기준		도시		

도시	남해	강릉	통영	여수
친구 수(명)	9	5	4	

❶ 여수에 가고 싶은 친구는 몇 명일까요?

( )

❷ 조사한 친구는 모두 몇 명인지 구하세요.

( )

4 학교 앞 편의점에서 하루 동안 팔린 우유를 조사하였습니다. 편의점 주인이 우유를 많이 팔기 위해 어떤 우유를 가장 많이 준비하면 좋을지 알아보세요.

초콜릿 맛 우유	바나나 맛 우유	바나나 맛 우유	초콜릿 맛 우유
딸기 맛 우유	초콜릿 맛 우유	초콜릿 맛 우유	딸기 맛 우유
초콜릿 맛 우유	바나나 맛 우유	초콜릿 맛 우유	초콜릿 맛 우유

❶ 우유를 맛에 따라 분류하고 그 수를 세어 보세요.

분류 기준	맛		

맛	초콜릿 맛 우유	바나나 맛 우유	딸기 맛 우유
우유 수(개)			

❷ 가장 많이 팔린 우유는 무엇일까요?

( )

❸ 편의점 주인이 우유를 많이 팔기 위해 어떤 우유를 가장 많이 준비하면 좋을까요?

( )

서술형 평가 ❷ 분류하기

1 예솔이네 모둠 친구들이 좋아하는 장난감을 조사하였습니다. 가장 적은 친구들이 좋아하는 장난감은 무엇인지 풀이 과정을 쓰고 답을 구하세요.

블록	인형	블록	로봇
퍼즐	블록	퍼즐	블록
블록	블록	로봇	퍼즐

풀이

답 __________________

> **어떻게 풀까요?**
>
> 두 번 세거나 빠뜨리는 것이 없도록 ○, ×, / 등의 표시를 하면서 세어 봅니다.

2 서준이네 반 친구들이 가고 싶은 나라를 조사하였습니다. 프랑스에 가고 싶은 친구가 미국에 가고 싶은 친구보다 2명 더 많다면 조사한 친구는 모두 몇 명인지 풀이 과정을 쓰고 답을 구하세요.

분류 기준	나라		

나라	미국	영국	중국	프랑스
친구 수(명)	9	5	4	

풀이

답 __________________

> **어떻게 풀까요?**
>
> 프랑스에 가고 싶은 친구의 수를 먼저 구합니다.

[14~16] 집에 있는 단추를 색깔별로 분류하여 조사한 후, 다시 구멍의 수에 따라 분류하였습니다. 검은색 단추의 수와 구멍이 4개인 단추의 수가 같을 때, 물음에 답하세요.

분류 기준	색깔		
색깔	검은색	회색	파란색
단추 수(개)		15	8

분류 기준	구멍의 수		
구멍의 수	2개	3개	4개
단추 수(개)		7	9

14 검은색 단추는 몇 개일까요?

(   )

15 단추는 모두 몇 개일까요?

(   )

16 구멍이 2개인 단추는 몇 개일까요?

(   )

17 윤호네 반 친구들이 가지고 있는 공책의 수를 조사하였습니다. 가지고 있는 공책이 7권보다 많고 12권보다 적은 친구는 모두 몇 명일까요?

윤호	승호	재현	연주	민서	다원	유현
8	10	5	12	11	4	10
수빈	서은	주원	민주	정원	세영	지민
15	12	6	7	9	13	4
윤주	채연	유나	유정	재영	은비	재석
7	11	9	15	9	11	9

(   )

[18~19] 재윤이네 반 친구들의 장래 희망을 조사하였습니다. 물음에 답하세요.

요리사	운동선수	운동선수	과학자	요리사
선생님	의사	선생님	연예인	연예인
의사	연예인	운동선수	선생님	운동선수
요리사	과학자	요리사	요리사	요리사

18 장래 희망을 종류에 따라 분류하면 모두 몇 가지일까요? ·············· (   )

① 4가지   ② 5가지   ③ 6가지
④ 7가지   ⑤ 8가지

19 가장 많은 친구들의 장래 희망은 무엇일까요?

(   )

20 현종이네 모둠 10명이 좋아하는 악기를 조사하였습니다. 가장 많은 친구들이 좋아하는 악기는 무엇인지 풀이 과정을 쓰고 답을 구하세요.

분류 기준	종류		
종류	피아노	플루트	바이올린	첼로
친구 수(명)	4		3	1

풀이

답 ___________________

서술형 평가 ❶ 분류하기

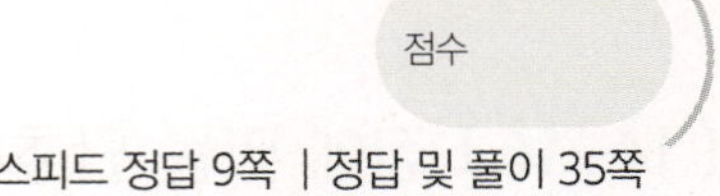

1 아라네 모둠 친구들을 기준을 정하여 분류해 보세요.

❶ 나만의 분류 기준을 정하여 한 가지만 써 보세요.

____

❷ ❶에서 정한 기준에 따라 친구들을 분류해 써 보세요.

2 다양한 모양의 단추를 분류하고 그 수를 세어 보세요.

❶ 구멍의 수에 따라 분류하고 그 수를 세어 보세요.

분류 기준	구멍의 수		
구멍의 수	2개	3개	4개
단추 수(개)			

❷ 모양에 따라 분류하고 그 수를 세어 보세요.

분류 기준	모양			
모양	✿	■	♥	●
단추 수(개)				

3 우주네 반 친구들이 집에서 기르는 동물을 조사하였습니다. 다리가 4개인 동물을 기르는 친구는 다리가 2개인 동물을 기르는 친구보다 몇 명 더 많은지 풀이 과정을 쓰고 답을 구하세요.

강아지	고양이	강아지	토끼	앵무새
고양이	강아지	앵무새	토끼	강아지
앵무새	강아지	토끼	강아지	앵무새

풀이

답 ________________

어떻게 풀까요?

다리가 각각 4개, 2개인 동물을 먼저 분류하고, 동물을 기르는 친구 수를 각각 구합니다.

5 단원

4 지수네 반 친구들이 집에서 기르는 동물을 조사하였습니다. 땅에서 사는 동물을 기르는 친구는 물에서 사는 동물을 기르는 친구보다 몇 명 더 많은지 풀이 과정을 쓰고 답을 구하세요.

토끼	고양이	강아지	금붕어	고양이	강아지
강아지	금붕어	토끼	토끼	강아지	고양이

풀이

답 ________________

어떻게 풀까요?

땅과 물에서 사는 동물을 먼저 분류하고, 동물을 기르는 친구 수를 각각 구합니다.

1 다음을 분류할 때 분류 기준으로 알맞은 것은 어느 것일까요? ········ (   )

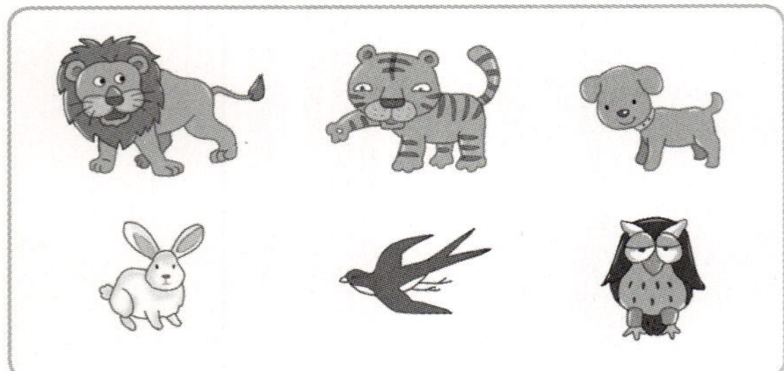

① 좋아하는 것과 좋아하지 않는 것
② 무서운 것과 무섭지 않은 것
③ 날개가 있는 것과 날개가 없는 것
④ 예쁜 것과 예쁘지 않은 것
⑤ 무거운 것과 가벼운 것

2 지연이네 반 학생들이 미술 시간에 만든 작품을 분류한 것입니다. 작품을 분류한 기준은 모양, 색깔 중 무엇일까요?

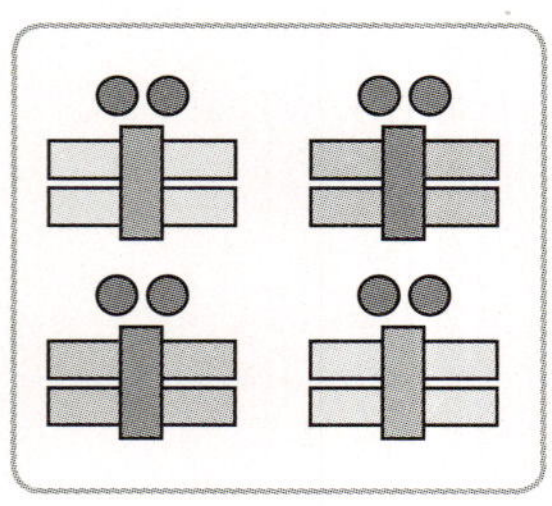 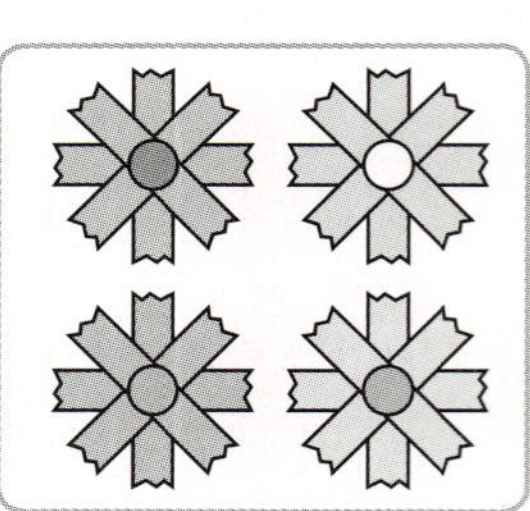

(   )

3 민서네 반 학생들이 좋아하는 운동을 조사하였습니다. 가장 적은 학생들이 좋아하는 운동은 농구, 축구, 배구 중 무엇일까요?

: 농구, : 축구, : 배구

(   )

4 편의점 냉장고에 들어 있는 우유를 맛에 따라 분류한 것입니다. 딸기 맛 우유는 초콜릿 맛 우유보다 몇 개 더 많을까요?

분류 기준	맛		
맛	딸기 맛	바나나 맛	초콜릿 맛
수(개)	15	7	12

(   )

5 은수네 반 친구들이 좋아하는 과일을 조사하였습니다. 종류에 따라 분류하고 그 수를 세어 보세요.

: 바나나, : 배, : 사과

분류 기준	종류		
종류	바나나	배	사과
친구 수(명)			

6단원

곱셈

개념 ❶ 여러 가지 방법으로 세어 보기, 묶어 세기

(1) 3씩 뛰어 세기

3, 6, 9, 12, 15

사과는 모두 15개입니다.

(2) 5씩 묶어 세기

5씩 [❶] 묶음

5 - 10 - 15 - 20 - 25 - 30 - [❷]

사과는 모두 35개입니다.

개념 ❷ 몇의 몇 배 알아보기

4씩 3묶음은 4의 3배입니다.

개념 ❸ 몇의 몇 배로 나타내기

3씩 6묶음 ⇨ 3의 [❸] 배

개념 ❹ 곱셈 알아보기

(1) 도넛의 수는 6씩 4묶음입니다.

6의 4배를 6×4라고 씁니다.
6×4는 6 곱하기 4라고 읽습니다.

(2) 도넛의 수를 곱셈식으로 알아보기

- 6+6+6+6은 6×4와 같습니다.
- 6×4=24
- 6×4=24는 6 곱하기 4는 24와 같습니다라고 읽습니다.
- 6과 4의 곱은 [❹] 입니다.

개념 ❺ 곱셈식으로 나타내기

- 도넛의 수는 4의 5배입니다.

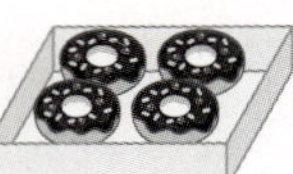

덧셈식 4+4+4+4+4=20

곱셈식 4×[❺]=20

⇨ 도넛은 모두 [❻] 개입니다.

| 정답 | ❶ 7　❷ 35　❸ 6　❹ 24　❺ 5　❻ 20

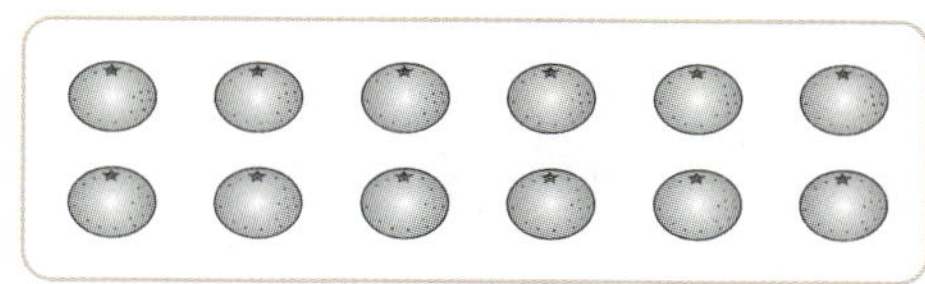
쪽지시험 1회　　**곱셈**

점수

스피드 정답 10쪽 | 정답 및 풀이 36쪽

〔1~3〕 그림을 보고 여러 가지 방법으로 세어 보세요.

1 하나씩 세어 보면 1, 2, 3, …, ☐ 이므로 귤은 모두 ☐ 개입니다.

2 2씩 뛰어 세면

2, 4, 6, ☐ , ☐ , ☐ 이므로

귤은 모두 ☐ 개입니다.

3 4씩 묶어 세면

☐4☐ — ☐ — ☐ 이므로 귤은

모두 ☐ 개입니다.

〔4~5〕 모두 몇 개인지 묶어 세어 보세요.

4 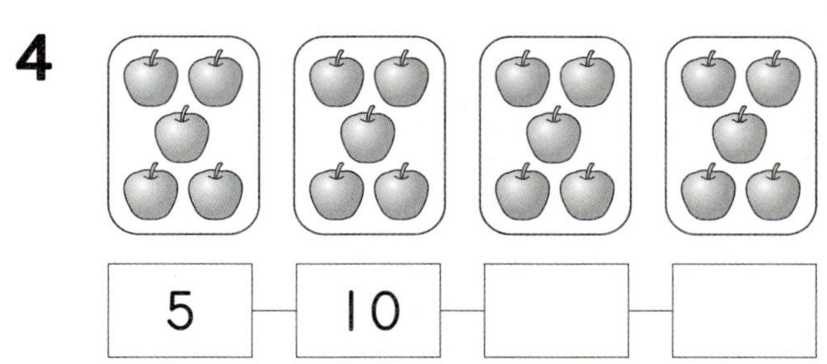

| 5 | 10 | | |

5 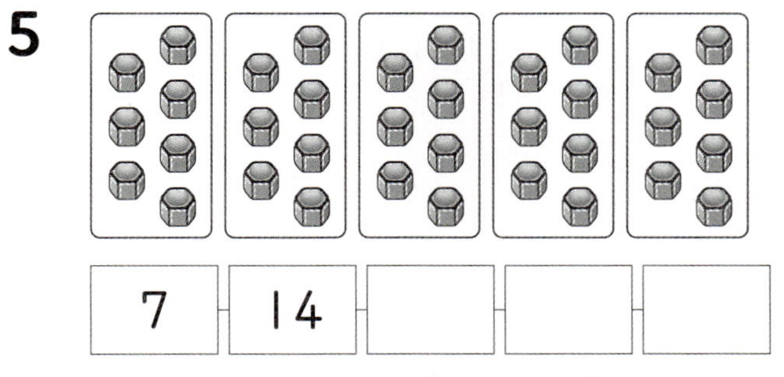

| 7 | 14 | | |

〔6~8〕 감자는 모두 몇 개인지 세어 보세요.

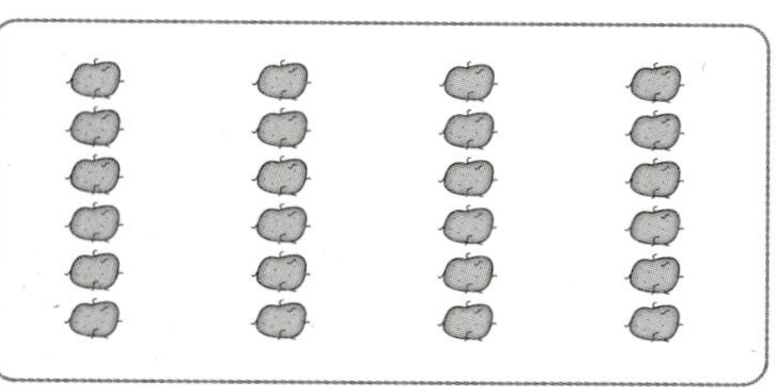

6 감자의 수는 3씩 몇 묶음일까요?

(　　　　　　　　)

7 6씩 묶어 세어 보세요.

| 6 | 12 | 18 | ☐ |

8 감자는 모두 몇 개일까요?

(　　　　　　　　)

〔9~10〕 그림을 보고 ☐ 안에 알맞은 수를 써넣으세요.

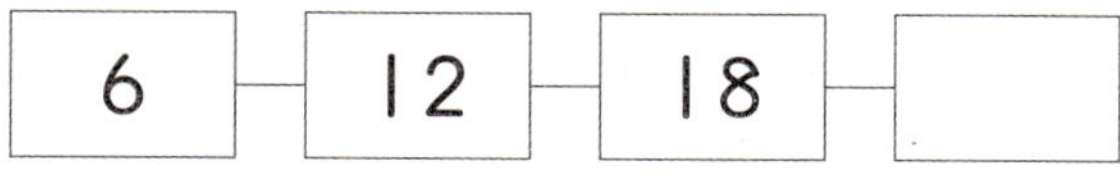

9 강낭콩의 수는 3씩 ☐ 묶음이므로

모두 ☐ 개입니다.

10 강낭콩의 수는 6씩 ☐ 묶음이므로

모두 ☐ 개입니다.

쪽지시험 2회 곱셈

6단원

[1~3] 그림을 보고 □ 안에 알맞은 수를 써넣으세요.

1

5씩 4묶음은 5의 □ 배입니다.

2

2씩 5묶음은 2의 □ 배입니다.

3

4씩 4묶음은 4의 □ 배입니다.

[4~5] □ 안에 알맞은 수를 써넣으세요.

4 6씩 4묶음은 □의 □ 배입니다.

5 8씩 5묶음은 □의 □ 배입니다.

6 그림을 보고 □ 안에 알맞은 수를 써넣으세요.

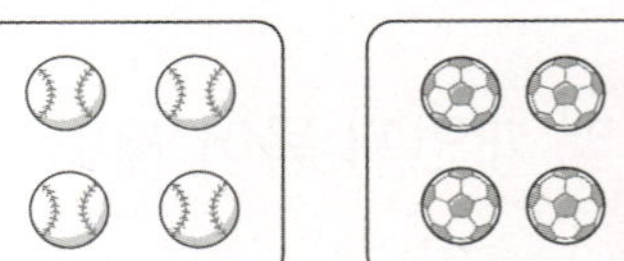

2의 □ 배

7 관계있는 것끼리 선으로 이어 보세요.

2씩 7묶음	•	•	5의 6배
5씩 6묶음	•	•	9의 4배
9씩 4묶음	•	•	2의 7배

[8~10] 축구공의 수는 야구공의 수의 몇 배인지 알아보세요.

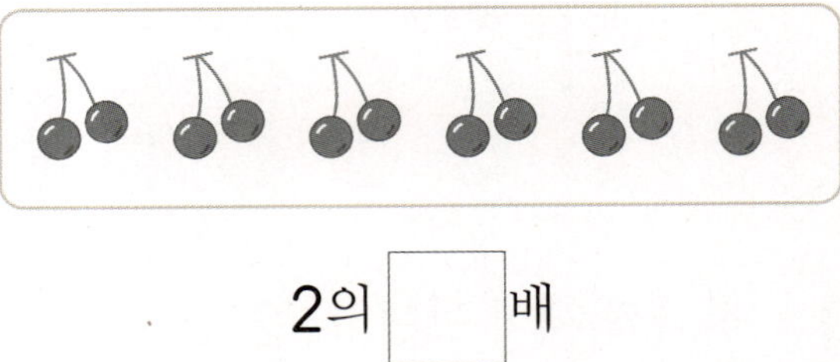

8 야구공은 □ 개입니다.

9 축구공의 수는 4씩 □ 묶음이므로 4의 □ 배입니다.

10 축구공의 수는 야구공의 수의 □ 배입니다.

쪽지시험 3회 곱셈

6단원

스피드 정답 10쪽 | 정답 및 풀이 36쪽

점수

[1~2] 그림을 보고 □ 안에 알맞은 수를 써넣으세요.

1

6의 □ 배 ⇨ 6× □

2

6의 □ 배 ⇨ 7× □

7의 □ 배 ⇨ 7× □

[3~5] 곱셈식으로 나타내 보세요.

3 2 곱하기 8은 16과 같습니다.

곱셈식 ______________________

4 3 곱하기 9는 27과 같습니다.

곱셈식 ______________________

5 5 곱하기 7은 35와 같습니다.

곱셈식 ______________________

6 관계있는 것끼리 선으로 이어 보세요.

5 곱하기 3	·	·	7×9
2의 8배	·	·	2×8
7의 9배	·	·	5×3

[7~8] 누름 못은 모두 몇 개인지 알아보세요.

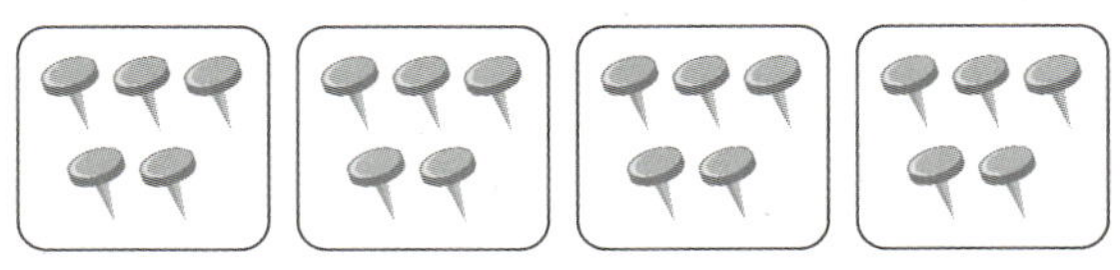

7 덧셈식으로 나타내 보세요.

덧셈식 ______________________

8 곱셈식으로 나타내 보세요.

곱셈식 ______________________

[9~10] 물건의 수를 구하는 덧셈식과 곱셈식을 각각 써 보세요.

9

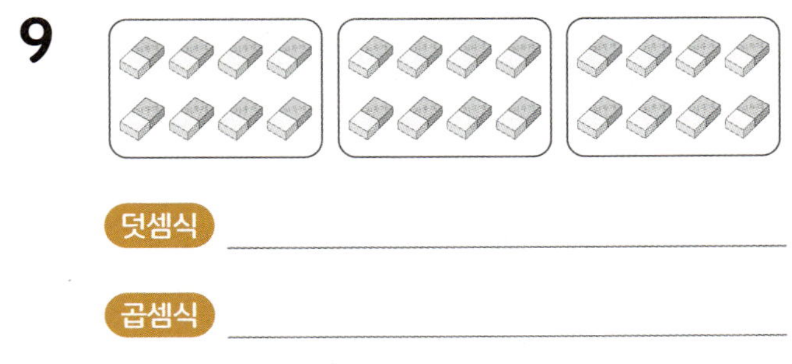

덧셈식 ______________________

곱셈식 ______________________

10

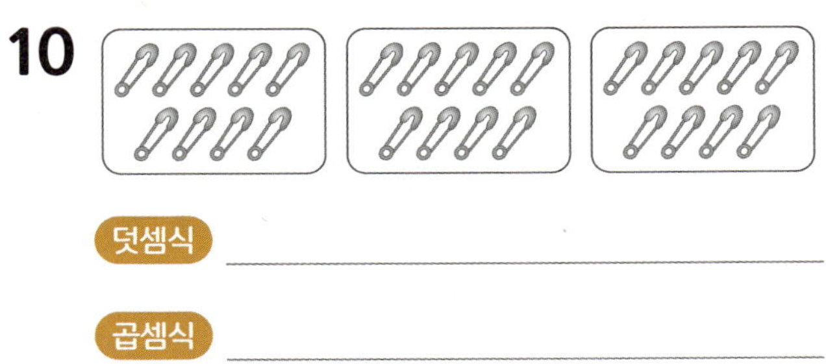

덧셈식 ______________________

곱셈식 ______________________

 **6단원**

쪽지시험 4회 곱셈

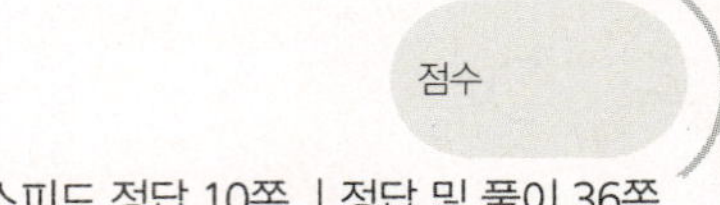

점수

[1~3] 크레파스는 모두 몇 개인지 알아보세요.

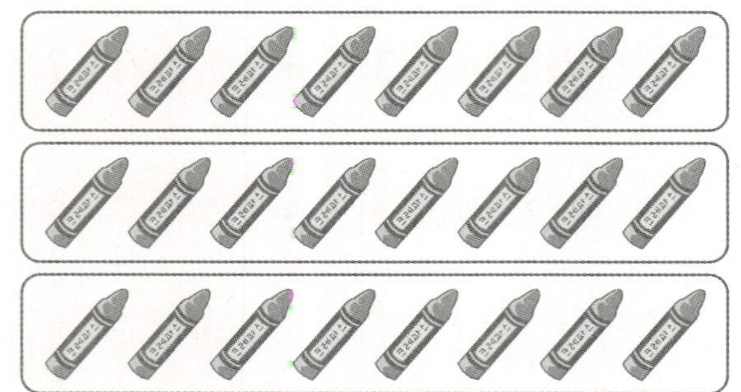

1 덧셈식으로 나타내 보세요.

> **덧셈식** ______________________________

2 곱셈식으로 나타내 보세요.

> **곱셈식** ______________________________

3 크레파스는 모두 몇 개일까요?

( )

4 색연필은 모두 몇 자루인지 구하는 곱셈식을 써 보세요.

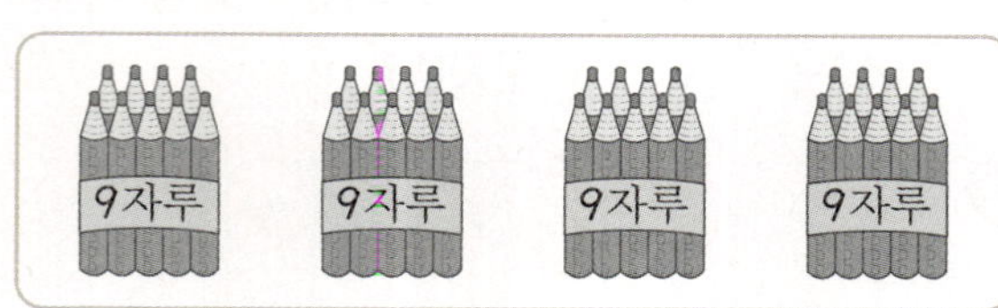

$9 \times \boxed{} = \boxed{}$

5 세발자전거가 5대 있습니다. 바퀴는 모두 몇 개일까요?

( )

[6~7] 그림을 보고 물음에 답하세요.

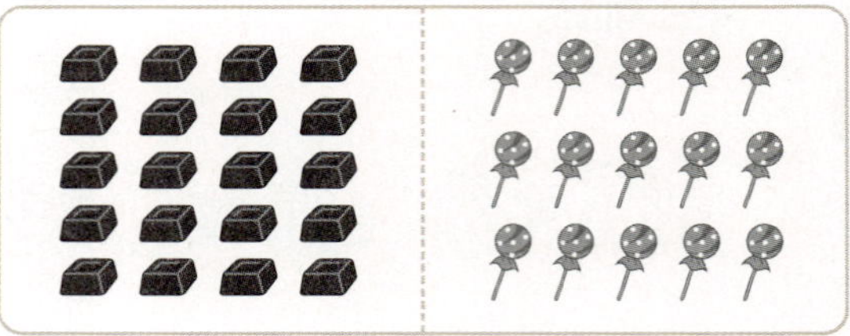

6 초콜릿은 모두 몇 개일까요?

$4 \times \boxed{} = \boxed{}$ 이므로 초콜릿은

모두 $\boxed{}$ 개입니다.

7 사탕은 모두 몇 개일까요?

$5 \times \boxed{} = \boxed{}$ 이므로 사탕은 모두

$\boxed{}$ 개입니다.

8 참새가 5마리씩 4개의 나뭇가지에 앉아 있습니다. 참새는 모두 몇 마리일까요?

( )

9 코끼리 6마리의 다리는 모두 몇 개일까요?

( )

10 운동장에 학생들이 8명씩 9줄로 서 있습니다. 운동장에 서 있는 학생은 모두 몇 명일까요?

( )

단원평가 1회   곱셈

6단원

[1~3] 나뭇잎은 모두 몇 장인지 묶어 세어 보세요.

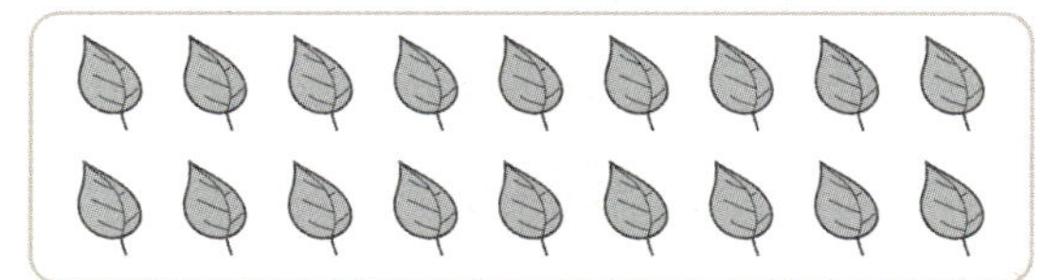

1 3씩 묶어 세어 보세요.

3 ─ □ ─ □ ─ □
□ ─ □

2 6씩 묶어 세어 보세요.

6 ─ □ ─ □

3 나뭇잎은 모두 몇 장일까요?

( )

4 그림을 보고 □ 안에 알맞은 수를 써넣으세요.

3씩 □ 묶음 ⇨ 3 × □

5 4씩 3묶음을 바르게 나타낸 것은 어느 것일까요? ·················( )

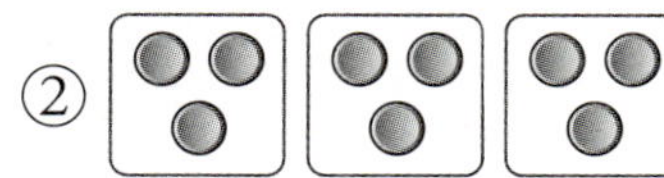
① 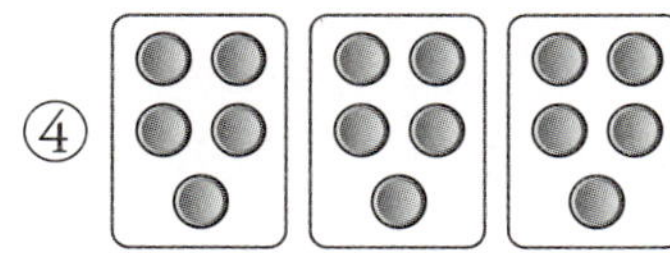
②
③
④
⑤

[6~7] 구슬은 모두 몇 개인지 알아보세요.

6 구슬의 수는 4씩 몇 묶음일까요?

( )

7 구슬은 모두 몇 개일까요?

( )

8 곱셈식으로 나타내 보세요.

> 7과 9의 곱은 63입니다.

곱셈식 ________________

9 관계있는 것끼리 선으로 이어 보세요.

4+4+4	·	·	6×4
8+8	·	·	4×3
6+6+6+6	·	·	8×2

10 그림을 보고 □ 안에 알맞은 수를 써넣으세요.

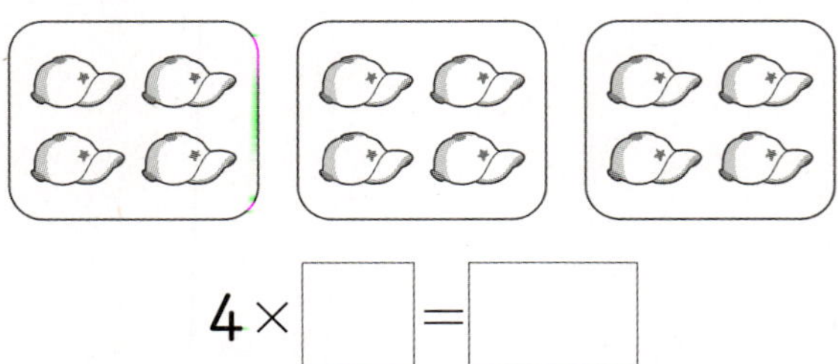

4× □ = □

[11~12] 서윤, 유리, 정현이는 연필을 7자루씩 가지고 있습니다. 물음에 답하세요.

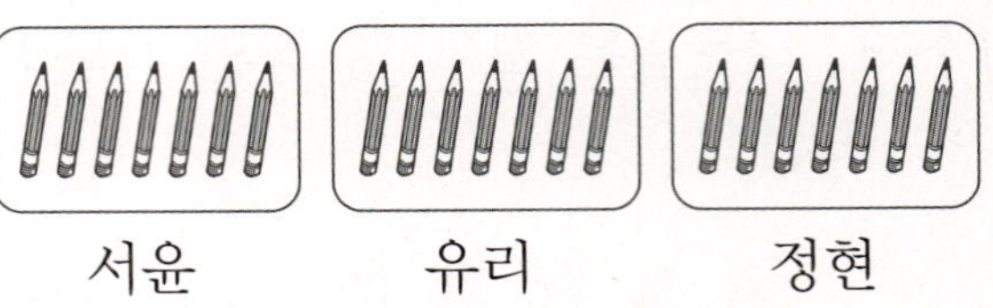

서윤   유리   정현

11 □ 안에 알맞은 수를 써넣으세요.

7+ □ + □ = □

⇨ 7× □ = □

12 연필은 모두 몇 자루일까요?

(   )

13 그림을 보고 □ 안에 알맞은 수를 써넣으세요.

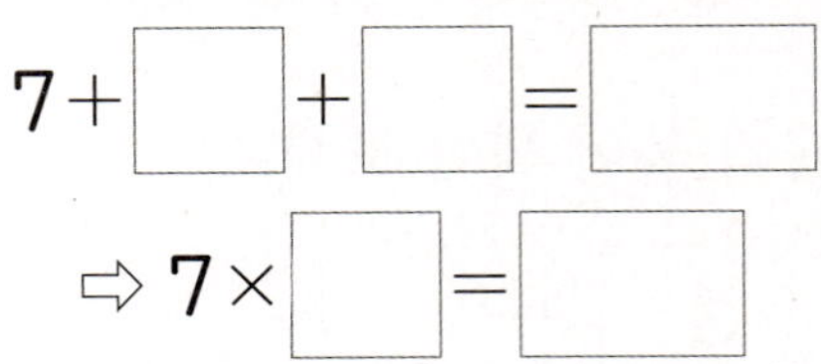

5개씩 □ 묶음이므로 모두 □ 개입니다.

14 보기 와 같이 나타내 보세요.

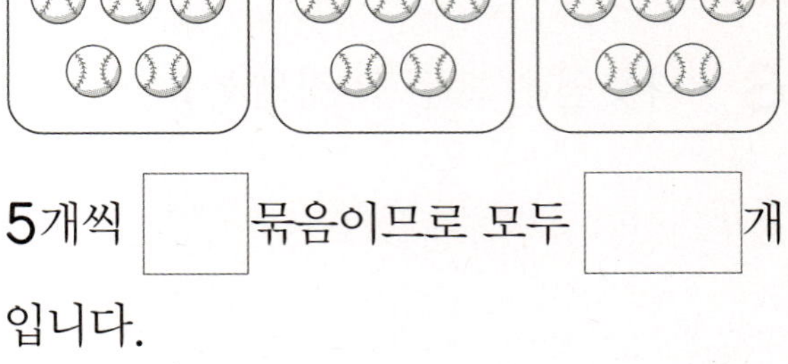

> 보기
> 2의 3배
> ⇨ 2+2+2
> ⇨ 2×3

3의 4배
⇨ ________________
⇨ ________________

[15~16] 팽이는 모두 몇 개인지 알아보세요.

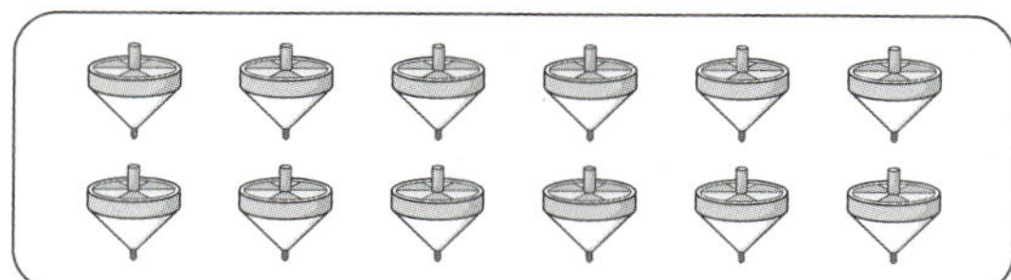

15 팽이의 수는 2의 몇 배일까요?

( )

16 팽이는 모두 몇 개일까요?

( )

17 그림을 보고 만들 수 있는 곱셈식을 써 보세요.

곱셈식 ______________________________

18 나타내는 수가 <u>다른</u> 하나는 어느 것일까요?······························( )
① 9의 2배
② 9와 2의 곱
③ 9+9
④ 9보다 2만큼 더 큰 수
⑤ 9×2

19 감이 한 봉지에 9개씩 들어 있습니다. 3봉지에 들어 있는 감의 수를 곱셈식으로 나타내 보세요.

9의 3배 ⇨ ☐ × ☐ = ☐

20 버스 한 대에 바퀴가 4개씩 있습니다. 버스 5대의 바퀴는 모두 몇 개일까요?

( )

단원평가 2회   곱셈

1 사탕은 모두 몇 개인지 4씩 묶어 세어 보세요.

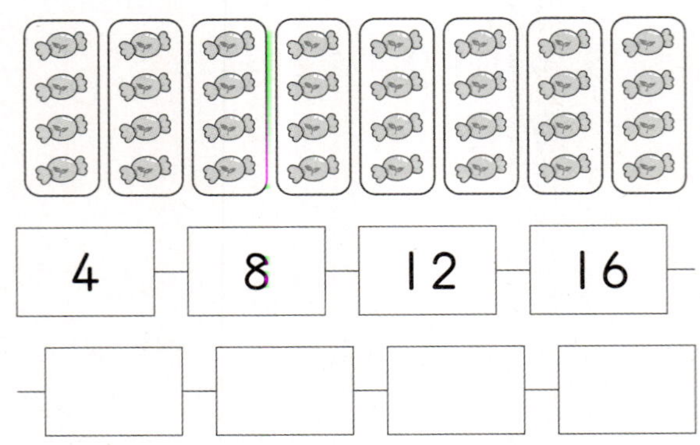

| 4 | 8 | 12 | 16 |

| | | | |

2 8씩 몇 묶음일까요?

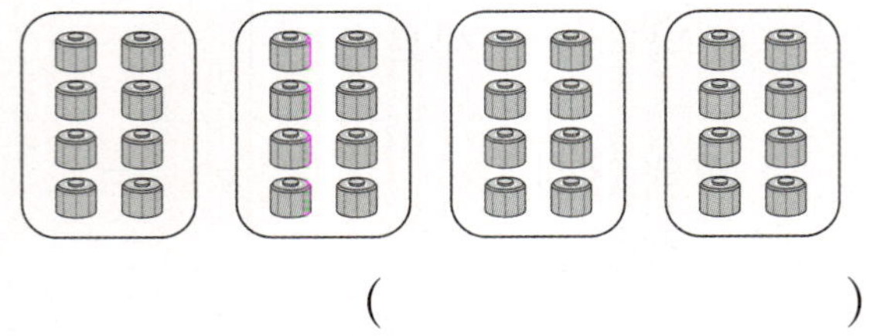

(   )

3 그림과 관계 <u>없는</u> 것은 어느 것일까요?
·····························(   )

① 4씩 6묶음   ② 5씩 6묶음
③ 3씩 8묶음   ④ 6씩 4묶음
⑤ 8씩 3묶음

〔4~5〕 그림을 보고 □ 안에 알맞은 수를 써 넣으세요.

4
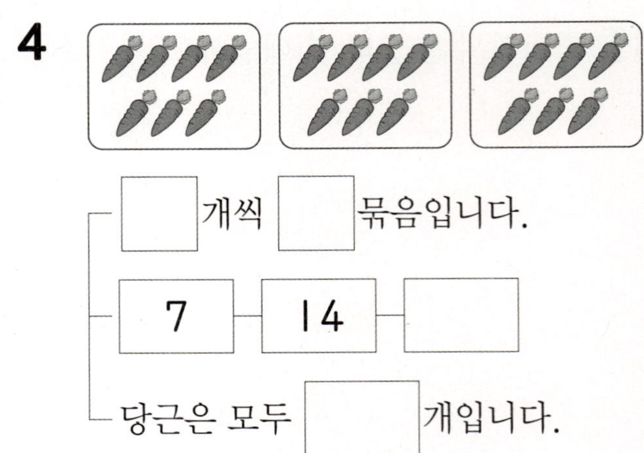

□ 개씩 □ 묶음입니다.

| 7 | 14 | |

당근은 모두 □ 개입니다.

5
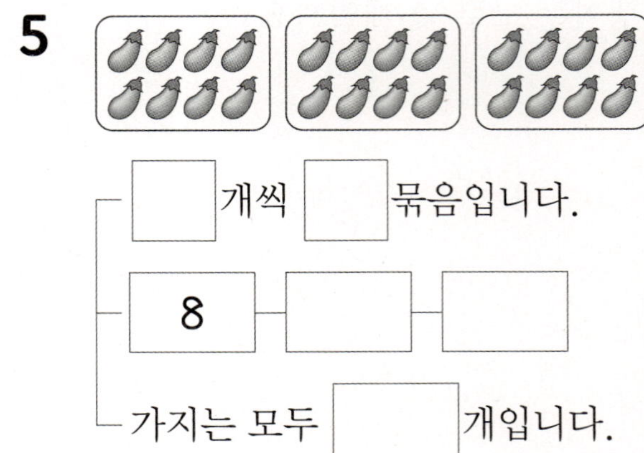

□ 개씩 □ 묶음입니다.

| 8 | | |

가지는 모두 □ 개입니다.

6 그림을 보고 □ 안에 알맞은 수를 써넣으세요.

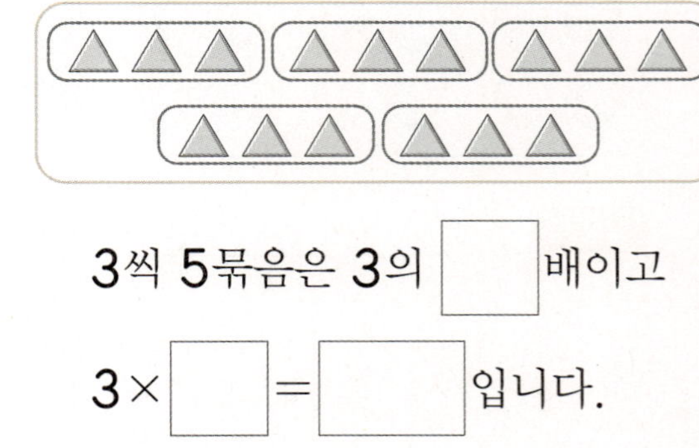

3씩 5묶음은 3의 □ 배이고

$3 \times$ □ $=$ □ 입니다.

7 9씩 4묶음은 □의 □배입니다.

8 5의 7배는 5 × □ = □ 입니다.

[9~11] 공깃돌은 모두 몇 개인지 알아보세요.

9 공깃돌을 6개씩 묶어 보세요.

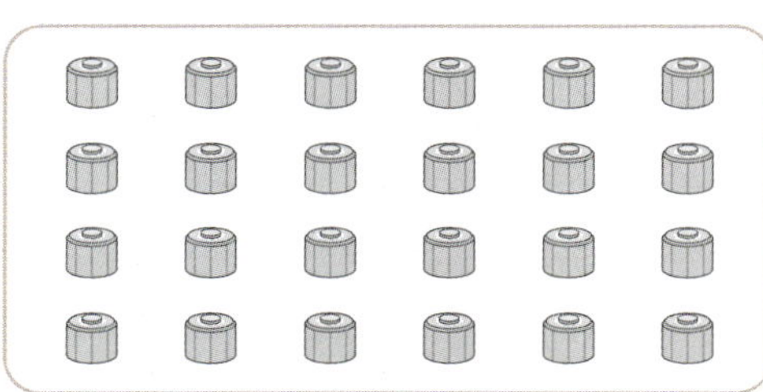

10 공깃돌의 수를 덧셈식으로 나타내 보세요.

6 + □ + □ + □ = □

11 공깃돌의 수를 곱셈식으로 나타내 보세요.

6 × □ = □

12 그림을 보고 □ 안에 알맞은 수를 써넣으세요.

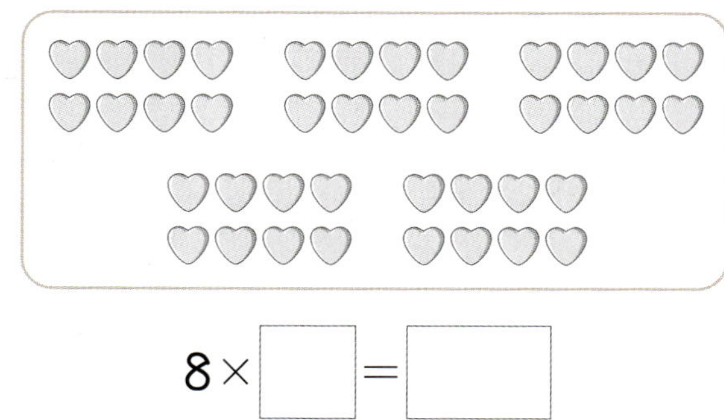

8 × □ = □

13 곱셈식으로 나타내 보세요.

6의 5배 ⇨ □ × □ = □

14 관계있는 것끼리 선으로 이어 보세요.

6씩 2묶음	4씩 4묶음

4×4	2×7	6×2

15 은비는 연결 모형을 2개, 유진이는 12개 가지고 있습니다. 유진이가 가진 연결 모형의 수는 은비가 가진 연결 모형의 수의 몇 배일까요?

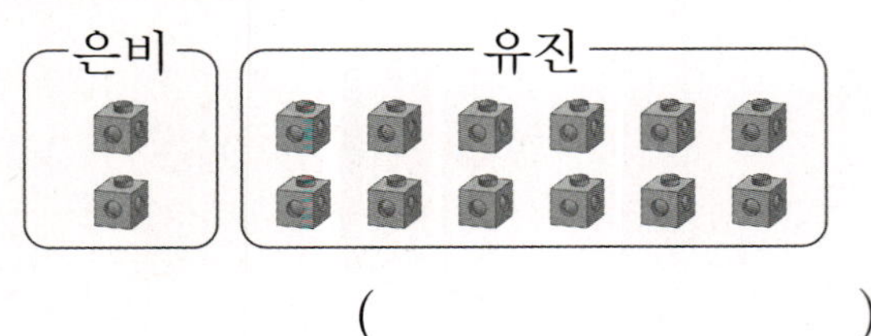

(   )

16 나타내는 수가 <u>다른</u> 하나를 찾아 기호를 써 보세요.

㉠ 2씩 4묶음　　㉡ 2+4
㉢ 2+2+2+2　　㉣ 2×4

(   )

17 색종이가 7장씩 8묶음 있습니다. 색종이는 모두 몇 장일까요?

(   )

〔18~20〕 다음 구슬의 5배만큼을 이용하여 팔찌를 만들려고 합니다. 필요한 구슬은 모두 몇 개인지 알아보세요.

18 필요한 구슬의 수를 수직선에 화살표로 나타내 보세요.

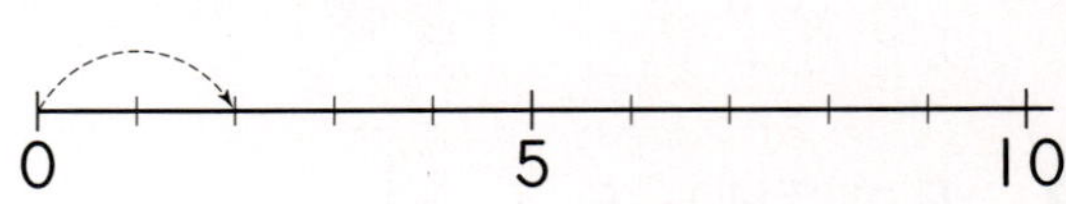

19 필요한 구슬의 수를 곱셈식으로 나타내 보세요.

곱셈식 ________________________

20 필요한 구슬은 모두 몇 개일까요?

(   )

 6단원

단원평가 3회 곱셈

1 토마토는 모두 몇 개인지 묶어 세어 보세요.

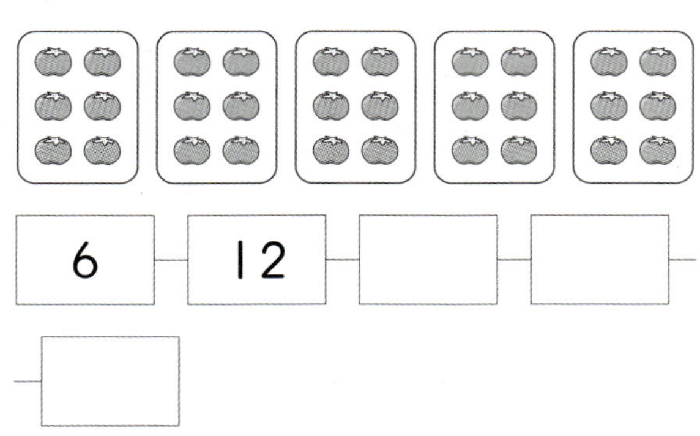

| 6 | 12 | | |

| |

2 □ 안에 알맞은 수를 써넣으세요.

9씩 2묶음은 □의 □배입니다.

3 덧셈식을 곱셈식으로 나타내 보세요.

$$8+8+8+8=32$$

곱셈식 ________________

〔4~5〕 그림을 보고 □ 안에 알맞은 수를 써넣으세요.

4

7씩 5묶음은 7의 □ 배이고

$7 \times$ □ $=$ □ 입니다.

5

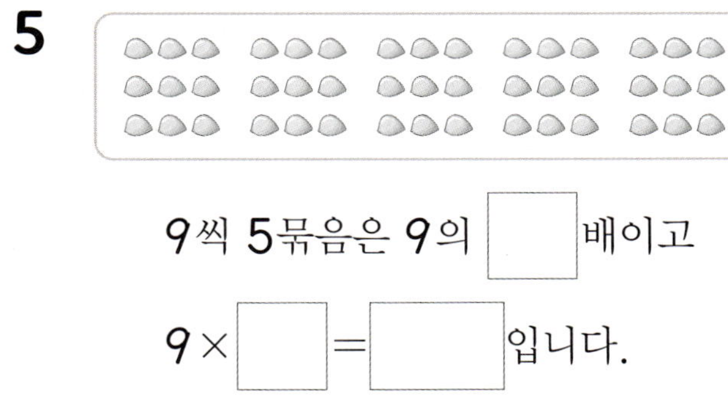

9씩 5묶음은 9의 □ 배이고

$9 \times$ □ $=$ □ 입니다.

6 5의 3배와 나타내는 수가 같은 것을 모두 고르세요. ·············(   )

① 5×3 ② $5+3$

③ $5-3$ ④ $5+5+5$

⑤ $5 \times 5 \times 5$

7 그림을 보고 □ 안에 알맞은 수를 써넣으세요.

(1) **4**씩 □ 묶음은 □ 의 □ 배입니다.

(2) **8**씩 □ 묶음은 □ 의 □ 배입니다.

8 나타내는 수가 큰 것부터 차례대로 기호를 써 보세요.

> ㉠ 7씩 2묶음 ㉡ 3의 8배
> ㉢ 5×4 ㉣ 2 곱하기 2

( )

9 그림을 보고 알맞은 곱셈식으로 나타내 보세요.

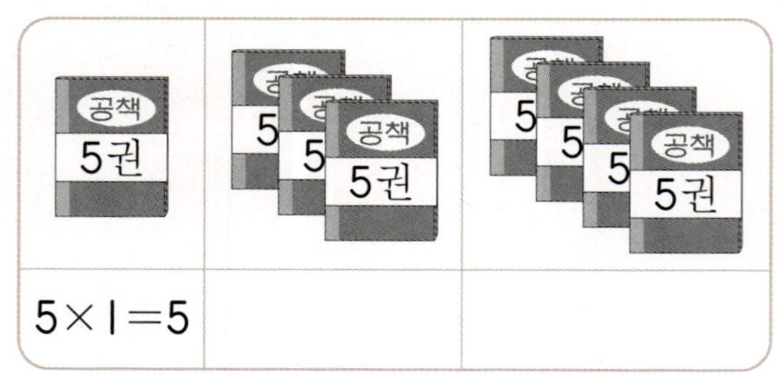

$5 \times 1 = 5$

10 구멍이 **3**개인 단추가 **9**개 있습니다. 단추 구멍은 모두 몇 개일까요?

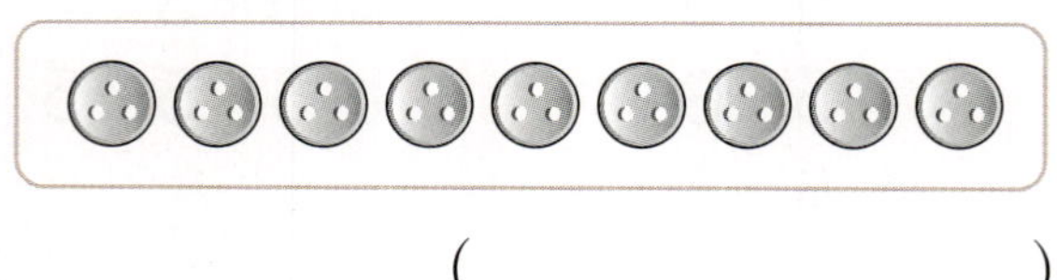

( )

11 사과는 모두 몇 개인지 덧셈식과 곱셈식으로 각각 나타내 보세요.

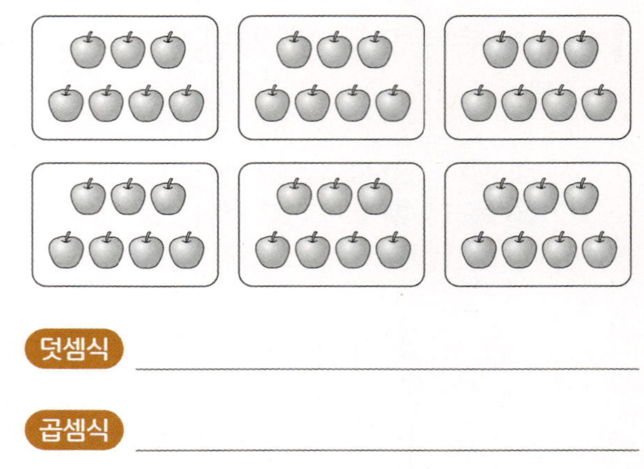

덧셈식 ___________________

곱셈식 ___________________

[**12~14**] 다음 구슬의 **6**배만큼을 이용하여 목걸이를 만들려고 합니다. 필요한 구슬은 모두 몇 개인지 알아보세요.

12 필요한 구슬의 수를 수직선에 화살표로 나타내 보세요.

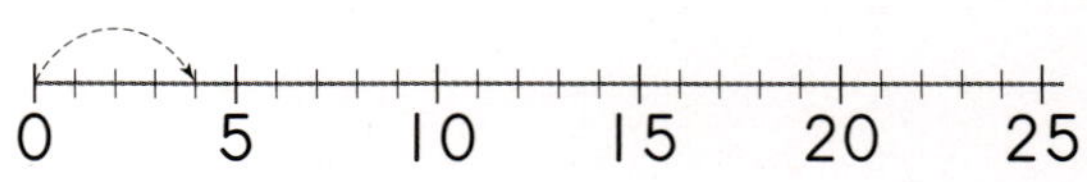

13 필요한 구슬의 수를 곱셈식으로 나타내 보세요.

곱셈식 ___________________

14 필요한 구슬은 모두 몇 개일까요?

( )

15 그림을 보고 □ 안에 알맞은 수를 써넣으세요.

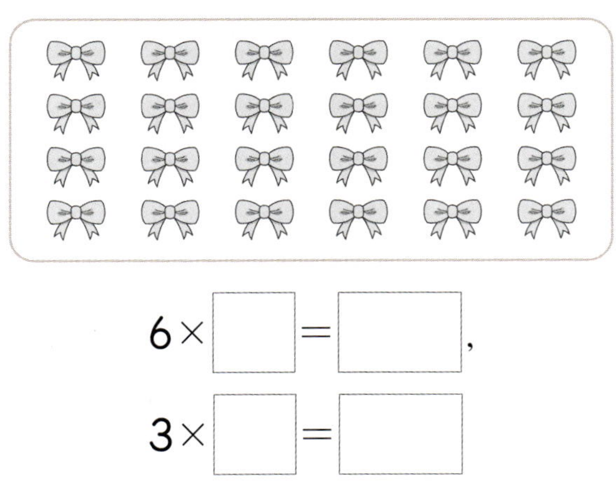

$$6 \times \boxed{} = \boxed{},$$

$$3 \times \boxed{} = \boxed{}$$

16 흰색 바둑돌 수는 검은색 바둑돌 수의 몇 배일까요?

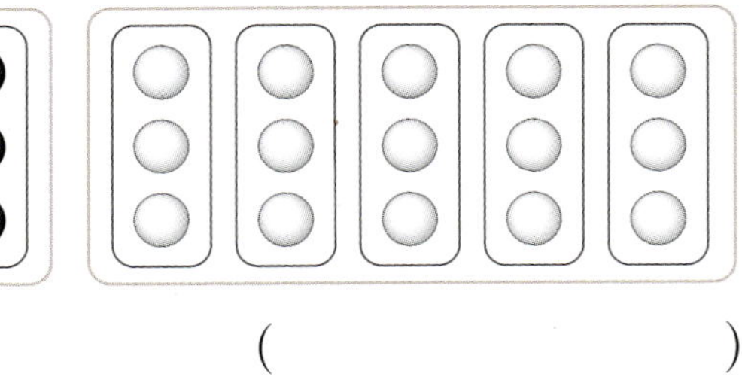

(   )

17 주하의 나이는 9살이고 고모의 나이는 주하 나이의 5배입니다. 고모의 나이는 몇 살일까요?

(   )

18 6명의 친구가 가위바위보를 했습니다. 모두 보를 내었을 때 펼친 손가락은 모두 몇 개일까요?

(   )

19 어머니께서 한 상자에 3개씩 들어 있는 멜론을 4상자 산 후, 그중에서 4개로 주스를 만드셨습니다. 남은 멜론은 몇 개일까요?

(   )

20 종이 한 장에 삼각형을 1개씩 그렸습니다. 삼각형을 6개 그렸다면 그린 삼각형의 꼭짓점의 수는 모두 몇 개인지 풀이 과정을 쓰고 답을 구하세요.

답 ___________________

단원평가 4회   곱셈

1 그림을 보고 □ 안에 알맞은 수를 써넣으세요.

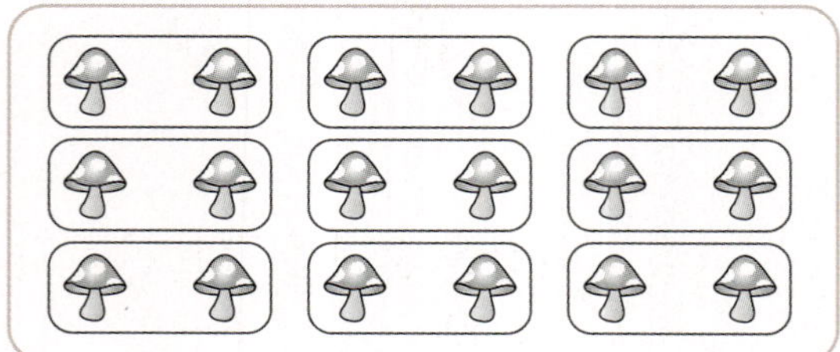

버섯의 수는 2씩 □ 묶음입니다.

버섯은 모두 □ 개입니다.

2 그림을 보고 □ 안에 알맞은 수를 써넣으세요.

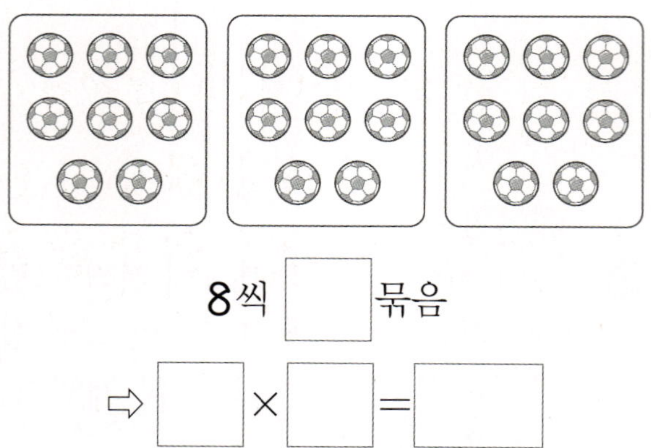

8씩 □ 묶음

⇨ □ × □ = □

3 그림을 보고 □ 안에 알맞은 수를 써넣으세요.

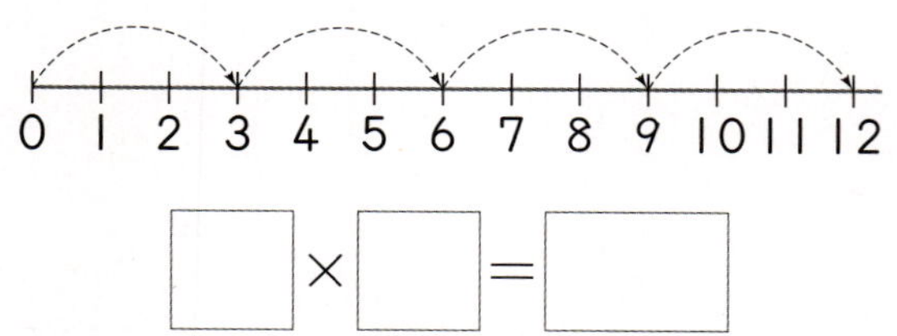

□ × □ = □

4 관계있는 것끼리 선으로 이어 보세요.

2씩 3묶음	•	•	8의 4배
8씩 4묶음	•	•	2의 3배
3씩 8묶음	•	•	3의 8배

[5~6] □ 안에 알맞은 수를 써넣으세요.

5 9씩 4묶음은 9의 4배입니다.

⇨ □ × □ = □

6 5씩 7묶음은 5의 □ 배입니다.

⇨ 5 × 7 = □

7 덧셈식을 곱셈식으로 나타내 보세요.

$$2+2+2+2+2=10$$

곱셈식 ______________________________

[8~9] 밤은 모두 몇 개인지 알아보세요.

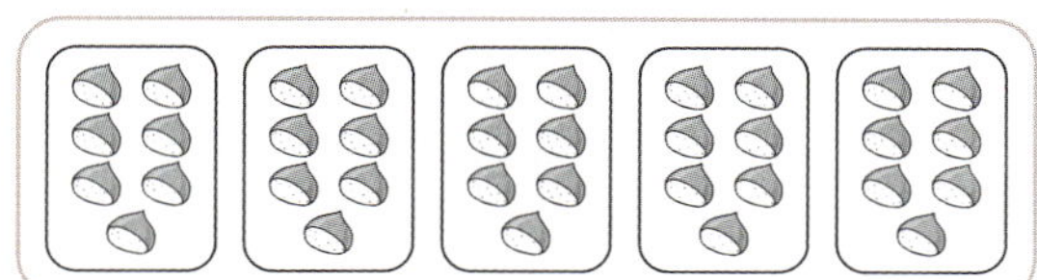

8 덧셈식으로 나타내 보세요.

덧셈식 ______________________________

9 곱셈식으로 나타내 보세요.

곱셈식 ______________________________

10 곱셈식으로 나타낼 때 곱이 같지 <u>않은</u> 것을 찾아 기호를 써 보세요.

> ㉠ 2씩 6묶음　　㉡ 4씩 3묶음
> ㉢ 6 곱하기 2　　㉣ 3의 6배

(　　　　　)

11 사탕 14개가 있습니다. 설명이 옳지 <u>않은</u> 사람의 이름을 써 보세요.

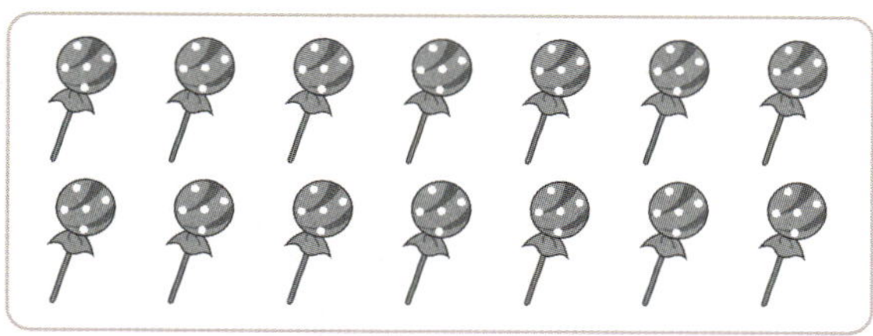

> 지민: 사탕을 2개씩 묶으면 7묶음이 됩니다.
> 예준: 사탕의 수는 5씩 3묶음입니다.
> 현영: 사탕의 수는 7＋7로 나타낼 수 있습니다.

(　　　　　)

12 딸기의 수는 사과의 수의 몇 배일까요?

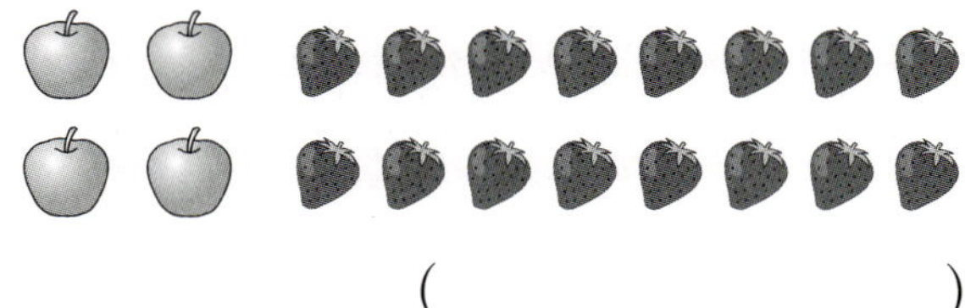

(　　　　　)

13 사탕이 9개씩 6묶음 있습니다. 사탕은 모두 몇 개일까요?

(　　　　　)

[14~15] 한 상자에 과자가 7개씩 들어 있습니다. 상자 4개에 들어 있는 과자는 모두 몇 개인지 알아보세요.

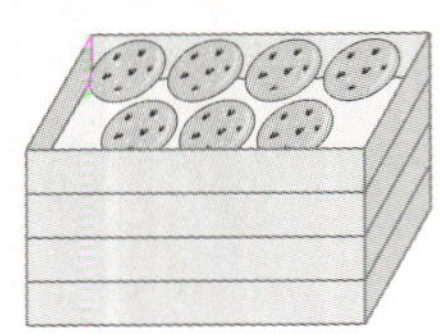

14 덧셈식으로 나타내 보세요.

덧셈식 ________________________

15 곱셈식으로 나타내 보세요.

곱셈식 ________________________

16 민준이는 종이학을 1분에 3마리씩 접습니다. 민준이가 9분 동안 접을 수 있는 종이학은 모두 몇 마리일까요?

( )

17 개미의 다리는 6개입니다. 개미 4마리의 다리는 모두 몇 개인지 곱셈식으로 나타내고 답을 구하세요.

식 ________________________

답 ________________________

18 다음과 같은 삼각형을 9개 만들려면 성냥개비는 모두 몇 개 필요할까요?

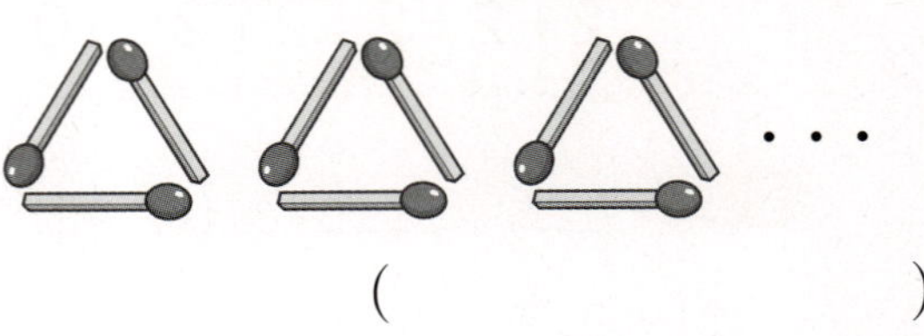

( )

19 초콜릿이 한 상자에 2개씩 4줄 들어 있습니다. 8상자에 들어 있는 초콜릿은 모두 몇 개일까요?

( )

서술형
20 지예의 나이는 9살이고, 아버지의 나이는 지예 나이의 5배보다 3살 더 많다고 합니다. 아버지의 나이는 몇 살인지 풀이 과정을 쓰고 답을 구하세요.

풀이

답 ________________________

단원평가 5회 곱셈

점수

1 배추를 5포기씩 묶으면 몇 묶음일까요?

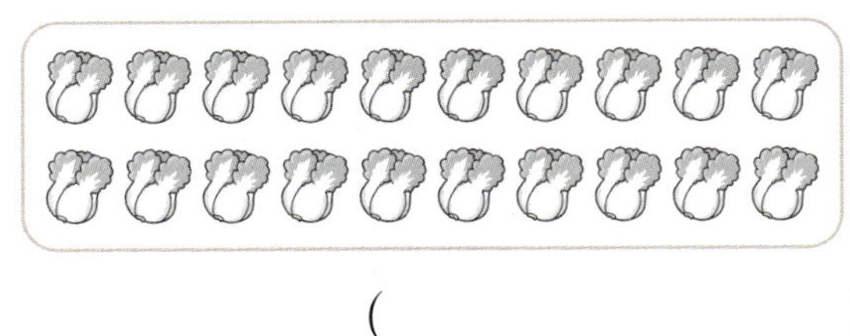

( )

2 그림을 보고 □ 안에 알맞은 수를 써넣으세요.

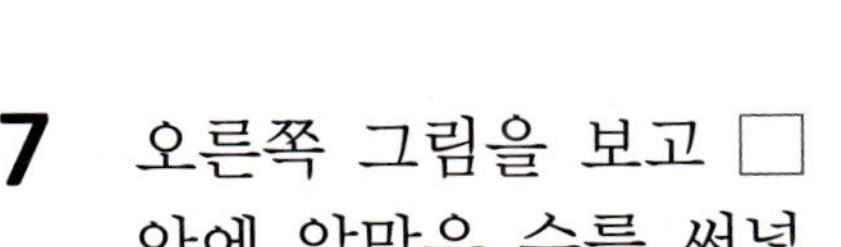

$\square \times \square = \square$

3 달팽이가 12마리 있습니다. □ 안에 알맞은 수를 써넣으세요.

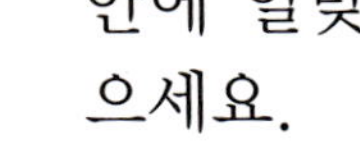

2씩 □ 묶음은 2의 □ 배이고

$\square \times \square = \square$ 입니다.

4 □ 안에 알맞은 수를 써넣으세요.

$6+6+6+6+6+6 = \square$

⇨ $6 \times \square = \square$

5 □ 안에 알맞은 수를 써넣으세요.

7의 6배는 $7 \times \square = \square$ 입니다.

6 8의 4배와 나타내는 수가 같은 것을 모두 고르세요. ·············· ( )

① 4씩 4묶음　　② $8+8+8+8$
③ $8+4$　　④ 8과 4의 합
⑤ 8×4

7 오른쪽 그림을 보고 □ 안에 알맞은 수를 써넣으세요.

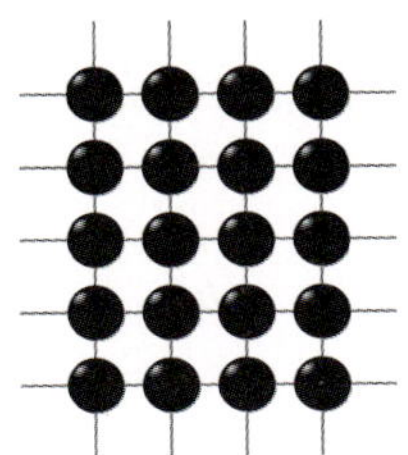

세로줄 한 개에 점이 □ 개씩 있고,

세로줄이 □ 개이므로 점은 모두

$\square \times \square = \square$ (개)입니다.

[8~9] 도토리는 모두 몇 개인지 알아보세요.

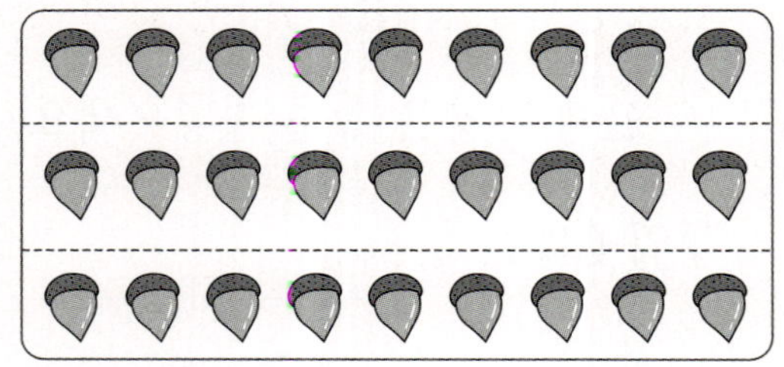

8 덧셈식으로 나타내 보세요.

덧셈식 ______________________________

9 곱셈식으로 나타내 보세요.

곱셈식 ______________________________

10 그림을 보고 알맞은 곱셈식으로 나타내 보세요.

11 나타내는 수가 작은 것부터 차례대로 기호를 써 보세요.

> ㉠ 5의 2배 ㉡ 7 곱하기 3
> ㉢ 4씩 4묶음 ㉣ 2×7

( )

12 꽃잎이 5장인 꽃 8송이가 있습니다. 꽃잎은 모두 몇 장일까요?

( )

13 그림을 보고 만들 수 있는 곱셈식을 4개 써 보세요.

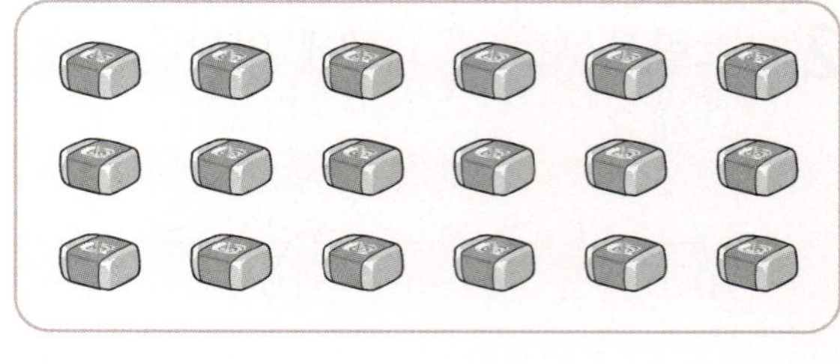

______________ , ______________ ,

______________ , ______________

14 점의 개수가 같은 카드를 9장 포개어 놓았습니다. 카드 9장에 있는 점은 모두 몇 개인지 곱셈식을 세우고, 답을 구하세요.

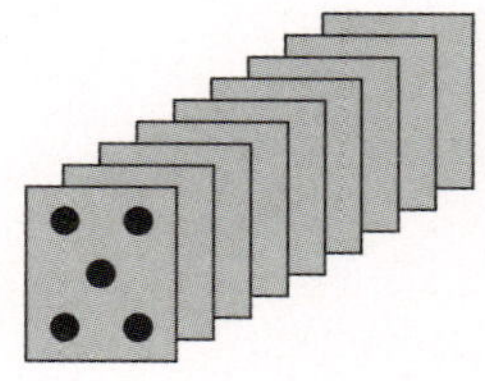

식 ______________________________

답 ______________________________

15 한 상자에 8송이씩 들어 있는 포도 8상자가 있습니다. 그중 썩은 포도 5송이를 버렸습니다. 남은 포도는 몇 송이일까요?

( )

16 한결이는 한 봉지에 3개씩 들어 있는 과자를 2봉지 먹었고 누나는 한결이가 먹은 과자의 3배를 먹었습니다. 누나가 먹은 과자는 모두 몇 개일까요?

( )

17 수영이는 성냥개비로 오른쪽과 같은 배 모양을 4개 만들었습니다. 수영이가 사용한 성냥개비는 모두 몇 개인지 풀이 과정을 쓰고 답을 구하세요.

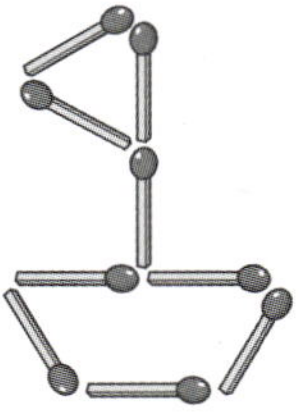

풀이

18 딱지가 6장씩 4묶음 있습니다. 이 딱지를 3장씩 다시 묶으면 몇 묶음일까요?

( )

19 강당에 4명씩 앉을 수 있는 긴 의자가 8개 있습니다. 학생이 20명 앉아 있다면 앞으로 몇 명의 학생이 더 앉을 수 있을까요?

( )

6단원

20 친구 5명이 가위바위보를 하였습니다. 3명은 가위를 내고, 2명은 보를 냈습니다. 펼친 손가락은 모두 몇 개인지 풀이 과정을 쓰고 답을 구하세요.

풀이

답 ___________

답 ___________

서술형 평가 ①   곱셈

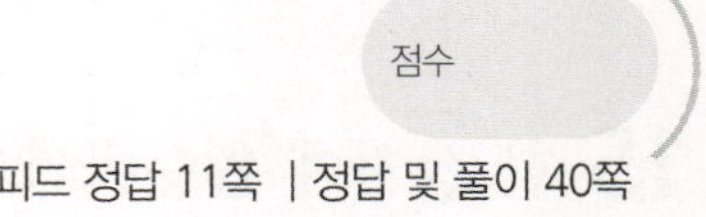

1 사탕은 모두 몇 개인지 묶어 세어 알아보세요.

❶ 3씩 묶어 세어 보세요.

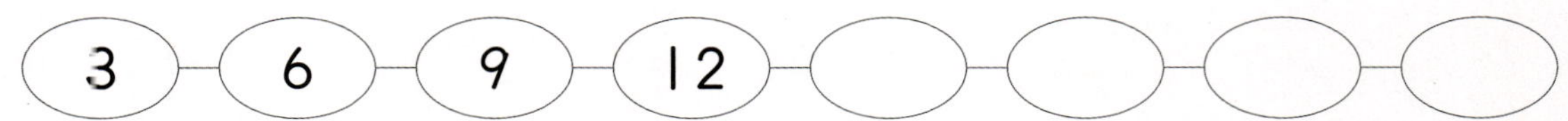

❷ 다른 방법으로 묶어 세어 보세요. (칸을 모두 채우지 않아도 됩니다.)

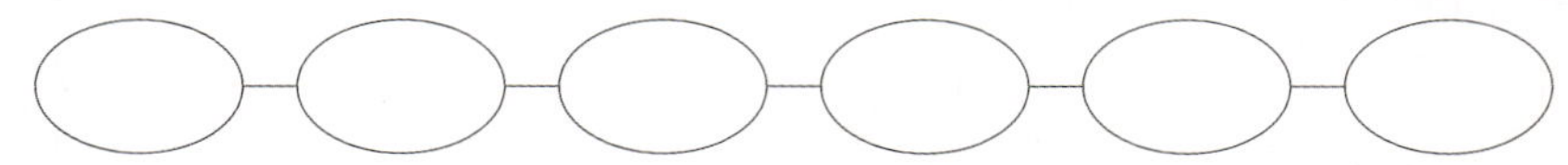

❸ 사탕은 모두 몇 개일까요?

(　　　　　　　　)

2 한 상자에 5자루씩 들어 있는 형광펜이 7상자 있었습니다. 선생님께서 학생들에게 2상자를 나누어 주었다면 남은 형광펜은 몇 자루인지 구하세요.

❶ 학생들에게 나누어 주고 남은 것은 몇 상자일까요?

(　　　　　　　　)

❷ 남은 형광펜은 몇 자루일까요?

(　　　　　　　　)

3 민정이가 한 봉지에 8개씩 들어 있는 군밤 6봉지를 샀습니다. 그중 5개를 먹었다면 남은 군밤은 몇 개인지 구하세요.

❶ 민정이가 산 군밤은 모두 몇 개일까요?

( )

❷ 먹고 남은 군밤은 몇 개일까요?

( )

4 색연필을 보라는 5자루씩 5묶음 가지고 있고 하늘이는 7자루씩 3묶음 가지고 있습니다. 색연필을 더 많이 가지고 있는 사람은 누구인지 구하세요.

❶ 보라가 가지고 있는 색연필은 몇 자루일까요?

( )

❷ 하늘이가 가지고 있는 색연필은 몇 자루일까요?

( )

❸ 색연필을 더 많이 가지고 있는 사람은 누구일까요?

( )

서술형 평가 ❷   곱셈

1 9명의 친구가 가위바위보를 했습니다. 6명이 가위를 내고 3명이 보를 냈습니다. 펼친 손가락은 모두 몇 개인지 풀이 과정을 쓰고 답을 구하세요.

풀이

답 ___________________

> **어떻게 풀까요?**
> ▲씩 ●묶음은 ▲×●로 나타냅니다.

2 혜교의 나이는 9살이고 이모의 나이는 혜교 나이의 4배보다 5살 더 많습니다. 이모는 몇 살인지 풀이 과정을 쓰고 답을 구하세요.

풀이

답 ___________________

> **어떻게 풀까요?**
> ▲의 ●배는 ▲×●로 나타냅니다.

3 새 4마리와 토끼 3마리가 있습니다. 새와 토끼의 다리 수를 합하면 모두 몇 개인지 풀이 과정을 쓰고 답을 구하세요.

풀이

답 _______________

4 연진이의 나이는 동생 나이의 2배이고 오빠의 나이는 연진이 나이보다 3살 더 많습니다. 동생이 4살일 때 오빠는 몇 살인지 풀이 과정을 쓰고 답을 구하세요.

풀이

답 _______________

1 다음 중 나타내는 수가 <u>다른</u> 하나를 찾아 기호를 써 보세요.

> ㉠ 9의 3배　　㉡ 9씩 3묶음
> ㉢ 9×3　　㉣ 9+3

(　　　　　　　　)

2 관계있는 것끼리 선으로 이어 보세요.

2씩 9묶음	·	·	3×5
3씩 5묶음	·	·	8×2
8씩 2묶음	·	·	2×9

3 그림을 보고 덧셈식과 곱셈식으로 바르게 나타낸 것이 <u>아닌</u> 것을 찾아 기호를 써 보세요.

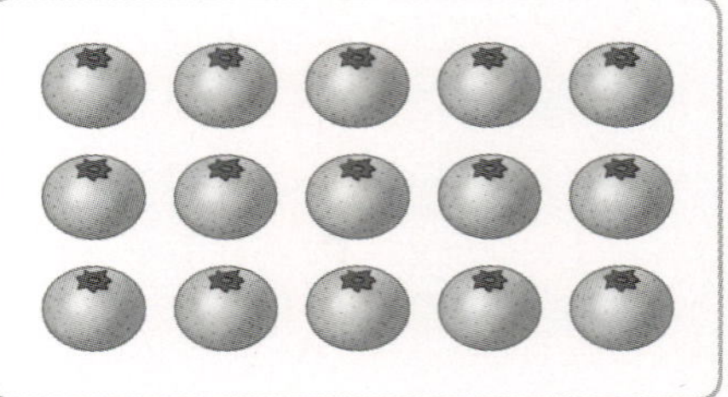

> ㉠ 3×5=15
> ㉡ 6+6+6=18
> ㉢ 5+5+5=15
> ㉣ 3+3+3+3+3=15

(　　　　　　　　)

4 색연필을 주희는 8자루씩 2묶음 가지고 있고, 용준이는 3자루씩 7묶음 가지고 있습니다. 두 사람이 가지고 있는 색연필은 모두 몇 자루일까요?

(　　　　　　　　)

5 어머니께서 만두 30개를 빚으셨습니다. 이 만두를 5개씩 3명에게 나누어 주었습니다. 남은 만두는 몇 개일까요?

(　　　　　　　　)

배움으로 행복한 내일을 꿈꾸는
천재교육 커뮤니티 안내 . . .

 교재 안내부터 구매까지 한 번에!
천재교육 홈페이지

자사가 발행하는 참고서, 교과서에 대한 소개는 물론
도서 구매도 할 수 있습니다. 회원에게 지급되는 별을 모아
다양한 상품 응모에도 도전해 보세요!

 다양한 교육 꿀팁에 깜짝 이벤트는 덤!
천재교육 인스타그램

천재교육의 새롭고 중요한 소식을 가장 먼저 접하고 싶다면?
천재교육 인스타그램 팔로우가 필수!
깜짝 이벤트도 수시로 진행되니 놓치지 마세요!

 수업이 편리해지는
천재교육 ACA 사이트

오직 선생님만을 위한, 천재교육 모든 교재에 대한 정보가 담긴
아카 사이트에서는 다양한 수업자료 및 부가 자료는 물론
시험 출제에 필요한 문제도 다운로드하실 수 있습니다.

https://aca.chunjae.co.kr

 천재교육을 사랑하는 샘들의 모임
천사샘

학원 강사, 공부방 선생님이시라면 누구나 가입할 수 있는 천사샘!
교재 개발 및 평가를 통해 교재 검토진으로 참여할 수 있는 기회는 물론
다양한 교사용 교재 증정 이벤트가 선생님을 기다립니다.

 아이와 함께 성장하는 학부모들의 모임공간
튠맘 학습연구소

튠맘 학습연구소는 초·중등 학부모를 대상으로 다양한 이벤트와 함께
교재 리뷰 및 학습 정보를 제공하는 네이버 카페입니다.
초등학생, 중학생 자녀를 둔 학부모님이라면 튠맘 학습연구소로 오세요!

단원평가

수학
단원
평가
정답 및 풀이
학교 수행평가 완벽 대비
2·1
천재교육

단원평가

1단원 세 자리 수

3쪽 쪽지시험 1회 풀이는 12쪽에

1 300 **2** 100 **3** 100자루 **4** 육백
5 900 **6** 100 **7** (○)(×)
8 7 **9** 100 **10** 600장

4쪽 쪽지시험 2회 풀이는 12쪽에

1 153 **2** 사백삼십 **3** 389 **4** 537
5 837 **6** ( )(○) **7** 500
8 십, 30 **9** 20 **10** 300

5쪽 쪽지시험 3회 풀이는 12쪽에

1 348, 349, 350 **2** 275, 278, 279
3 443, 453, 463 **4** 527, 547, 567
5 1000, 천 **6** 460, 560, 760
7 459, 559, 659 **8** 137, 138 ; 1
9 368, 378 ; 10 **10** 613, 713 ; 100

6쪽 쪽지시험 4회 풀이는 12쪽에

1 큽니다에 ○표 **2** 작습니다에 ○표
3 < **4** < **5** >
6 831에 ○표 **7** 427에 △표 **8** 793
9 118 **10** 356, 534, 653

7~9쪽 단원평가 1회 풀이는 13쪽에

1 400 **2** 100 **3** 700 **4** 400
5 237 **6** ③ **7** 500원 **8** 1000, 천
9 3, 7, 9 **10** 329 **11** 80, 2 ; 500, 80, 2
12 200, 30, 6 **13** < **14** >
15 450, 470, 480 **16** 650, 750, 850
17 9, 7, 6 **18** ㉢ **19** ③ **20** 영주

10~12쪽 단원평가 2회 풀이는 13쪽에

1 팔백구 **2** 650 **3** 100, 백 **4** 800
5 174 **6** (×) **7** **8** 100
(○)
9 700, 20, 9 **10** 500
11 813, 팔백십삼 **12** 590에 ○표
13 4, 30, 7 ; 30, 7 **14** 521, 621, 821
15 150, 151, 152 **16** < **17** >
18 10씩 **19** 사과 **20** 529

13~15쪽 단원평가 3회 풀이는 14쪽에

1 600 **2** 100, 백 **3** 473원
4 345에 ○표 **5** > **6** 367
7 **8** < **9** >
10 711, 712, 713, 714
11 598 **12** 274
13 1씩 **14** 694, 697, 800
15 913, 823, 814 **16** 741 **17** 147
18 185, 186, 187 **19** 549
20 예 백의 자리 수는 같고, 일의 자리 수를 비교하
면 3<6이므로 □ 안에는 8과 같거나 8보다
큰 수인 8, 9가 들어갈 수 있습니다. ; 8, 9

16~18쪽 단원평가 4회 풀이는 14~15쪽에

1 302 **2** 90 **3** 700, 20, 8
4 (×) **5** ㉢ **6** ㉠
(○) **7** 50, 9, 400 **8** >
(×) **9** < **10** 567, 557, 547
11 503, 350, 305 **12** ① **13** 4에 ○표
14 752 **15** 376 **16** 5개 **17** 277
18 4개 **19** 111, 201, 210에 ○표
20 예 475보다 크고 500보다 작으므로 백의 자리
숫자가 4입니다. ⇨ 475보다 크고 500보
다 작은 수 중에서 4□3인 수는 483, 493
입니다. ; 483, 493

19~21쪽 단원평가 5회 — 풀이는 15쪽에

1 700 **2** 372, 176 **3** <

4 457 **5** 현서 **6** 343에 ○표

7 999, 919, 199 **8** 783, 794, 884

9 20씩 **10** 279 **11** 영주 **12** 826 **13** 3개

14 예 어떤 수보다 100만큼 더 큰 수는 647이므로 어떤 수는 647보다 100만큼 더 작은 수인 547입니다. 따라서 547보다 10만큼 더 작은 수는 537입니다. ; 537

15 843 **16** 304 **17** 5개 **18** ㉢ **19** 189

20 예 백의 자리 숫자가 7, 일의 자리 숫자가 3인 세 자리 수는 7□3입니다. 7□3>743이어야 하므로 □ 안에는 4보다 큰 5, 6, 7, 8, 9가 들어갈 수 있습니다. 따라서 조건을 만족하는 수는 753, 763, 773, 783, 793이므로 모두 5개입니다. ; 5개

22~23쪽 서술형 평가 ❶ — 풀이는 16쪽에

1 ❶ 600개 ❷ 80개 ❸ 685개

2 ❶ 412 ❷ 정환

3 ❶ 338, 438, 538, 638, 738 ❷ 738개

4 ❶ >, > ❷ 윤주

24~25쪽 서술형 평가 ❷ — 풀이는 16쪽에

1 예 100개씩 5상자 ⇨ 500개
　　 10개씩 7바구니 ⇨ 70개
　　 낱개 9개 ⇨ 9개
　　　　　　　　　　 579개 ; 579개

2 예 구슬을 10개씩 3번 더 넣는 것은 10씩 3번 뛰어 세는 것과 같습니다. 438에서 10씩 3번 뛰어 세면 438 − 448 − 458 − 468입니다. 따라서 구슬은 모두 468개가 됩니다. ; 468개

3 예 109부터 116까지 수를 차례대로 쓰면 109 − 110 − 111 − 112 − 113 − 114 − 115 − 116입니다. 109와 116 사이에 있는 수는 모두 6개입니다. ; 6개

4 예 10원짜리 동전 17개는 100원짜리 동전 1개, 10원짜리 동전 7개와 같습니다.
　　 100원짜리 동전 5개 ⇨ 500원
　　 10원짜리 동전 7개 ⇨ 70원
　　　　　　　　　　 570원 ; 570원

26쪽 오답 베스트 5 — 풀이는 16쪽에

1 452원 **2** ㉡ **3** 1000 **4** ③ **5** 4개

2단원 여러 가지 도형

29쪽 쪽지시험 1회 — 풀이는 17쪽에

1 삼각형 **2** 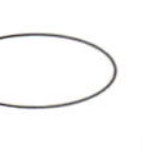 

3

4

5 **6** 다, 라 **7** 가, 마

8 사각형 **9** 6개

10 ㉡

30쪽 쪽지시험 2회 — 풀이는 17쪽에

1 (○)(　)(　) **2** ㉡ **3** 5개

4 예 **5** 예 **6** 채이

7 5개 **8** ㉡ **9** 4개 **10** 5개

31~33쪽 단원평가 1회 — 풀이는 17~18쪽에

1 원 **2**  꼭짓점 / 변 **3** 삼각형

4 예 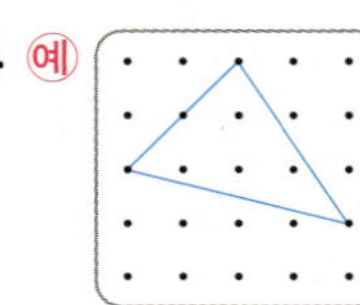 **5** ㉡ **6** 3개

7 예 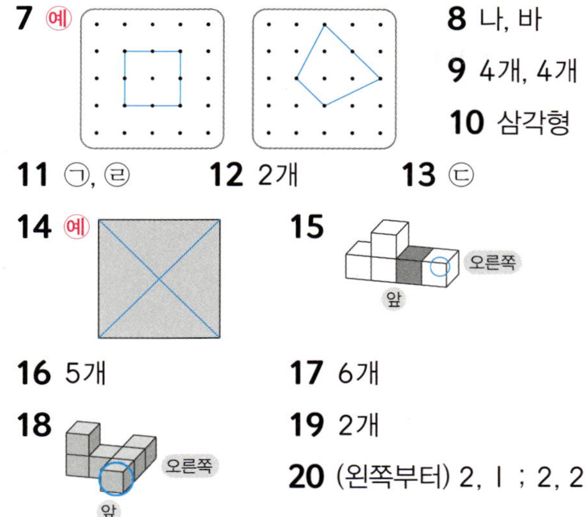　　**8** 나, 바

9 4개, 4개

10 삼각형

11 ㉠, ㉣　　**12** 2개　　**13** ㉢

14 예 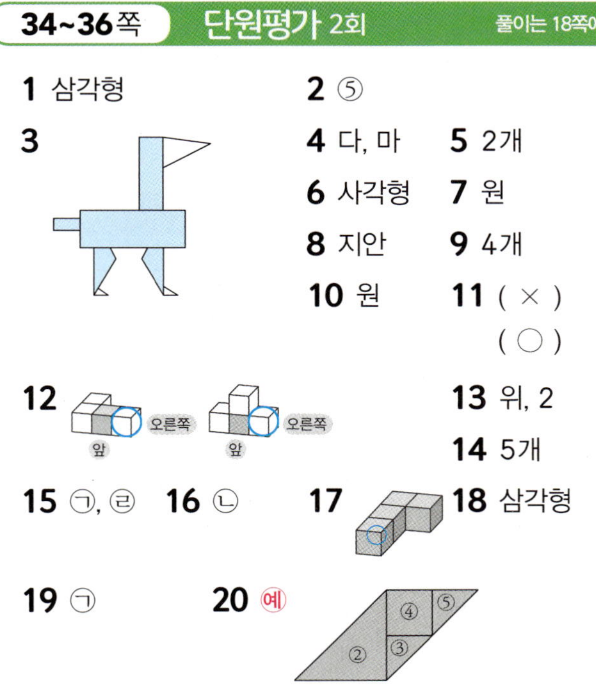　　**15** 오른쪽 앞

16 5개　　**17** 6개

18 오른쪽 앞　　**19** 2개

20 (왼쪽부터) 2, 1 ; 2, 2

---

1 삼각형　　**2** ⑤

3 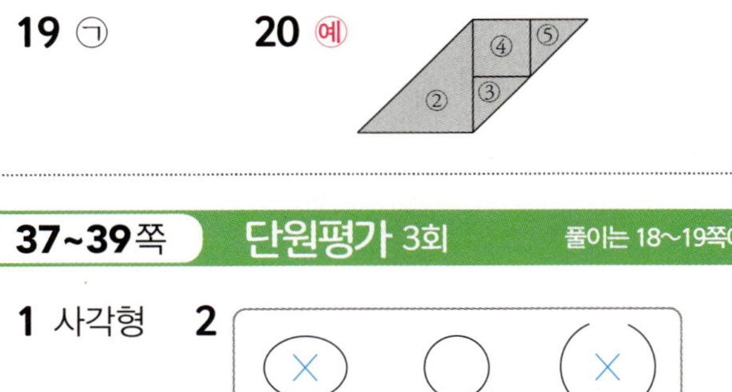

4 다, 마　　**5** 2개

6 사각형　　**7** 원

8 지안　　**9** 4개

10 원　　**11** (×) (○)

12 앞 오른쪽　앞 오른쪽　　**13** 위, 2

14 5개

15 ㉠, ㉣　　**16** ㉡　　**17** 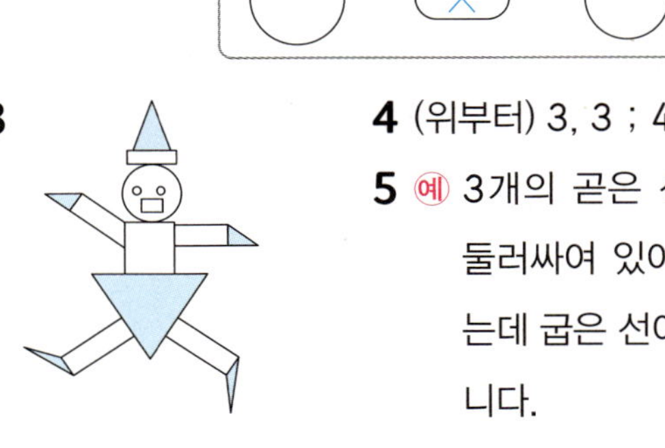　　**18** 삼각형

19 ㉠　　**20** 예

---

1 사각형　　**2**

3　　**4** (위부터) 3, 3 ; 4, 4

5 예 3개의 곧은 선으로 둘러싸여 있어야 하는데 굽은 선이 있습니다.

---

6 예나　　**7** 가　　**8** ㉡

9 앞 오른쪽　　**10** 28

11 삼각형, 4개

12 ⑤　　**13** 앞 오른쪽　앞 오른쪽

14 ㉡　　**15** 11개　　**16** ㉡, ㉢

17 현수　　**18** 예 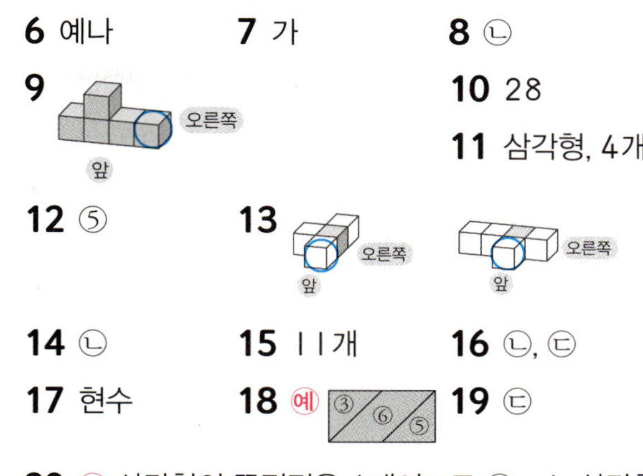　　**19** ㉢

20 예 사각형의 꼭짓점은 4개이므로 ㉠=4, 삼각형의 변은 3개이므로 ㉡=3, 원의 꼭짓점은 0개이므로 ㉢=0입니다. ⇨ 4+3−0=7 ; 7

---

1 꼭짓점, 변 ; 4, 4　　**2** 원　　**3** ㉣, ㉻

4 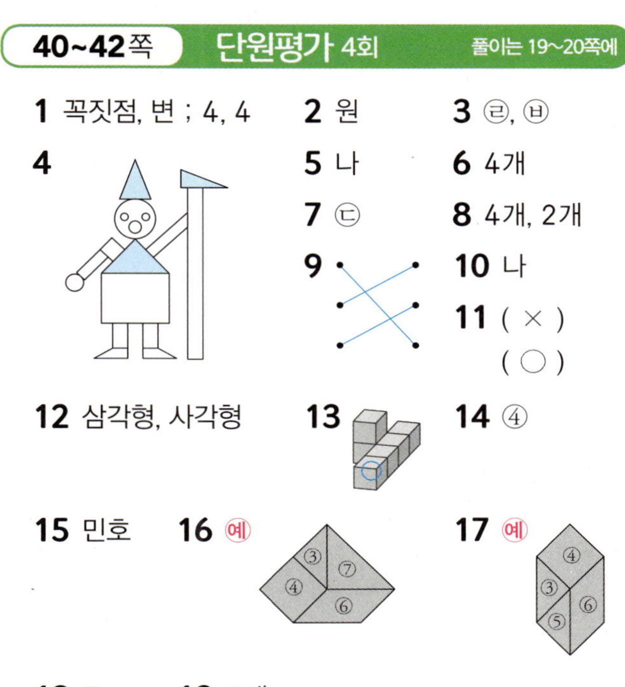

5 나　　**6** 4개

7 ㉢　　**8** 4개, 2개

9　　**10** 나

11 (×) (○)

12 삼각형, 사각형　　**13**　　**14** ④

15 민호　　**16** 예　　**17** 예

18 7　　**19** 9개

20 예 가운데 쌓기나무를 2층으로 2개 놓고 놓은 쌓기나무의 오른쪽, 왼쪽, 앞, 뒤에 각각 1층에 2개씩 놓습니다.

---

1 2개　　**2** 3개

3　　**4** 6개　　**5** 8

6 (예) 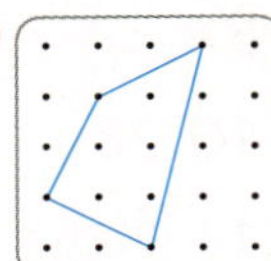　**7** ④　**8** ⑤

9 다, 나, 가　**10** ㉠

11 ㉢　**12** 3개

13 (예) 원은 어느 쪽에서 보더라도 같은 모양이어야 하는데 주어진 도형은 같지 않으므로 원이 아닙니다.

14 11개　**15** ㉣　**16** (예) 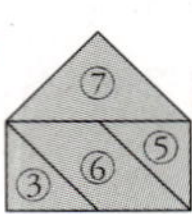

17 (예) 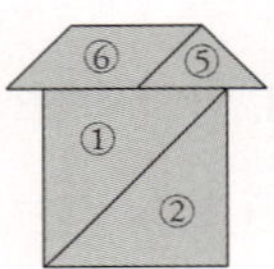　**18** 왼쪽 → 오른쪽, 1개 → 2개

19 ㉡, ㉣　**20** 8개

46~47쪽　서술형 평가 ❶　풀이는 21쪽에

1 ❶ (예)

❷ 7개

2 ❶ 민서

❷ (예) 3개의 곧은 선으로 둘러싸여 있어야 하는데 민서가 그린 것은 뚫린 부분이 있습니다.

3 ❶ ㉠, ㉢, ㉤　**❷** 23

4 ❶ 5개　**❷** 5개

48~49쪽　서술형 평가 ❷　풀이는 21쪽에

1 (예) 1층에 3개, 2층에 2개, 3층에 1개 ⇨ 6개

$9-6=3$(개) ; 3개

2 (예) ㉠에서 사용한 쌓기나무는 1층에 4개, 2층에 1개이므로 모두 5개입니다. ㉡에서 사용한 쌓기나무는 1층에 6개, 2층에 1개이므로 모두 7개입니다. 따라서 두 모양을 만들려면 쌓기나무는 모두 12개 필요합니다. ; 12개

3 (예) 작은 삼각형 1개짜리: 6개

작은 삼각형 2개짜리: 2개

따라서 찾을 수 있는 크고 작은 삼각형은 모두 8개입니다. ; 8개

---

4 (예) 작은 사각형 1개짜리: 5개

작은 사각형 2개짜리: ⇨ 5개

작은 사각형 3개짜리: 1개

작은 사각형 4개짜리: 1개

⇨ $5+5+1+1=12$(개) ; 12개

50쪽　오답 베스트 5　풀이는 21쪽에

1 ㉢　**2** 5개　**3** ㉠　**4** 5개　**5** 2개

3단원　덧셈과 뺄셈

54쪽　쪽지시험 1회　풀이는 22쪽에

1 33 ; (예) 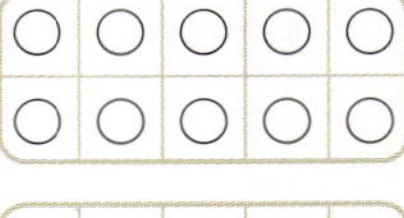 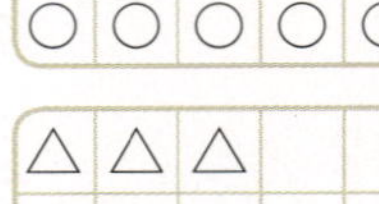

2 41　**3** 51　**4** 91

5 74　**6** 65　**7** 54

8 82　**9** 5, 5, 53　**10** 2, 40, 53

55쪽　쪽지시험 2회　풀이는 22쪽에

1 125　**2** 115　**3** 122　**4** 142

5 121　**6** 135　**7** 127　**8** 131

9 (위부터) 85, 111, 63, 133　**10** 124장

56쪽　쪽지시험 3회　풀이는 22쪽에

1 37, 38 ; 37　**2** 19　**3** 49

4 57　**5** 76　**6** 32　**7** 56

8 25　**9** 20, 11　**10** 31, 11

57쪽 쪽지시험 4회
풀이는 22쪽에

1 18　2 49　3 13　4 39
5 19　6 39　7 28　8 18, 45
9 29개　10 28마리

58쪽 쪽지시험 5회
풀이는 22쪽에

1 82　2 52　3 6, 28　4 57, 36
5 4, 83　6 47, 47　7 9　8 9
9 2　10 7

59~61쪽 단원평가 1회
풀이는 23쪽에

1 26　2 64　3 60　4 91　5 45
6 52　7 83　8 50, 20, 11　9 126
10 28　11 46, 5 ; 5, 46　12 9, 35 ; 26, 35
13 (계산 순서대로) 45, 31, 31
14 (계산 순서대로) 4, 32, 32
15 7+□=12 ; 5개　16 29
17 75개　18 55마리　19 38명
20 8+□=13 또는 □+8=13 ; 5개

62~64쪽 단원평가 2회
풀이는 23~24쪽에

1 53　2 18, 24　3 102　4 82
5 47　6 15　7 50, 88, 84
8 23, 30, 24　9 26
10 ○○○ ○○○ ○○○ ; 9　11 18, 53 ; 35, 53
12 21−14=7, 21−7=14　13 64, 8에 ○표
14 (계산 순서대로) 36, 60, 60　15 16, 48
16 5　17 13−□=7 ; 6장
18 7장　19 23개　20 62장

65~67쪽 단원평가 3회
풀이는 24쪽에

1 82　2 47　3 73　4 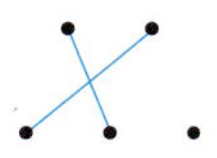
5 94　6 39　7 122

8 28　9 2, 2, 38　10 30, 37, 38
11 26+47=73, 47+26=73　12 67
13 8
14 예 어제 딴 사과는 58개, 오늘 딴 사과는 73개이므로 오늘 딴 사과가 73−58=15(개) 더 많습니다. ; 15개
15 2　16 34　17 18　18 36송이
19 24−□=17 ; 7개　20 86

68~70쪽 단원평가 4회
풀이는 24~25쪽에

1 42　2 18　3 ②　4 43
5 114　6 47　7 82, 75
8 10, 40, 53　9 26　10 ㉡
11 39, 86 ; 86−47=39, 86−39=47
12 64　13 지혜, 14개
14 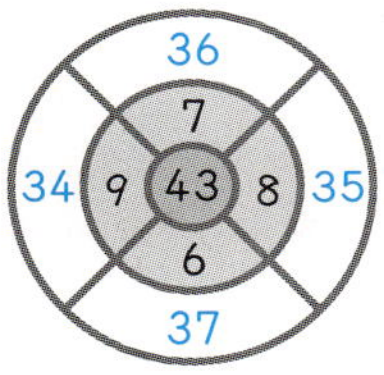

; 학교
15 (위부터) 7, 6
16 58개
17 72, 9에 ○표
18 45, 38
19 47, 48, 49
20 예 동생에게 받은 구슬을 □개라 하면
75−29+□=73이므로 46+□=73
⇨ 73−46=□, □=27
따라서 정우가 동생에게 받은 구슬은 27개입니다. ; 27개

71~73쪽 단원평가 5회
풀이는 25~26쪽에

1 131　2 ㉠　3 122개　4 71
5 31마리　6 40, 52　7 2, 2, 55　8 18, 64
9 95−36=59, 95−59=36　10 12마리
11 24, 19
12 (위부터) 29, 35, 17, 47　13 45, 28
14 예 ★=5이므로 5+5+5=15, ■=15이고 15+15=30, ▲=30입니다.

따라서 $30-15+5=15+5=20$,
●$=20$입니다. ; 20

15 $-$, $-$　　**16** $27-5+18=40$; 40개

17 139　　**18** 40쪽, 41쪽　**19**

	9	4
$-$	5	7
	3	7

20 (예) $28+\square3=61$이라 하면

$$\begin{array}{r} 2\,8 \\ +\ \square\,3 \\ \hline 6\,1 \end{array}$$

$1+2+\square=6$
$3+\square=6$, $\square=3$입니다.
따라서 $\square$ 안에는 3보다 작은
1, 2가 들어갈 수 있습니다. ; 1, 2

74~75쪽　서술형 평가 ❶　　풀이는 26쪽에

1 ❶ 99, 162　　　❷ 162개
2 ❶ $35-\square=27$　❷ 8　　❸ 8자루
3 ❶ 8자루　　　　❷ 21자루
4 ❶ 28　　　　　❷ 65

76~77쪽　서술형 평가 ❷　　풀이는 26~27쪽에

1 (예) 10개씩 6묶음: 60
　　　 낱개 1개: 1 ┤61

　　⇨ 먹기 전에 있던 체리는 61개입니다.
　　먹고 남은 체리는 $61-37=24$(개)입니다.
　; 24개

2 (예) 처음에 강당에 있던 학생 수는 남학생 수와 여
　　학생 수의 합이므로 $25+19=44$(명)입니다.
　　학생들이 나간 후 강당에 남아 있는 학생은
　　$44-16=28$(명)입니다. ; 28명

3 (예) 가장 큰 두 자리 수: 97
　　가장 작은 두 자리 수: 34
　　⇨ $97+34=131$; 131

4 (예) 어떤 수를 $\square$라 하고 잘못 계산한 식을 쓰면
　　$\square+13=82$입니다. $\square=82-13$이므로
　　$\square=69$입니다. 따라서 바르게 계산하면
　　$69-13=56$입니다. ; 56

78쪽　오답 베스트 5　　풀이는 27쪽에

1 28　　**2** 51명　**3** 66명　**4** 7, 75　**5** 90

4단원　길이 재기

81쪽　쪽지시험 1회　　풀이는 27쪽에

1 (○)　　**2** ③　　**3** 9번　　**4** 10번
　( )　　**5** 5번　　**6** 7번　　**7** 7 cm
8 5 cm　**9** 3 cm　**10** (예) 5 cm, 5 cm

82쪽　쪽지시험 2회　　풀이는 27쪽에

1 3 cm　**2** 6 cm　**3** (예)

4 3　　**5** 2 cm　**6** 2　　**7** 5
8 (예) 6 cm, 6 cm　**9** ③　　**10** ㉡

83~85쪽　단원평가 1회　　풀이는 28쪽에

1 0, 5　　**2** 풀이 참조　**3** 5뼘　　**4** ㉢
5 3, 3　　**6** 4, 4　　**7** 3번, 4번　**8** 7번
9 7 cm　**10** 6 cm　**11** ⑤　　**12** 3 cm
13 (예) 5, 5　**14** 3 cm　**15** 6 cm　**16** ㉨
17 6 cm　**18** 재석　**19** 지팡이　**20** 진호

86~88쪽　단원평가 2회　　풀이는 28쪽에

1 3　　　**2** 8　　　**3** 7 cm　**4** 4
5 3　　　**6** ( )(○)( )　**7** 5 cm
8 6번, 4번　**9** 4 cm　**10** 6 cm　**11** (예) 7, 7
12 ( )　**13** 15 cm　**14** ㉩　　**15** 3 cm
　(○)　**16** 5 cm　**17** 빨간색
18 130 cm, 18 cm　**19** 8 cm　**20** 42 cm

89~91쪽　단원평가 3회　　풀이는 29쪽에

1 3　　**2** 7 cm　**3** 4 cm　**4** (예) 4 cm, 4 cm
5 3 cm　**6** 6 cm　**7** ㉡　　**8**
9 8 cm　**10** ㉠　　**11** ⑤

12 예 5 cm **13** 2 cm　**14** ②　　**15** 유리

16 11 cm　**17** 70 cm　**18** 은희

19 예 정확한 길이를 나타낼 수 있어서 좋습니다.

20 예 17 cm는 14 cm와 3 cm 차이가 나고,
13 cm는 14 cm와 1 cm 차이가 납니다.
따라서 은성이가 찬우보다 더 가깝게 어림하
였습니다. ; 은성

1 5cm　　**2** 2 cm　**3** ③　　**4** 5 cm

5 바늘　**6** 4번　**7** ㉠　**8** 6 cm　**9** 4 cm

10

5 cm　3 cm　4 cm

11 빗자루

12 ㉢

13 예 색연필 대신 길이가 정해져 있는 물건을 사용
합니다.

14 5 cm　　**15** 9 cm　　**16** 색연필

17 예 7+7+7+7=28 (cm)이므로 길이가
7 cm인 막대로 4번 재야 합니다. ; 4번

18 10 cm　**19** 소연　　**20** 주원, 3 cm

1 5 cm　**2** 6번　**3** 4 cm　**4** 7 cm

5 예 4 cm, 4 cm　**6** ㉢, 예 7 cm

7 6번　**8** 2 cm　**9** 5 cm　**10** 5 cm

11 11 cm　**12** 15 cm　**13** 영진

14 예 사람마다 뼘의 길이가 다르기 때문입니다.

15 18 cm

16 예 종이의 한쪽 끝을 자의 눈금 0에 맞추고 길이
를 재야 하는데 자를 놓는 위치가 잘못되었습
니다.

17 79 cm　　**18** ㉺, ㉯, ㉮　**19** 8 cm

20 예 재호의 연필의 길이가 12 cm이므로 민지의
연필의 길이는 12-5=7 (cm)입니다.

따라서 은원이의 연필의 길이는
7+3=10 (cm)입니다. ; 10 cm

1 ❶ 7 cm　　❷ 4 cm　　❸ 3 cm

2 ❶ ㉯, ㉮, ㉮　　　❷ ㉮

3 ❶ 많습니다에 ○표　　❷ 태이

4 ❶ 12 cm　　❷ 6 cm　　❸ 18 cm

1 예 막대의 길이를 지우개로 재면 5번이므로
4+4+4+4+4=20 (cm)입니다. ; 20 cm

2 예 어림한 길이와 실제 길이의 차가 가장 작은 사
람이 가장 가깝게 어림한 것입니다.
준민: 20-17=3 (cm)
원석: 18-17=1 (cm)
은영: 17-15=2 (cm)
따라서 가장 가깝게 어림한 사람은 원석입니다.
; 원석

3 예 긴 쪽의 길이는 1 cm가 30번이므로 30 cm
입니다. 짧은 쪽의 길이는 1 cm가 20번이므
로 20 cm입니다. 따라서 긴 쪽은 짧은 쪽보다
30-20=10 (cm) 더 깁니다. ; 10 cm

4 예 현경이의 끈의 길이는
14+14+14+14=56 (cm)입니다.
서진이의 끈의 길이는
13+13+13+13+13=65 (cm)입니다.
두 사람의 끈의 길이의 차는
65-56=9 (cm)이므로 서진이의 끈이 9 cm
더 깁니다. ; 서진, 9 cm

1 ㉠　　　**2** 7　　　**3** ㉢, ㉠, ㉡

4 ㉡　　　**5** 현우

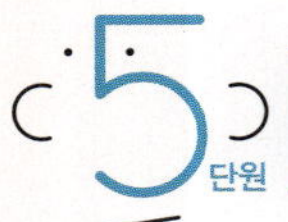

5단원 분류하기

105쪽 쪽지시험 1회 · 풀이는 31쪽에

1 색깔에 ○표 **2** ( ) **3** 지우개
　　　　　　　　(○)

4 4 **5** 2 **6** 5, 2, 3 **7** 게임기
8 4명 **9** 4, 1, 2 **10** 사과

106쪽 쪽지시험 2회 · 풀이는 31~32쪽에

1 모양에 ○표 **2** 수영, 농구, 야구, 축구
3 3, 1, 4 **4** 수영 **5** 축구
6 예 바퀴 수 **7** 15명 **8** 6, 2, 3, 4
9 양파 **10** 가지

107~109쪽 단원평가 1회 · 풀이는 32쪽에

1 ( ) **2** ③ **3** 3, 4
　(○)
　( )

4

날 수 있는 것	②, ⑦, ⑧
날 수 없는 것	①, ③, ④, ⑤, ⑥

5 4, 2, 3 **6** 4, 5

7

장래 희망	의사	축구선수	연예인	선생님
세면서 표시하기				
학생 수(명)	1	2	5	4

8 연예인 **9** 의사 **10** 5, 4, 1, 2
11 햄버거 **12** 6, 3, 4, 2 **13** 위인전, 2권
14 7, 5 **15** 4, 8 **16** 3개 **17** 흰색
18 예 흰색 **19** 예 글자와 숫자
20 가, 나, 다, 라, 마 ; 1, 2, 3, 4, 5

110~112쪽 단원평가 2회 · 풀이는 32~33쪽에

1 삼각형 **2**   **3** ④

4 ③, ④, ⑥ ; ①, ②, ⑤, ⑦, ⑧

5

종류	블록	로봇	자동차	퍼즐
친구 수(명)	6	2	1	3

6 블록 **7** 자동차, 1명 **8** 2명
9 ③ **10** 2, 1, 5, 1 **11** 야구
12 5, 3, 7 **13** 버스 **14** ㉡
15 3, 3, 4 **16** 3, 5, 2 **17** 2개
18 4, 5, 2, 1 **19** 연필 **20** 예 연필

113~115쪽 단원평가 3회 · 풀이는 33쪽에

1 ② **2** 3, 2, 3 **3** 플루트
4 도윤, 수영 **5** 2명

6

종류	자장면	핫도그	떡볶이	피자
세면서 표시하기				
친구 수(명)	3	5	2	2

7 핫도그

8

10보다 큰 수	11, 14, 18, 16, 17
10보다 작은 수	7, 1, 2, 5, 6, 4, 9

9 (위부터) 여자, 남자
10 (위부터) 여자, 남자 ; 7, 5

11

3	5	7	

12 4, 5, 6

13 ; 모자 **14** ④

15 4, 2, 4, 5, 3 **16** 복숭아 **17** 바나나
18 예 ⬭ 모양과 ⬜ 모양으로 분류하였습니다.
19 여름
20 예 (자전거를 받고 싶은 친구의 수)
　　$=34-5-13-9=29-13-9$
　　$=16-9=7(명)$
　　따라서 자전거를 받고 싶은 친구는 7명입니
　　다. ; 7명

1

///	///	///	///
5	3	2	2

2 장미

3 예 분류 기준이 분명하지 않기 때문입니다.

4

교과서	①, ⑨
위인전	②, ③, ⑤, ⑥, ⑧, ⑩
동화책	④, ⑦, ⑪, ⑫

5 2, 6, 4   **6** 위인전   **7** 교과서   **8** 바나나

9 2, 3, 6, 1   **10** 귤   **11** 2명   **12** 7, 5, 5

13 7, 4, 6   **14** 3개   **15** 4, 3, 6, 2

16 6, 9   **17** 역사책   **18** 9, 6, 2, 3

19 팥빙수, 우유 빙수

20 예 오늘 팥빙수가 가장 많이 팔렸으므로 팥빙수를 가장 많이 준비하면 좋습니다.

1

원	①, ④, ⑦, ⑪
삼각형	②, ⑤, ⑥, ⑨
사각형	③, ⑧, ⑩, ⑫

2 4, 4, 4

3 예 색깔

4 (위부터) ② ; ③, ⑥ ; ⑤ ; ①, ④

5

종류	배추	고추	당근	무
세면서 표시하기	/// ///	///	///	///
친구 수(명)	6	2	3	4

6 배추   **7** 3명   **8** 6, 5, 5

9 7, 5, 4   **10** 2개   **11** 5, 4, 7, 2

12 운동화, 운동화

13 예 위에 입는 옷과 아래에 입는 옷으로 분류할 수 있습니다.

14 9개   **15** 32개   **16** 16개

17 10명   **18** ③   **19** 요리사

20 예 피아노, 바이올린, 첼로를 좋아하는 친구는 모두 4+3+1=8(명)이므로 플루트를 좋아하는 친구는 10−8=2(명)입니다.

따라서 가장 많은 친구들이 좋아하는 악기는 피아노입니다. ; 피아노

1 ❶ 예 모자 쓴 친구와 안 쓴 친구

   ❷ 예 아라, 민재, 진호 ; 보나, 도연, 찬영

2 ❶ 5, 4, 3   ❷ 3, 3, 2, 4

3 ❶ 12명   ❷ 30명

4 ❶ 7, 3, 2   ❷ 초콜릿 맛 우유

   ❸ 예 초콜릿 맛 우유

1 예 블록 6명, 인형 1명, 로봇 2명, 퍼즐 3명이므로 가장 적은 친구들이 좋아하는 장난감은 인형입니다. ; 인형

2 예 프랑스에 가고 싶은 친구는 9+2=11(명)이므로 조사한 친구는 모두 9+5+4+11=29(명)입니다. ; 29명

3 예 다리가 4개인 동물은 강아지, 고양이, 토끼입니다. 각 동물을 기르는 친구 수를 알아보면 강아지 6명, 고양이 2명, 토끼 3명이므로 다리가 4개인 동물을 기르는 친구는 6+2+3=11(명)입니다. 다리가 2개인 동물은 앵무새이고 다리가 2개인 동물을 기르는 친구는 4명입니다.

따라서 다리가 4개인 동물을 기르는 친구는 다리가 2개인 동물을 기르는 친구보다 11−4=7(명) 더 많습니다. ; 7명

4 예 땅에서 사는 동물은 토끼, 고양이, 강아지입니다. 각 동물을 기르는 친구 수를 알아보면 토끼 3명, 고양이 3명, 강아지 4명이므로 땅에서 사는 동물을 기르는 친구는 3+3+4=10(명)입니다. 물에서 사는 동물은 금붕어이고 물에 사는 동물을 기르는 친구는 2명입니다. 따라서 땅에서 사는 동물을 기르는 친구는 물에 사는 동물을 기르는 친구보다 10−2=8(명) 더 많습니다. ; 8명

126쪽 오답 베스트 5   풀이는 35쪽에

1 ③   **2** 모양   **3** 농구   **4** 3개   **5** 5, 5, 8

6단원 곱셈

129쪽 쪽지시험 1회   풀이는 36쪽에

1 12, 12   **2** 8, 10, 12, 12   **3** 8, 12, 12
4 15, 20   **5** 21, 28, 35   **6** 8묶음
7 24   **8** 24개   **9** 6, 18   **10** 3, 18

130쪽 쪽지시험 2회   풀이는 36쪽에

1 4   **2** 5   **3** 4   **4** 6, 4   **5** 8, 5
6 6   **7** (선 잇기)   **8** 4   **9** 2, 2
10 2

131쪽 쪽지시험 3회   풀이는 36쪽에

1 5, 5   **2** 2, 2   **3** $2\times8=16$
4 $3\times9=27$ **5** $5\times7=35$
6 (선 잇기)   **7** $5+5+5+5=20$
8 $5\times4=20$
9 $8+8+8=24$; $8\times3=24$
10 $9+9+9=27$; $9\times3=27$

132쪽 쪽지시험 4회   풀이는 36쪽에

1 $8+8+8=24$ **2** $8\times3=24$
3 24개   **4** 4, 36   **5** 15개
6 5, 20, 20   **7** 3, 15, 15   **8** 20마리
9 24개   **10** 72명

133~135쪽 단원평가 1회   풀이는 36~37쪽에

1 6, 9, 12, 15, 18   **2** 12, 18   **3** 18장
4 8, 8   **5** ③   **6** 5묶음   **7** 20개
8 $7\times9=63$

9 (선 잇기)   **10** 3, 12   **11** 7, 7, 21 ; 3, 21
12 21자루   **13** 3, 15
14 $3+3+3+3$; 3×4
15 6배   **16** 12개   **17** 예) $4\times4=16$
18 ④   **19** 9, 3, 27   **20** 20개

136~138쪽 단원평가 2회   풀이는 37쪽에

1 20, 24, 28, 32   **2** 4묶음   **3** ②
4 7, 3 ; 21 ; 21   **5** 8, 3 ; 16, 24 ; 24
6 5, 5, 15   **7** 9, 4   **8** 7, 35
9 예) (그림)   **10** 6, 6, 6, 24
11 4, 24
12 5, 40
13 6, 5, 30
14 (선 잇기)   **15** 6배   **16** ㉡
17 56장
18 (수직선)
19 $2\times5=10$ **20** 10개

139~141쪽 단원평가 3회   풀이는 37~38쪽에

1 18, 24, 30   **2** 9, 2   **3** $8\times4=32$
4 5, 5, 35   **5** 5, 5, 45   **6** ①, ④
7 (1) 6, 4, 6   (2) 3, 8, 3   **8** ㉡, ㉢, ㉠, ㉣
9 $5\times3=15,\ 5\times4=20$ **10** 27개
11 $7+7+7+7+7+7=42$; $7\times6=42$
12 (수직선)
13 $4\times6=24$ **14** 24개   **15** 4, 24 ; 8, 24
16 5배   **17** 45살   **18** 30개   **19** 8개
20 예) 삼각형의 꼭짓점은 3개입니다.
3씩 6묶음은 3의 6배이고
$3+3+3+3+3+3=18$이므로
$3\times6=18$입니다. 따라서 그린 삼각형의 꼭
짓점은 모두 18개입니다. ; 18개

1 9, 18　**2** 3 ; 8, 3, 24　**3** 3, 4, 12

4

5 9, 4, 36　**6** 7, 35

7 2×5=10

8 7+7+7+7+7=35　**9** 7×5=35

10 ㄹ　**11** 예준　**12** 4배　**13** 54개

14 7+7+7+7=28　**15** 7×4=28

16 27마리　**17** 6×4=24 ; 24개

18 27개　**19** 64개

20 예 9의 5배는 9+9+9+9+9=45이므로
9×5=45입니다. 따라서 아버지의 나이는
45+3=48(살)입니다. ; 48살

1 4묶음　**2** 3, 6, 18　**3** 6, 6 ; 2, 6, 12

4 36 ; 6, 36　**5** 6, 42　**6** ②, ⑤

7 5, 4, 5, 4, 20　**8** 9+9+9=27

9 9×3=27　**10** 4×3=12, 4×5=20

11 ㄱ, ㄹ, ㄷ, ㄴ　**12** 40장

13 예 2×9=18, 3×6=18,
6×3=18, 9×2=18

14 5×9=45 ; 45개　**15** 59송이　**16** 18개

17 예 배 모양 1개를 만드는 데 성냥개비 9개를 사
용하였습니다. 9씩 4묶음은 9의 4배이므로
9+9+9+9=36이고 9×4=36입니다.
따라서 수영이가 사용한 성냥개비는 모두
36개입니다. ; 36개

18 8묶음　**19** 12명

20 예 가위에서 펼친 손가락은 2개이고, 보에서
펼친 손가락은 5개입니다. 가위를 낸 사람
은 3명이므로 펼친 손가락은 2×3=6(개),
보를 낸 사람은 2명이므로 펼친 손가락은
5×2=10(개)입니다. 따라서 펼친 손가락은
모두 6+10=16(개)입니다. ; 16개

1 ❶ 15, 18, 21, 24　❷ 예 8, 16, 24
❸ 24개

2 ❶ 5상자　❷ 25자루

3 ❶ 48개　❷ 43개

4 ❶ 25자루　❷ 21자루　❸ 보라

1 예 가위에서 펼친 손가락은 2개이고 보에서 펼친
손가락은 5개입니다. 가위를 낸 친구는 6명이므
로 가위를 낼 때 펼친 손가락은 2×6=12(개)
입니다. 보를 낸 친구는 3명이므로 보를 낼 때
펼친 손가락은 5×3=15(개)입니다. 따라서
펼친 손가락은 모두 12+15=27(개)입니다.
; 27개

2 예 9의 4배는 9+9+9+9=36이고
9×4=36입니다.
이모의 나이는 혜교 나이의 4배보다 5살 더 많
으므로 36+5=41(살)입니다. ; 41살

3 예 새의 다리 수는 2개, 토끼의 다리 수는 4개입
니다. 새 4마리의 다리 수는 2씩 4묶음이고 2의
4배이므로 2×4=8(개)입니다. 토끼 3마리
의 다리 수는 4씩 3묶음이고 4의 3배이므로
4×3=12(개)입니다. 따라서 새와 토끼의 다
리 수를 합하면 모두 8+12=20(개)입니다.
; 20개

4 예 동생은 4살이고 연진이의 나이는 동생 나이의
2배이므로 4×2=8(살)입니다.
오빠의 나이는 연진이 나이보다 3살 더 많으
로 8+3=11(살)입니다. ; 11살

1 ㄹ　**2** 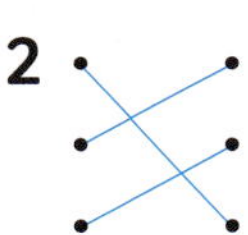　**3** ㄴ

4 37자루

5 15개

1단원 세 자리 수

3쪽 쪽지시험 1회

1 300 **2** 100 **3** 100자루

4 육백 **5** 900 **6** 100

7 (○)(×) **8** 7 **9** 100

10 600장

3 10자루씩 10묶음이므로 100자루입니다.

6 90보다 10만큼 더 큰 수는 100입니다.

7 100은 80보다 20만큼 더 큰 수입니다.

10 100이 6개이면 600입니다.
따라서 100장씩 6묶음은 600장입니다.

4쪽 쪽지시험 2회

1 153 **2** 사백삼십 **3** 389

4 537 **5** 837 **6** ( )(○)

7 500 **8** 십, 30 **9** 20

10 300

1 백 모형이 1개, 십 모형이 5개, 일 모형이 3개이므로 153입니다.

3 삼백 팔십 구 ⇨ 389

3	8	9

5 100이 8개이면 800
10이 3개이면 　30
1이 7개이면 　　7
　　　　　　　837

6 278에서 십의 자리 숫자는 7이고
186에서 십의 자리 숫자는 8입니다.

7 529
└→ 백의 자리 숫자, 500

5쪽 쪽지시험 3회

1 348, 349, 350 **2** 275, 278, 279

3 443, 453, 463 **4** 527, 547, 567

5 1000, 천 **6** 460, 560, 760

7 459, 559, 659 **8** 137, 138 ; 1

9 368, 378 ; 10 **10** 613, 713 ; 100

5 일의 자리 수가 1씩 커지므로 1씩 뛰어 셉니다.
999보다 1만큼 더 큰 수는 1000입니다.

9 십의 자리 수가 1씩 커지므로 10씩 뛰어 세었습니다.

10 백의 자리 수가 1씩 커지므로 100씩 뛰어 세었습니다.

6쪽 쪽지시험 4회

1 큽니다에 ○표 **2** 작습니다에 ○표

3 < **4** <

5 > **6** 831에 ○표

7 427에 △표 **8** 793

9 118 **10** 356, 534, 653

1 백의 자리 수를 비교합니다.
723>472
└7>4┘

2 백의 자리 수가 같으므로 십의 자리 수를 비교합니다.
358<370
└5<7┘

7 백의 자리 수가 4로 모두 같으므로 십의 자리 수를 비교하면 427이 가장 작습니다.

8 793>775>601이므로 793이 가장 큽니다.

9 118<145<273이므로 118이 가장 작습니다.

10 백의 자리 수가 6인 653이 가장 크고 백의 자리 수가 3인 356이 가장 작습니다.
⇨ 356<534<653

1 400　　**2** 100　　**3** 700

4 400　　**5** 237　　**6** ③

7 500원　　**8** 1000, 천　　**9** 3, 7, 9

10 329　　**11** 80, 2 ; 500, 80, 2

12 200, 30, 6　　**13** <

14 >　　**15** 450, 470, 480

16 650, 750, 850　　**17** 9, 7, 6

18 ㉢　　**19** ③　　**20** 영주

2 99보다 1만큼 더 큰 수는 100입니다.

5 백 모형이 2개이면 200, 십 모형이 3개이면 30, 일 모형이 7개이면 7이므로 모두 237입니다.

6 ③ 902 — 구백이

7 100이 5개이면 500입니다.
　⇨ 100원짜리가 5개이므로 500원입니다.

9 379 = 300 + 70 + 9이므로 100이 3개, 10이 7개, 1이 9개인 수입니다.

10 1<u>3</u>2 → 십의 자리 숫자: 3
　　2<u>7</u>4 → 십의 자리 숫자: 7
　　3<u>2</u>9 → 십의 자리 숫자: 2

13 백의 자리 수를 비교합니다.
　　496 < 723
　　　4 < 7

14 654 > 510
　　　6 > 5

17 구백칠십육 ⇨ 976
　　976에서 백의 자리 숫자는 9, 십의 자리 숫자는 7, 일의 자리 숫자는 6입니다.

18 ㉢ 334는 십의 자리 숫자가 3입니다.

19 백의 자리 숫자가 나타내는 값을 알아보면
　　① 300　② 200　③ 700　④ 500　⑤ 600
　　이므로 백의 자리 숫자가 나타내는 값이 가장 큰 것은 ③ 703입니다.

20 번호가 작을수록 번호표를 먼저 받은 것입니다.
　　104 < 110이므로 영주가 먼저 번호표를 받았습니다.

1 팔백구　　**2** 650　　**3** 100, 백

4 800　　**5** 174

6 (×)
　　(○)　　**7**

8 100　　**9** 700, 20, 9

10 500　　**11** 813, 팔백십삼

12 590에 ○표　　**13** 4, 30, 7 ; 30, 7

14 521, 621, 821　　**15** 150, 151, 152

16 <　　**17** >　　**18** 10씩

19 사과　　**20** 529

1 십의 자리 숫자가 0이므로 읽지 않습니다.

2 육백 오십　　⇨ 650

6	5	0

6 100이 4개이면 400입니다.

8 80보다 20만큼 더 큰 수는 100입니다.

9 7 2 9
　　→ 백의 자리 숫자, 700
　　→ 십의 자리 숫자, 20
　　→ 일의 자리 숫자, 9

10 512에서 5는 백의 자리 숫자이므로 밑줄 친 숫자가 나타내는 값은 500입니다.

11

백의 자리	십의 자리	일의 자리
8	1	3

　　⇨ 813(팔백십삼)

12 □9□인 수를 찾으면 590입니다.

14 백의 자리 수가 1씩 커집니다.

16 654 < 673
　　　5 < 7

17 709 > 542
　　　7 > 5

18 십의 자리 수가 1씩 커지므로 10씩 뛰어 센 것입니다.

19 372 > 359이므로 사과가 더 많습니다.

20 10씩 뛰어 세기 한 것입니다.
　　479 — 489 — 499 — 509 — 519 — 529
　　　　　　　　　　　　　　　　㉠

13~15쪽 단원평가 3회

1 600 **2** 100, 백 **3** 473원

4 345에 ○표 **5** > **6** 367

7 (선으로 연결)

8 < **9** >

10 711, 712, 713, 714

11 598 **12** 274 **13** 1씩

14 694, 697, 800 **15** 913, 823, 814

16 741 **17** 147

18 185, 186, 187 **19** 549

20 ⓔ 백의 자리 수는 같고, 일의 자리 수를 비교하
면 3<6이므로 □ 안에는 8과 같거나 8보
다 큰 수인 8, 9가 들어갈 수 있습니다.
; 8, 9

3 400+70+3=473(원)

6 100이 3개이면 300, 10이 6개이면 60, 1이 7개
이면 7이므로 367입니다.

8 369<396
└6<9┘

9 458>451
└8>1┘

11 십의 자리 숫자가 9인 수는 598입니다.

12 백의 자리 수를 비교하면 274가 가장 작습니다.

14 800이 가장 크고 694와 697의 크기를 비교하
면 694<697이므로 694<697<800입니다.

16 큰 수부터 차례대로 백, 십, 일의 자리에 놓습니다.
⇨ 741

17 작은 수부터 차례대로 백, 십, 일의 자리에 놓습니다.
⇨ 147

18 184부터 188까지 차례대로 써 보면 184, 185,
186, 187, 188입니다.
따라서 184보다 크고 188보다 작은 세 자리 수
는 185, 186, 187입니다.

19 54□에서 가장 큰 세 자리 수가 되려면 일의 자리
숫자는 가장 큰 수인 9이어야 하므로 549입니다.

16~18쪽 단원평가 4회

1 302 **2** 90 **3** 700, 20, 8

4 (×) **5** ㉢ **6** ㉠
  (○) **7** 50, 9, 400 **8** >
  (×) **9** <

10 567, 557, 547 **11** 503, 350, 305

12 ① **13** 4에 ○표 **14** 752

15 376 **16** 5개 **17** 277

18 4개 **19** 111, 201, 210에 ○표

20 ⓔ 475보다 크고 500보다 작으므로 백의 자
리 숫자가 4입니다.
⇨ 475보다 크고 500보다 작은 수 중에서
4□3인 수는 483, 493입니다.
; 483, 493

10 10씩 거꾸로 뛰어 세면 십의 자리 수가 1씩 작아
집니다.

12 백의 자리 수가 가장 큰 것을 찾으면 698, 617이
고 698>617이므로 가장 큰 수는 698입니다.

13 508>□97에서 십의 자리 수를 비교하면 0<9
이므로 □ 안에는 5보다 작은 수가 들어가야 합
니다.

14 백의 자리에 7, 십의 자리에 5, 일의 자리에 2를
놓으면 가장 큰 세 자리 수가 됩니다.

15 백의 자리 숫자가 3, 십의 자리 숫자가 7, 일의 자
리 숫자가 6이므로 어떤 수는 376입니다.

16 백의 자리 수는 같고 일의 자리 수를 비교하면
6>1이므로 □ 안에 들어갈 수 있는 수는 4보다
큰 5, 6, 7, 8, 9입니다. ⇨ 5개

17 100이 2개, 10이 1개, 1이 7개인 수는 217입
니다.
217에서 10씩 6번 뛰어 세면
217-227-237-247-257-267
-277입니다.

18 0은 백의 자리에 올 수 없으므로 만들 수 있는 세
자리 수는 406, 460, 604, 640입니다. ⇨ 4개

19 동전 3개를 사용하여 세 자리 수를 만듭니다.

100원	10원	1원	세 자리 수
2개	1개		210원
2개		1개	201원
1개	1개	1개	111원

1 700 **2** 372, 176 **3** <

4 457 **5** 현서 **6** 343에 ○표

7 999, 919, 199 **8** 783, 794, 884

9 20씩 **10** 279 **11** 영주

12 826 **13** 3개

14 예 어떤 수보다 100만큼 더 큰 수는 647이므
로 어떤 수는 647보다 100만큼 더 작은 수
인 547입니다. 따라서 547보다 10만큼 더
작은 수는 537입니다.

; 537

15 843 **16** 304 **17** 5개

18 ㉢ **19** 189

20 예 백의 자리 숫자가 7, 일의 자리 숫자가 3인
세 자리 수는 7□3입니다.

7□3>743이어야 하므로 □ 안에는 4보
다 큰 5, 6, 7, 8, 9가 들어갈 수 있습니다.
따라서 조건을 만족하는 수는 753, 763,
773, 783, 793이므로 모두 5개입니다.

; 5개

4   100이 3개이면 300
   10이 15개이면 150
   1이 7개이면   7
   ⎯⎯⎯⎯⎯⎯⎯⎯
            457

6 백의 자리 수를 비교하면 가장 큰 수는 483이고,
343<348이므로 가장 작은 수는 343입니다.

9 십의 자리 수가 2씩 커졌으므로 20씩 뛰어 센 것
입니다.

10 27□에서 가장 큰 수가 되려면 □ 안에 9가 들어
가야 합니다. 따라서 가장 큰 수는 279입니다.

11 큰 수부터 높은 자리에 차례대로 쓰면 만들 수 있
는 가장 큰 세 자리 수는 진호가 743, 영주가
752입니다. 743<752이므로 더 큰 수를 만든
사람은 영주입니다.

12 주어진 수는 786입니다.
786에서 10씩 4번 뛰어 세면
786 − 796 − 806 − 816 − 826입니다.

13 100원짜리 동전 1개는 10원짜리 동전 10개와
같습니다.
10원짜리 동전을 7개 가지고 있으므로 100원이
되려면 10원짜리 동전은 10−7=3(개) 더 필요
합니다.

15 큰 수부터 차례대로 백, 십, 일의 자리에 놓습니다.
⇨ 843

16 0은 백의 자리에 올 수 없으므로 백의 자리에 3,
십의 자리에 0, 일의 자리에 4를 놓습니다.
⇨ 304

17 동전 3개를 사용하여 세 자리 수를 만듭니다.

100원	10원	1원	세 자리 수
2개	1개		210원
2개		1개	201원
1개	2개		120원
1개		2개	102원
1개	1개	1개	111원

18 ㉠의 □ 안에 0을 넣어도 ㉠이 가장 큽니다.
㉢의 □ 안에 9를 넣어도 296>295이므로
㉢이 가장 작습니다.

19 십의 자리 숫자가 8인 세 자리 수의 각 자리 숫자
가 모두 다르므로 ㉠8㉡이라고 할 수 있습니다.
㉠+8=㉡에서 ㉠=1이면 ㉡=9 ⇨ 189(○)

22~23쪽　서술형 평가 ❶

1 ❶ 600개　❷ 80개　❸ 685개
2 ❶ 412　❷ 정환
3 ❶ 338, 438, 538, 638, 738
　 ❷ 738개
4 ❶ >, >　❷ 윤주

1 ❶ 100개씩 6상자는 600개입니다.
　❷ 10개씩 8바구니는 80개입니다.
　❸ 낱개까지 생각해서 귤은 모두 몇 개인지 구합니다. ⇨ 600+80+5=685(개)

2 ❷ 동화책을 더 많이 읽은 사람은 412쪽을 읽은 정환입니다.

3 ❷ 구슬을 100개씩 5번 더 넣는 것은 100씩 5번 뛰어 세는 것과 같으므로 구슬은 모두 738개입니다.

4 ❶ 백의 자리 숫자가 3인 3■9가 가장 크고 십의 자리 수를 비교하면 8>6이므로 28■>26■입니다.
　❷ 26■가 가장 작은 수이므로 윤주입니다.

24~25쪽　서술형 평가 ❷

1 예 100개씩　　5상자 ⇨ 500개
　　 10개씩 7바구니 ⇨ 　70개
　　　 낱개 　9개 ⇨ 　　9개
　　　　　　　　　　　　579개
　 ; 579개

2 예 구슬을 10개씩 3번 더 넣는 것은 10씩 3번 뛰어 세는 것과 같습니다.
　 438에서 10씩 3번 뛰어 세면
　 438 − 448 − 458 − 468입니다.
　 따라서 구슬은 모두 468개가 됩니다.
　 ; 468개

3 예 109부터 116까지 수를 차례대로 쓰면
　 109 − 110 − 111 − 112 − 113 − 114
　 − 115 − 116입니다.
　 109와 116 사이에 있는 수는 모두 6개입니다.
　 ; 6개

4 예 10원짜리 동전 17개는 100원짜리 동전 1개, 10원짜리 동전 7개와 같습니다.
　 100원짜리 동전 5개 ⇨ 500원
　 10원짜리 동전 7개 ⇨ 　70원
　　　　　　　　　　　　 570원
　 ; 570원

26쪽　오답 베스트 5

1 452원　　2 ㉡　　3 1000
4 ③　　5 4개

1 100원짜리 동전 4개는 400원, 10원짜리 동전 5개는 50원, 1원짜리 동전 2개는 2원입니다.
　따라서 동전은 모두 400+50+2=452(원)입니다.

2 7 7 7
　→ 백의 자리 숫자 ⇨ 700 ……㉠
　→ 십의 자리 숫자 ⇨ 70 　……㉡
　→ 일의 자리 숫자 ⇨ 7 　　……㉢
　㉠=700, ㉡=70, ㉢=7을 나타냅니다.

3 십의 자리 수가 1씩 커지므로 960부터 10씩 뛰어 세기 한 것입니다.
　990보다 10만큼 더 큰 수는 1000입니다.

4 100이 7개이면 700, 10이 2개이면 20, 1이 15개이면 15이므로
　700+20+15=735입니다.

5 진명이가 말한 수: 219, 유리가 말한 수: 224
　219와 224 사이에 있는 수를 차례대로 쓰면
　220, 221, 222, 223으로 모두 4개입니다.

2단원 여러 가지 도형

1 삼각형

2 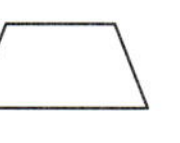 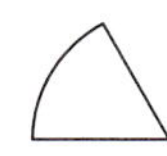 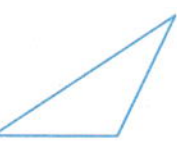

3 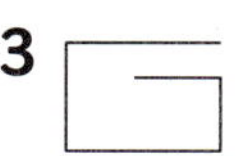 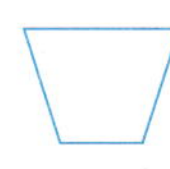 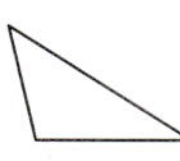

4  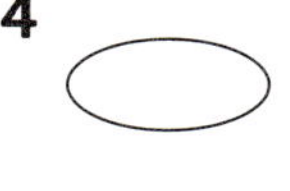 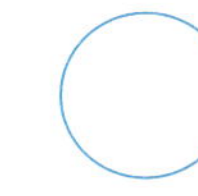 

5 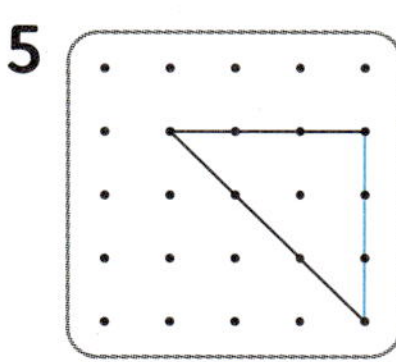

6 다, 라

7 가, 마

8 사각형

9 6개

10 ㉡

1 변이 3개이므로 삼각형입니다.

5 변을 1개 더 그려서 삼각형을 완성합니다.

6 원의 크기는 다를 수 있지만 생긴 모양은 항상 같습니다.

7 꼭짓점이 4개인 도형은 사각형으로 가, 마입니다.

8 변이 4개인 도형은 사각형입니다.

9 삼각형은 꼭짓점이 3개, 변이 3개입니다.
　　⇨ 3+3=6(개)

10 원은 굽은 선으로 둘러싸여 있고, 변과 꼭짓점이 없습니다.

1 (○)(　)(　)

2 ㉡

3 5개

4 (예) 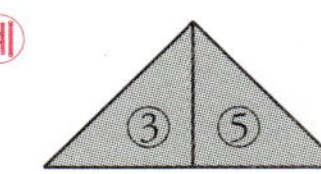

5 (예)

6 채이

7 5개

8 ㉡

9 4개

10 5개

2 ㉠ 2개　㉢ 4개

3 삼각형은 ①, ②, ③, ⑤, ⑦이므로 모두 5개입니다.

6 칠교 조각에는 원이 없고 삼각형 5개, 사각형 2개로 되어 있습니다.

7 1층에 4개, 2층에 1개 ⇨ 4+1=5(개)

8 ㉠ 1층에 2개, 2층에 1개 ⇨ 3개
　㉡ 4개
　㉢ 1층에 4개, 2층에 1개 ⇨ 5개

9 1층에 3개, 2층에 1개 ⇨ 4개

10 1층에 4개, 2층에 1개 ⇨ 5개

1 원

2 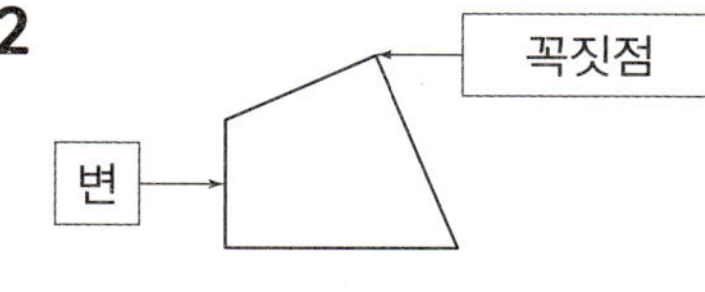

3 삼각형

4 (예) 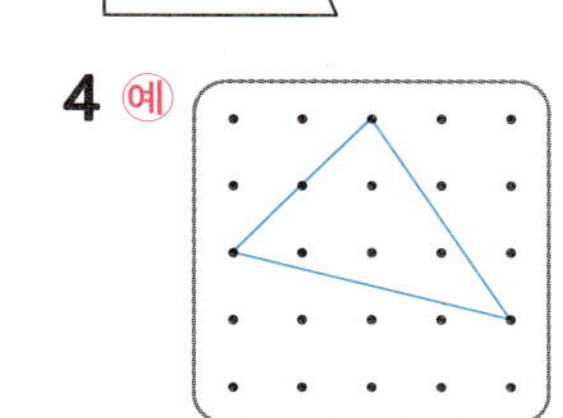

5 ㉡

6 3개

7 (예) 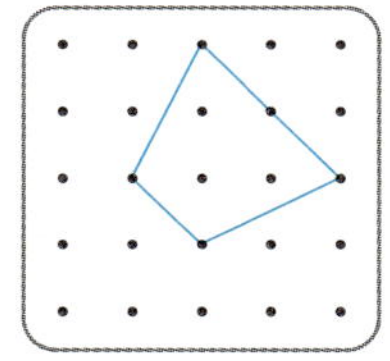

8 나, 바

9 4개, 4개

10 삼각형

11 ㉠, ㉣

12 2개

13 ㉢

14 (예)

15

16 5개

17 6개

18 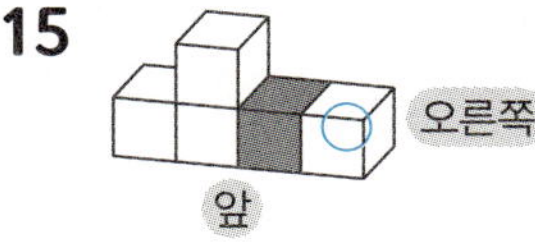

19 2개

20 (왼쪽부터) 2, 1 ; 2, 2

1 동그란 모양의 도형은 원입니다.

2 곧은 선을 변이라 하고, 두 곧은 선이 만나는 점을 꼭짓점이라고 합니다.

3 삼각형은 3개의 곧은 선으로 둘러싸여 있습니다.

4 변이 3개인 도형을 그립니다.

5 원은 크기는 다를 수 있지만 생긴 모양은 항상 같습니다.

6 3개의 곧은 선으로 둘러싸인 도형이므로 삼각형이고 꼭짓점은 3개입니다.

7 4개의 곧은 선으로 둘러싸인 도형을 그립니다.

8 나: 원, 다: 사각형, 마: 삼각형, 바: 원

9 사각형에는 4개의 변과 4개의 꼭짓점이 있습니다.

10 삼각자에서 찾을 수 있는 도형은 삼각형입니다.

11 4개의 곧은 선으로 둘러싸인 도형을 찾습니다.

12 삼각형은 ㉡, ㉤이므로 모두 2개입니다.

13 쌓기나무의 전체 모양과 개수가 같은 모양을 찾습니다.

16 I층에 4개, 2층에 I개 ⇨ 4+I=5(개)

17 I층에 5개, 2층에 I개 ⇨ 5+I=6(개)

19 사각형은 ④, ⑥이므로 모두 2개입니다.

---

17 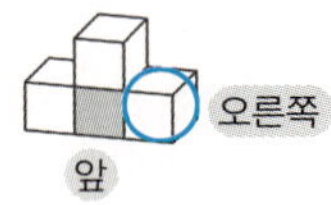

18 삼각형

19 ㉠

20 예 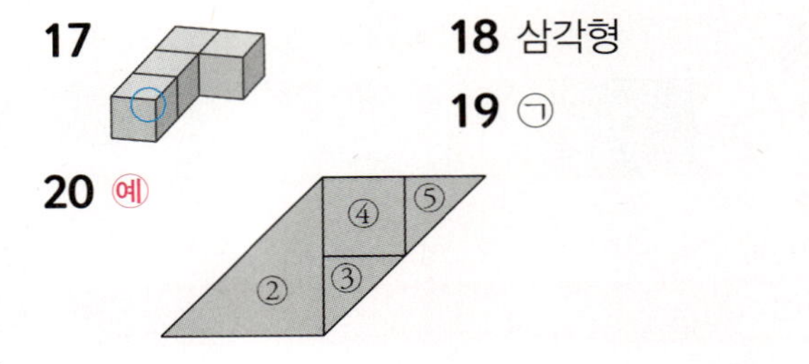

1 3개의 곧은 선으로 둘러싸인 도형이므로 삼각형입니다.

2 4개의 곧은 선으로 둘러싸인 도형을 찾습니다.

4 3개의 곧은 선으로 둘러싸인 도형을 찾습니다.

5 라, 바가 원이므로 모두 2개입니다.

6 사각형은 4개의 곧은 선으로 둘러싸여 있습니다.

7 원 모양인 시계의 본을 떠서 원을 그릴 수 있습니다.

9 4개의 삼각형으로 만들었습니다.

11 • 사각형의 꼭짓점은 4개입니다.
　　• 원의 꼭짓점은 없습니다.

14 I층에 3개, 2층에 I개, 3층에 I개 ⇨ 5개

16 ㉡의 자리에 쌓기나무 I개를 더 놓아야 왼쪽과 같은 모양이 됩니다.

18 가장 큰 조각은 ①, ②로 삼각형입니다.

19 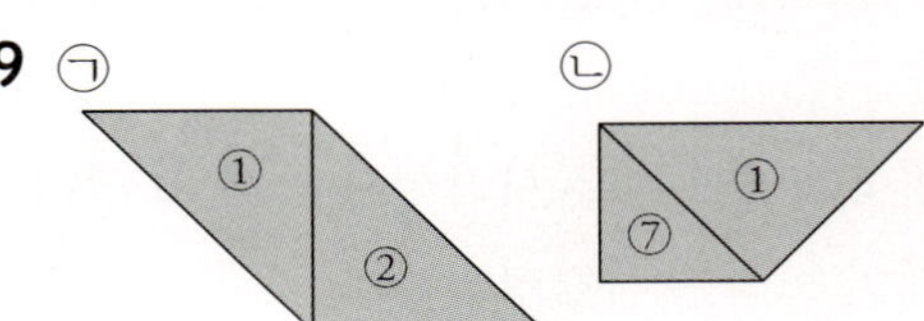

① 조각과 ② 조각의 길이가 같은 변끼리 붙이면 ㉠을 만들 수 있습니다.
㉡은 ① 조각과 ⑦ 조각을 이용하여 만들 수 있습니다.

---

1 삼각형

2 ⑤

3

4 다, 마

5 2개

6 사각형

7 원

8 지안

9 4개

10 원

11 (×)
　　(○)

12

13 위, 2

14 5개

15 ㉠, ㉣

16 ㉡

---

1 사각형

2 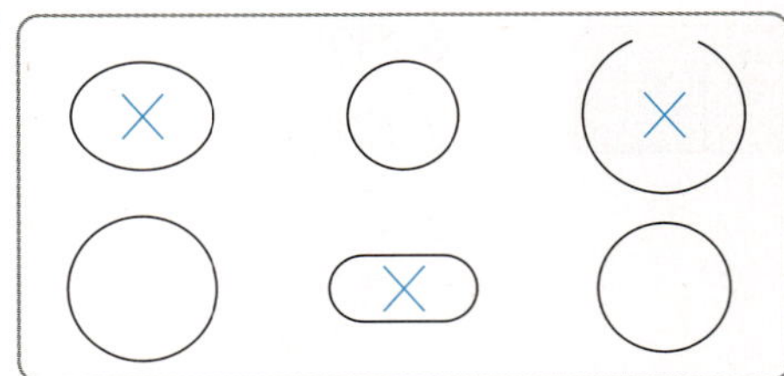

3

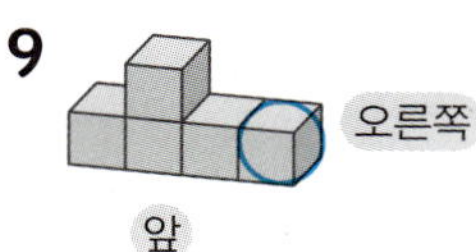

4 (위부터) 3, 3 ; 4, 4

5 예 3개의 곧은 선으로 둘러싸여 있어야 하는데 굽은 선이 있습니다.

6 예나

7 가

8 ㉡

9

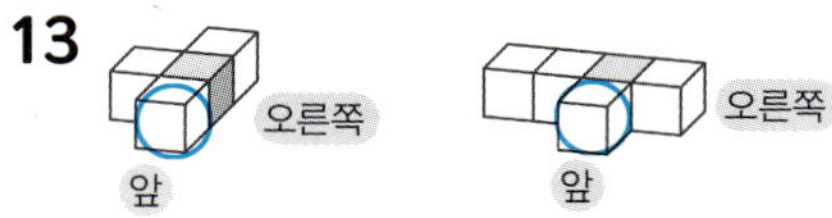

10 28

11 삼각형, 4개

12 ⑤

13

14 ㉡

15 11개

16 ㉡, ㉢

17 현수

18 예

19 ㉢

20 예 사각형의 꼭짓점은 4개이므로 ㉠=4, 삼각형의 변은 3개이므로 ㉡=3, 원의 꼭짓점은 0개이므로 ㉢=0입니다. ⇨ 4+3−0=7 ; 7

---

2 원은 크기는 서로 다르지만 생긴 모양은 서로 같습니다.

5 '꼭짓점이 3개가 아니므로 삼각형이 아니다.'라고 써도 됩니다.

6 원은 뾰족한 부분이 없습니다.
원은 크기는 서로 다르지만 생긴 모양은 서로 같습니다.

7 가: 사각형 ⇨ 4개, 나: 원 ⇨ 0개,
다: 삼각형 ⇨ 3개, 라: 삼각형 ⇨ 3개

12 ① 원은 변이 없습니다.
② 사각형은 변이 4개입니다.

---

③ 삼각형의 꼭짓점은 3개입니다.
④ 삼각형은 변이 3개, 사각형은 변이 4개이므로 삼각형은 사각형보다 변이 더 적습니다.

15 승진: 5개, 민주: 6개 ⇨ 5+6=11(개)

17 현수는 1층에 4개, 2층에 2개를 놓았습니다.

1 꼭짓점, 변 ; 4, 4

2 원

3 ㉣, ㉤

4

5 나

6 4개

7 ㉢

8 4개, 2개

9

10 나

11 (×)
(○)

12 삼각형, 사각형

13

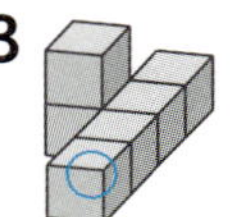

14 ④

15 민호

16 예

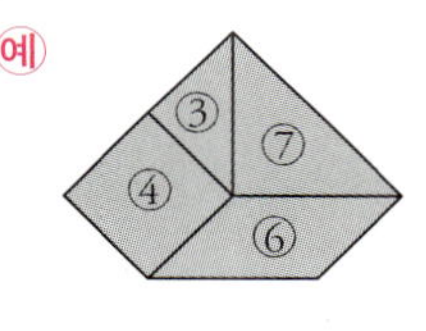

17 예

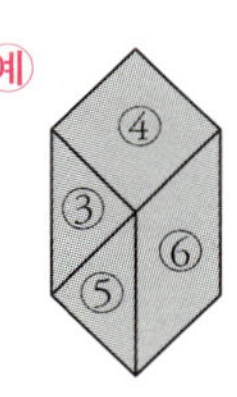

18 7

19 9개

20 예 가운데 쌓기나무를 2층으로 2개 놓고 놓은 쌓기나무의 오른쪽, 왼쪽, 앞, 뒤에 각각 1층에 2개씩 놓습니다.

---

2 원은 변과 꼭짓점이 없습니다.

5 가, 다: 4개, 나: 5개

6 색종이에 삼각형을 그리고 변을 따라 자르면 삼각형이 4개 생깁니다.

7 ㉢ 원은 굽은 선으로 둘러싸여 있습니다.

8 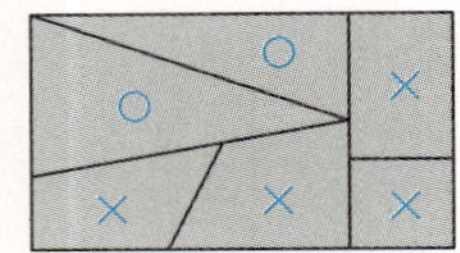

사각형에 ×표, 삼각형에 ○표 하여 세어 봅니다.

10 가: Ⅰ층에 3개, 2층에 Ⅰ개, 3층에 Ⅰ개
　　 ⇨ 3+Ⅰ+Ⅰ=5(개)

　　 나: Ⅰ층에 4개, 2층에 2개
　　 ⇨ 4+2=6(개)

11 ・원의 변은 없습니다.
　　 ・사각형은 변이 4개, 삼각형은 변이 3개입니다.

12 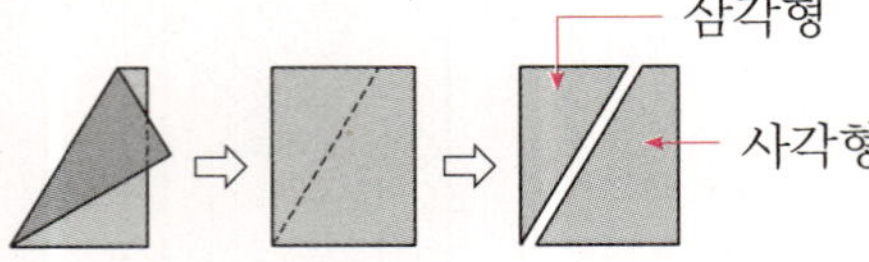

13 오른쪽 모양의 오른쪽 맨 앞의 쌓기나무 Ⅰ개를 빼
　　 내면 보기 의 모양과 똑같아집니다.

14 쌓기나무 Ⅰ개를 ④ 위에 더 놓으면 오른쪽 모양과
　　 똑같이 됩니다.

15 칠교 조각에는 삼각형과 사각형이 있고 원은 없습
　　 니다.

18 ★=4, ●=3이므로 4+3=7

19

①	②
③	④

①, ②, ③, ④ ⇨ 4개
①+②, ③+④, ①+③, ②+④ ⇨ 4개
①+②+③+④ ⇨ Ⅰ개
따라서 찾을 수 있는 사각형은 모두 9개입니다.

---

1 2개　　　　**2** 3개

3 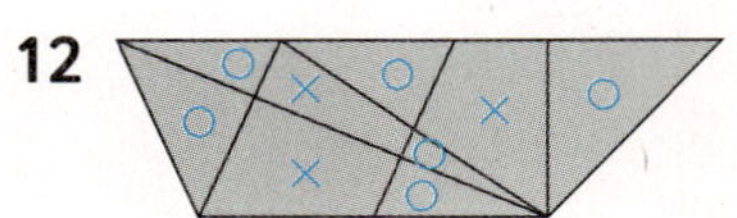

4 6개　　　　**5** 8

---

6 예 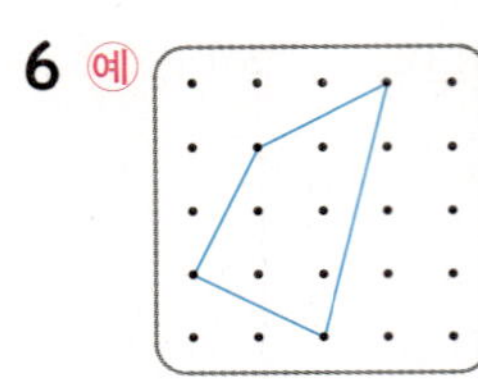　　**7** ④

8 ⑤

9 다, 나, 가

10 ㉠

11 ㉢　　　　　　**12** 3개

13 예 원은 어느 쪽에서 보더라도 같은 모양이어야
　　 하는데 주어진 도형은 같지 않으므로 원이 아닙
　　 니다.

14 Ⅱ개　　　　　**15** ㉣

16 예 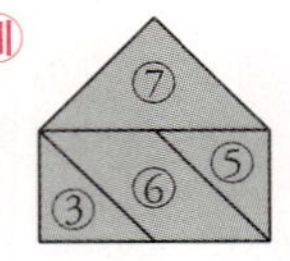　　**17** 예 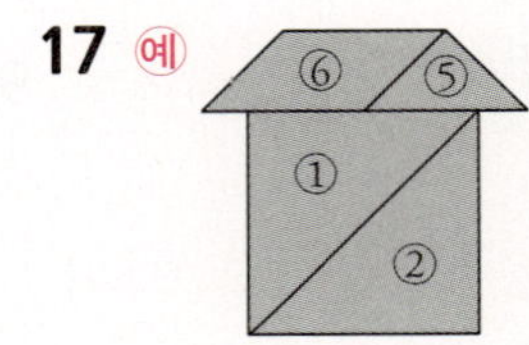

18 왼쪽 → 오른쪽, Ⅰ개 → 2개

19 ㉡, ㉣　　　　**20** 8개

---

1 삼각형은 ㉢, ㉥이므로 모두 2개입니다.

2 사각형은 ㉡, ㉤, ㉿이므로 모두 3개입니다.

5 삼각형은 곧은 선 3개로 둘러싸인 도형이므로
　　 3, Ⅰ, 4가 쓰인 도형이 삼각형입니다.
　　 ⇨ 3+Ⅰ+4=8

6 안쪽에 점이 5개 있도록 하여 4개의 곧은 선을 그
　　 어 사각형을 그립니다.

7 ④는 6개로 만들었습니다.

8 ⑤의 특징을 가진 도형은 원입니다.

9 가: Ⅰ층에 3개, 2층에 Ⅰ개 ⇨ 3+Ⅰ=4(개)
　　 나: Ⅰ층에 4개, 2층에 Ⅰ개 ⇨ 4+Ⅰ=5(개)
　　 다: Ⅰ층에 5개, 2층에 Ⅰ개 ⇨ 5+Ⅰ=6(개)
　　 ⇨ 다>나>가

10 ㉠을 ㉣ 위로 옮기면 왼쪽 모양과 똑같아집니다.

11 ㉢의 왼쪽 끝에 있는 쌓기나무 위에 Ⅰ개를 더 놓
　　 으면 보기 의 모양과 똑같아집니다.

12

삼각형 6개, 사각형 3개이므로 삼각형이 사각형
보다 3개 더 많습니다.

14 정현: I층에 4개, 2층에 I개 ⇨ 4+I=5(개)

　　연준: I층에 5개, 2층에 I개 ⇨ 5+I=6(개)

　　⇨ 5+6=II(개)

15 칠교 조각은 삼각형 5개와 사각형 2개로 되어 있고 조각 중 크기가 가장 큰 조각은 삼각형입니다.

20 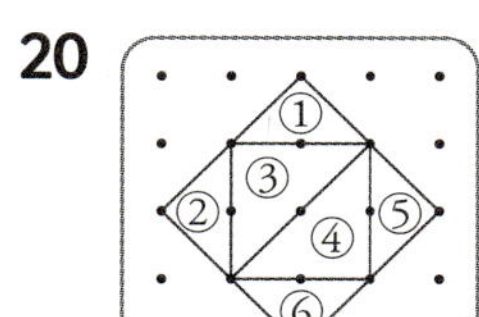　①+③, ②+③, ③+④,
④+⑤, ④+⑥,
①+②+③, ④+⑤+⑥,
①+②+③+④+⑤+⑥이
므로 모두 8개입니다.

---

1 ❶ 예 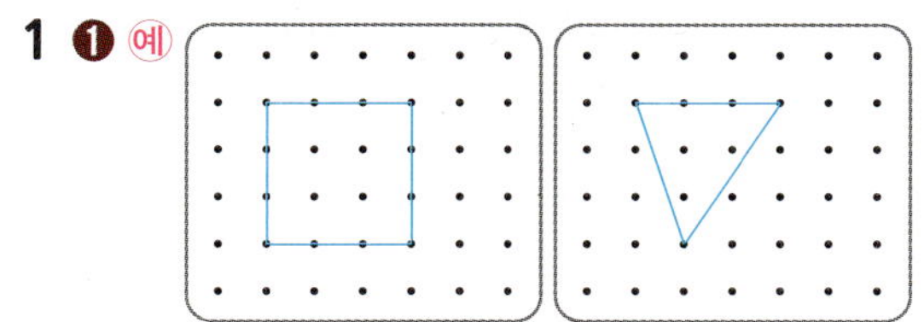

　❷ 7개

2 ❶ 민서

　❷ 예 3개의 곧은 선으로 둘러싸여 있어야 하는데 민서가 그린 것은 뚫린 부분이 있습니다.

3 ❶ ㉠, ㉢, ㉤　　　❷ 23

4 ❶ 5개　　　　❷ 5개

---

1 ❷ 사각형의 변은 4개이고 삼각형의 변은 3개입니다. ⇨ 4+3=7(개)

3 ❶ 변이 4개인 도형은 ㉠, ㉢, ㉤입니다.

　❷ 5+8+I0=I3+I0=23

4 ❶ I층에 4개, 2층에 I개 ⇨ 4+I=5(개)

　❷ I0-5=5(개)

---

1 예 I층에 3개, 2층에 2개, 3층에 I개 ⇨ 6개

　9-6=3(개) ; 3개

---

2 예 ㉠에서 사용한 쌓기나무는 I층에 4개, 2층에 I개이므로 모두 5개입니다.

　㉡에서 사용한 쌓기나무는 I층에 6개, 2층에 I개이므로 모두 7개입니다.

　따라서 두 모양을 만들려면 쌓기나무는 모두 I2개 필요합니다. ; I2개

3 예 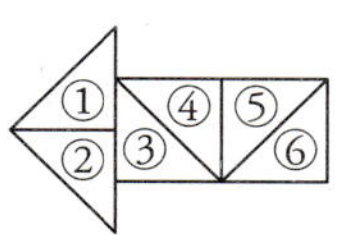　작은 삼각형 I개짜리:
①, ②, ③, ④, ⑤, ⑥
⇨ 6개

　작은 삼각형 2개짜리: ①+②, ④+⑤ ⇨ 2개
　따라서 찾을 수 있는 크고 작은 삼각형은 모두 8개입니다. ; 8개

4 예　작은 사각형 I개짜리:
①, ②, ③, ④, ⑤ ⇨ 5개

　작은 사각형 2개짜리:

　①+②, ②+③, ④+⑤, ①+④, ②+⑤
　⇨ 5개

　작은 사각형 3개짜리: ①+②+③ ⇨ I개
　작은 사각형 4개짜리: ①+②+④+⑤ ⇨ I개
　⇨ 5+5+I+I=I2(개) ; I2개

---

1 ㉡　　　**2** 5개　　　**3** ㉠

4 5개　　　**5** 2개

---

1 ㉠은 사각형, ㉡은 삼각형에 대한 설명입니다.

2 그림에서 삼각형 모양 조각은 ①, ②, ③, ⑤, ⑦로 모두 5개입니다.

3 ㉠ 원은 뾰족한 부분이 없습니다.

4 삼각형: 가, 다, 사 → 3개

　사각형: 나, 마 → 2개

　⇨ 3+2=5(개)

5 삼각형은 3개, 원은 I개입니다.

　삼각형은 원보다 3-I=2(개) 더 많습니다.

3단원 덧셈과 뺄셈

54쪽 쪽지시험 1회

1 33

; 예 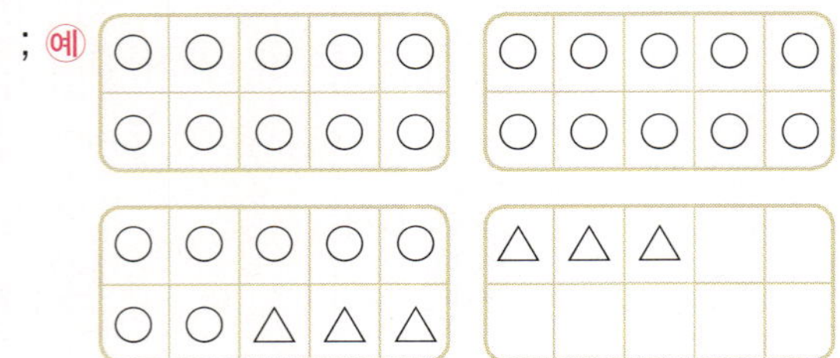

2 41 **3** 51 **4** 91

5 74 **6** 65 **7** 54

8 82 **9** 5, 5, 53 **10** 2, 40, 53

9 15를 10+5로 생각하여 38에 10을 먼저 더한 후 5를 더 더합니다.

10 15를 2+13으로 생각하여 15에 있는 2를 38에 더해서 40을 만들고 13을 더합니다.

55쪽 쪽지시험 2회

1 125 **2** 115 **3** 122

4 142 **5** 121 **6** 135

7 127 **8** 131

9 (위부터) 85, 111, 63, 133 **10** 124장

8
$$\begin{array}{r} \overset{1\,1}{4\;9} \\ +\;\;8\;2 \\ \hline 1\;3\;1 \end{array}$$

9
$$\begin{array}{r} \overset{1}{3\;7} \\ +\;4\;8 \\ \hline 8\;5 \end{array} \quad \begin{array}{r} \overset{1\,1}{2\;6} \\ +\;\;8\;5 \\ \hline 1\;1\;1 \end{array} \quad \begin{array}{r} \overset{1}{3\;7} \\ +\;2\;6 \\ \hline 6\;3 \end{array} \quad \begin{array}{r} \overset{1\,1}{4\;8} \\ +\;\;8\;5 \\ \hline 1\;3\;3 \end{array}$$

10 (두 사람이 가지고 있는 색종이의 수)
$$=56+68=124(장)$$

56쪽 쪽지시험 3회

1 37, 38 ; 37

2 19 **3** 49 **4** 57

5 76 **6** 32 **7** 56

8 25 **9** 20, 11 **10** 31, 11

9 19를 10+9로 생각하여 30에서 10을 뺀 후 9를 더 뺍니다.

10 30과 19에 같은 수 1을 각각 더해 수를 다르게 나타내 구합니다.

57쪽 쪽지시험 4회

1 18 **2** 49 **3** 13

4 39 **5** 19 **6** 39

7 28 **8** 18, 45 **9** 29개

10 28마리

8 $35-17=18,\ 62-17=45$

9 (감자의 수)$=41-12=29$(개)

10 (남아 있는 까치의 수)$=46-18=28$(마리)

58쪽 쪽지시험 5회

1 82 **2** 52 **3** 6, 28

4 57, 36 **5** 4, 83 **6** 47, 47

7 9 **8** 9 **9** 2

10 7

1 $91-37+28=82$
   54
   82

7 $\square=15-6,\ \square=9$

8 $\square=14-5,\ \square=9$

9 $\square=10-8,\ \square=2$

10 $\square=14-7,\ \square=7$

1 26 **2** 64 **3** 60

4 91 **5** 45 **6** 52

7 83 **8** 50, 20, 11

9 126 **10** 28

11 46, 5 ; 5, 46 **12** 9, 35 ; 26, 35

13 (계산 순서대로) 45, 31, 31

14 (계산 순서대로) 4, 32, 32

15 7+□=12 ; 5개 **16** 29

17 75개 **18** 55마리 **19** 38명

20 8+□=13 또는 □+8=13 ; 5개

1
$$\begin{array}{r} \overset{2}{\overset{\;}{3}}\,\overset{10}{\overset{\;}{3}} \\ -\ \ \ 7 \\ \hline 2\ \ 6 \end{array}$$
일 모형 3개에서 7개를 덜어낼 수 없으므로 십 모형 1개를 일 모형 10개로 바꾸어 덜어 냅니다.

2
$$\begin{array}{r} \overset{1}{}\ \ \\ 3\ 8 \\ +\ 2\ 6 \\ \hline 6\ 4 \end{array}$$
일 모형 8개와 일 모형 6개는 십 모형 1개와 일 모형 4개가 됩니다.

8 59를 50과 9로 생각하여 70에서 50을 먼저 뺀 후 9를 더 빼는 계산 방법입니다.

9
$$\begin{array}{r} \overset{1}{}\ \overset{1}{} \\ 5\ 7 \\ +\ 6\ 9 \\ \hline 1\ 2\ 6 \end{array}$$

11 46+5=51 ⟨ 51−46=5
51−5=46

15 가의 사탕 수를 □개라 하면 7+□=12입니다.
□=12−7, □=5이므로 가의 사탕은 5개입니다.

16 □=46−17, □=29

17 (어제와 오늘 서현이가 주운 도토리의 수)
=36+39=75(개)

18 (남아 있는 비둘기의 수)=73−18=55(마리)

19 32−9+15=23+15=38(명)

20 파란색 구슬 수를 □개라 하면 8+□=13입니다. □=13−8, □=5이므로 파란색 구슬은 5개입니다.

1 53 **2** 18, 24 **3** 102

4 82 **5** 47 **6** 15

7 50, 88, 84 **8** 23, 30, 24 **9** 26

10 ○○○ ; 9
○ ○ ○
○ ○ ○

11 18, 53 ; 35, 53

12 21−14=7
21−7=14

13 64, 8에 ○표

14 (계산 순서대로) 36, 60, 60

15 16, 48 **16** 5

17 13−□=7 ; 6장

18 7장 **19** 23개 **20** 62장

1
$$\begin{array}{r} \overset{1}{}\ \ \\ 4\ 7 \\ +\ \ \ 6 \\ \hline 5\ 3 \end{array}$$
일 모형 7개와 일 모형 6개는 십 모형 1개와 일 모형 3개와 같습니다.

2
$$\begin{array}{r} \overset{3}{\overset{\;}{4}}\,\overset{10}{\overset{\;}{2}} \\ -\ 1\ 8 \\ \hline 2\ 4 \end{array}$$
십 모형 1개를 일 모형 10개로 바꾸어 일 모형 12개에서 8개를 덜어 냅니다.

7 46을 50−4로 생각하여 계산합니다.

9
$$\begin{array}{r} \overset{4}{\overset{\;}{5}}\,\overset{10}{\overset{\;}{0}} \\ -\ 2\ 4 \\ \hline 2\ 6 \end{array}$$

10 사과 11개에서 20개가 되려면 9개가 더 있어야 합니다.

13 차가 56이 되는 두 수는 64와 8입니다.

14 71−35+24=36+24=60

15
$$\begin{array}{r} \overset{3}{\overset{\;}{4}}\,\overset{10}{\overset{\;}{0}} \\ -\ 2\ 4 \\ \hline 1\ 6 \end{array} \qquad \begin{array}{r} \overset{6}{\overset{\;}{7}}\,\overset{10}{\overset{\;}{2}} \\ -\ 2\ 4 \\ \hline 4\ 8 \end{array}$$

16 덧셈과 뺄셈의 관계를 이용하면
12−7=□, □=5입니다.

17 13−□=7, □=13−7, □=6이므로 친구에게 준 색종이는 6장입니다.

18 (더 모아야 하는 칭찬 붙임 딱지의 수)
　　$=42-35=7$(장)

19 $72-49=23$(개)

20 $54-29+37=25+37=62$(장)

65~67쪽　단원평가 3회

1 82　　**2** 47　　**3** 73

4 (선 잇기)　**5** 94　　**6** 39

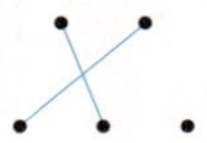

　　　　　　　7 122　　**8** 28

9 2, 2, 38　　　**10** 30, 37, 38

11
　$\boxed{26}+\boxed{47}=\boxed{73}$
　$\boxed{47}+\boxed{26}=\boxed{73}$

12 67　　　　**13** 8

14 (예) 어제 딴 사과는 58개, 오늘 딴 사과는 73개
　　이므로 오늘 딴 사과가 $73-58=15$(개) 더
　　많습니다.
　　; 15개

15 2　　　　**16** 34

17 18　　　　**18** 36송이

19 $24-\square=17$; 7개　**20** 86

8
$$\begin{array}{r} \overset{7}{\cancel{8}}\,\overset{10}{\cancel{3}} \\ -\ 5\ 5 \\ \hline 2\ 8 \end{array}$$

9 67에서 27을 빼고 2를 더 뺍니다.

10 67에서 30을 뺀 후 1을 더합니다.

11 세 수 중 가장 큰 수는 73이므로 나머지 두 수 26
　과 47의 합이 73이 되는지 확인하여 덧셈식을 만
　들어 봅니다.

12 $53-24+38=29+38=67$

13 $14+\square=22 \Rightarrow 22-14=\square, \square=8$

15 $5+7=12$이므로 십의 자리로 받아올림하면
　$1+\square+6=9$, $7+\square=9$, $\square=2$

---

16 $\blacksquare+\blacksquare=26+26=52 \Rightarrow \bigstar=52$
　$\bigstar-18=52-18=34 \Rightarrow \blacktriangle=34$

17 $49-\square=31$
　$\Rightarrow 49-31=\square$, $\square=18$

18 $28+26-18=54-18=36$(송이)

19 $24-\square=17$, $\square=24-17$, $\square=7$이므로 친구
　에게 준 클립은 7개입니다.

20 어떤 수를 $\square$라 하면
　$\square-37=12$에서 $\square=12+37$, $\square=49$입니다.
　바르게 계산하면 $49+37=86$입니다.

68~70쪽　단원평가 4회

1 42　　**2** 18　　**3** ②

4 43　　**5** 114　　**6** 47

7 82, 75　　　**8** 10, 40, 53

9 26　　　　**10** ㉡

11 39, 86 ;
　$\boxed{86}-\boxed{47}=\boxed{39}$
　$\boxed{86}-\boxed{39}=\boxed{47}$

12 64　　　　**13** 지혜, 14개

14 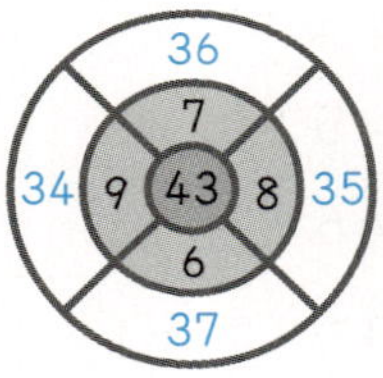 ; 학교

36
7
34　9　43　8　35
6
37

15 (위부터) 7, 6　　**16** 58개

17 72, 9에 ◯표　　**18** 45, 38

19 47, 48, 49

20 (예) 동생에게 받은 구슬을 $\square$개라 하면
　$75-29+\square=73$이므로 $46+\square=73$
　$\Rightarrow 73-46=\square$, $\square=27$
　따라서 정우가 동생에게 받은 구슬은 27개
　입니다.
　; 27개

6 큰 수: 54, 작은 수: 7

⇨ $54-7=47$

7

$$\begin{array}{r} 7\,6 \\ +\ \ 6 \\ \hline 8\,2 \end{array} \qquad \begin{array}{r} 8\,2 \\ -\ \ 7 \\ \hline 7\,5 \end{array}$$

8 35를 30과 5로, 18을 10과 8로 가르기하여 계산합니다.

9 □$=83-57$, □$=26$

10 ㉠ $37+26=63$ ㉡ $45+28=73$

㉢ $75-27=48$ ㉣ $91-44=47$

⇨ ㉡>㉠>㉢>㉣

11 세 수 중 가장 큰 수는 86이므로 나머지 두 수 47과 39의 합이 86인지 확인하여 덧셈식을 만들어 봅니다.

12 $45+38-19=83-19=64$

13 지혜가 $43-29=14$(개) 더 많이 땄습니다.

14 $43-7=36$, $43-8=35$, $43-6=37$, $43-9=34$

⇨ 37: 학, 34: 교

15

$$\begin{array}{r} ㉠\ 3 \\ -\ 4\ ㉡ \\ \hline 2\ 7 \end{array}$$

· $10+3-㉡=7$, $13-㉡=7$

⇨ $13-7=㉡$, $㉡=6$

· $㉠-1-4=2$, $㉠-5=2$

⇨ $2+5=㉠$, $㉠=7$

16 $39+47-28=86-28=58$(개)

17 $72+9=81$, $76+5=81$, $83>81$,

$75+6=81$, $70+11=81$

⇨ 9, 5, 6, 11 중 과녁에 있는 수는 9입니다.

따라서 72, 9에 ○표 합니다.

18 $83-56+45=27+45=72\ (\times)$

$83-56+38=27+38=65\ (\times)$

$83-45+56=38+56=94\ (\times)$

$83-45+38=38+38=76\ (○)$

$83-38+56=45+56=101\ (\times)$

$83-38+45=45+45=90\ (\times)$

19 $80-34=46$이므로 46보다 큰 수 중 십의 자리 숫자가 4인 수를 구합니다.

⇨ 47, 48, 49

1 131   **2** ㉠   **3** 122개

4 71   **5** 31마리   **6** 40, 52

7 2, 2, 55   **8** 18, 64

9

$\boxed{95}-\boxed{36}=\boxed{59}$

$\boxed{95}-\boxed{59}=\boxed{36}$

10 12마리   **11** 24, 19

12 (위부터) 29, 35, 17, 47

13 45, 28

14 예 ★$=5$이므로 $5+5+5=15$, ■$=15$이고

$15+15=30$, ▲$=30$입니다.

따라서 $30-15+5=15+5=20$,

●$=20$입니다.

; 20

15 $-$, $-$ **16** $27-5+18=40$; 40개

17 139   **18** 40쪽, 41쪽

19

$$\begin{array}{r} \boxed{9}\ \boxed{4} \\ -\ \boxed{5}\ \boxed{7} \\ \hline 3\ 7 \end{array}$$

20 예 $28+□3=61$이라 하면

$$\begin{array}{r} 2\ 8 \\ +\ □\ 3 \\ \hline 6\ 1 \end{array} \quad 1+2+□=6$$

$3+□=6$, □$=3$입니다.

따라서 □ 안에는 3보다 작은 1, 2가 들어갈 수 있습니다. ; 1, 2

2 ㉠ $38+6=44$, ㉡ $36-7=29$,

㉢ $35+7=42$

⇨ ㉠>㉢>㉡

3 (두 사람이 모은 공깃돌의 수)$=37+85=122$(개)

4 가장 큰 수: 65, 가장 작은 수: 6

⇨ $65+6=71$

5 (남은 참새의 수)$=60-29=31$(마리)

8 45보다 27만큼 더 작은 수: $45-27=18$,

45보다 19만큼 더 큰 수: $45+19=64$

10 처음에 있던 오리 수를 □마리라 하면
□+6=18입니다.
□=18−6, □=12이므로 처음에 있던 오리는
12마리입니다.

11
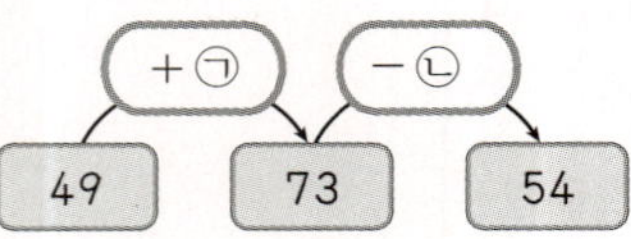

49+㉠=73 ⇨ 73−49=㉠, ㉠=24
73−㉡=54 ⇨ 73−54=㉡, ㉡=19

12
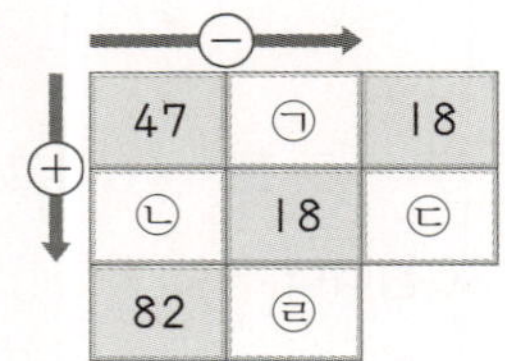

47−㉠=18 ⇨ 47−18=㉠, ㉠=29
47+㉡=82 ⇨ 82−47=㉡, ㉡=35
35−18=㉢, ㉢=17
29+18=㉣, ㉣=47

13
㉠	5
+ 2	㉡
7	3

5+㉡=13, ㉡=8
1+㉠+2=7, ㉠+3=7, ㉠=4
따라서 두 수는 45, 28입니다.

15 82+16+19=98+19=117 (×)
82+16−19=98−19=79 (×)
82−16+19=66+19=85 (×)
82−16−19=66−19=47 (○)

16 27−5+18=22+18=40(개)

17 식의 값이 가장 크게 되려면 7과 6을 각각 십의
자리에 놓고 나머지 수를 일의 자리에 놓습니다.
⇨ 75+64=139 (또는 64+75=139),
74+65=139 (또는 65+74=139)
계산 결과가 가장 클 때의 값은 139입니다.

18 한 쪽을 □라 하면 다른 한 쪽은 (□+1)입니다.
□+□+1=81, □+□=80, □=40
따라서 두 쪽수는 40쪽과 41쪽입니다.

19
㉠	㉡
− ㉢	㉣
3	7

㉡−㉣=7인 경우는 없으므로
받아내림 한 것입니다.
10+㉡−㉣=7이므로 ㉡=4,
㉣=7입니다.
㉠−1−㉢=3이므로 ㉠=9, ㉢=5입니다.

---

1 ❶ 99, 162   ❷ 162개
2 ❶ 35−□=27   ❷ 8
   ❸ 8자루
3 ❶ 8자루   ❷ 21자루
4 ❶ 28   ❷ 65

1 ❷ 상자에 복숭아와 자두는 모두
63+99=162(개) 들어 있습니다.

2 ❷ 35−□=27이므로
□=35−27, □=8입니다.
❸ 준하가 동생에게 준 연필은 8자루입니다.

3 ❶ 동생에게 준 색연필 수를 뺍니다.
⇨ 47−39=8(자루)
❷ 언니에게 받은 색연필 수를 더합니다.
⇨ 8+13=21(자루)

4 ❶ ◆+34=62에서 ◆=62−34이므로
◆=28입니다.
❷ 93−♥=◆에서 ◆가 28이므로
93−♥=28입니다.
⇨ ♥=93−28, ♥=65

---

1 예 10개씩 6묶음: 60 ┐
낱개 1개: 1 ┘ 61
⇨ 먹기 전에 있던 체리는 61개입니다.
먹고 남은 체리는 61−37=24(개)입니다.
; 24개

2 예 처음에 강당에 있던 학생 수는 남학생 수와 여
학생 수의 합이므로 25+19=44(명)입니다.
학생들이 나간 후 강당에 남아 있는 학생은
44−16=28(명)입니다.
; 28명

3 예 가장 큰 두 자리 수: 97

가장 작은 두 자리 수: 34

⇨ 97+34=131

; 131

4 예 어떤 수를 □라 하고 잘못 계산한 식을 쓰면

□+13=82입니다.

□=82-13이므로 □=69입니다.

따라서 바르게 계산하면 69-13=56입니다.

; 56

78쪽 오답 베스트 5

1 28 **2** 51명 **3** 66명

4 7, 75 **5** 90

1 54>49>35>26이므로 가장 큰 수는 54, 가장 작은 수는 26입니다.

따라서 가장 큰 수와 가장 작은 수의 차는 54-26=28입니다.

2 처음 있던 사람 수에서 내린 사람 수를 빼고 탄 사람 수를 더합니다.

⇨ 65-27+13=38+13=51(명)

3 (처음 도서관에 있던 학생 수)

=34+29=63(명)

(지금 도서관에 있는 학생 수)

=(처음 도서관에 있던 학생 수)-(나간 학생 수)

+(들어온 학생 수)

=63-13+16=66(명)

4 34-27=7, 82-7=75

5 어떤 수를 □라 하면 □-36=18이므로 18+36=□, □=54입니다.

따라서 바르게 계산하면 54+36=90입니다.

4단원 길이 재기

81쪽 쪽지시험 1회

1 (○) **2** ③ **3** 9번
　(　)

4 10번 **5** 5번 **6** 7번

7 7 cm **8** 5 cm **9** 3 cm

10 예 5 cm, 5 cm

2 1은 두 칸에 쓰고, cm는 아래 1칸에만 씁니다.

3 색연필의 길이는 엄지손톱으로 재면 9번입니다.

7 끈의 길이는 1 cm가 7번이므로 7 cm입니다.

82쪽 쪽지시험 2회

1 3 cm **2** 6 cm

3 예 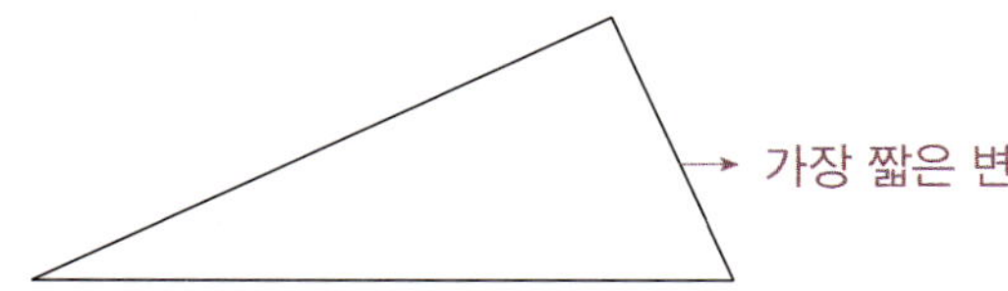 **4** 3

5 2 cm **6** 2 **7** 5

8 예 6 cm, 6 cm **9** ③

10 ㉡

1 지우개의 한쪽 끝을 자의 왼쪽 눈금 0에 맞추었고 오른쪽 눈금이 3을 가리키므로 3 cm입니다.

3 4 cm는 1 cm가 4번이므로 4칸을 색칠합니다.

5

삼각형의 가장 짧은 변을 자로 재면 2 cm입니다.

6 2 cm에 가깝기 때문에 약 2 cm입니다.

9 단위로 정한 것의 길이가 짧을수록 잰 횟수가 많습니다. 따라서 잰 횟수가 가장 많은 것은 길이가 가장 짧은 ③ 클립입니다.

10 ㉠ 4칸, ㉡ 5칸이므로 ㉡이 더 깁니다.

83~85쪽 단원평가 1회

1 0, 5
2 예)
3 5뼘 **4** ㉢ **5** 3, 3
6 4, 4 **7** 3번, 4번 **8** 7번
9 7 cm **10** 6 cm **11** ⑤
12 3 cm **13** 예) 5, 5 **14** 3 cm
15 6 cm **16** ㉴ **17** 6 cm
18 재석 **19** 지팡이 **20** 진호

2 자를 사용하여 2 cm만큼 선을 긋습니다.

3 책꽂이의 긴 쪽의 길이는 5뼘입니다.

7 색연필의 길이는 가로 3번, 나로 4번입니다.

8 붓의 길이는 1 cm가 7번입니다.

9 붓의 길이는 1 cm가 7번이므로 7 cm입니다.

10 풀의 길이는 1 cm가 6번이므로 6 cm입니다.

11 선의 왼쪽 끝을 자의 눈금 0에 맞추고 선을 자와 나란히 맞대어 놓습니다.

12 크레파스의 길이는 1 cm가 3번이므로 3 cm입니다.

14 자를 사용하여 실제로 길이를 재어 보면 3 cm입니다.

16 ㉮: 1 cm가 3번 ⇨ 3 cm
㉯: 1 cm가 4번 ⇨ 4 cm
따라서 길이가 더 긴 색 테이프는 ㉯입니다.

17 7 cm에 가깝지만 1 cm부터 재었으므로 약 6 cm 입니다.

18 같은 크레파스로 재어서 3번인 것이 더 짧으므로 재석이의 줄이 더 짧습니다.

19 우산은 볼펜으로 재면 6번이고, 지팡이는 볼펜으로 재면 8번이므로 지팡이가 더 깁니다.

20 실제 길이와 어림한 길이의 차가 더 작은 사람을 찾습니다. 승호는 실제 길이와 차가 2 cm이고 진호는 실제 길이와 차가 1 cm입니다.
따라서 진호가 더 가깝게 어림하였습니다.

86~88쪽 단원평가 2회

1 3 **2** 8
3 7 cm **4** 4
5 3 **6** ( )(○)( )
7 5 cm **8** 6번, 4번
9 4 cm **10** 6 cm
11 예) 7, 7 **12** ( )
(○)
13 15 cm **14** ㉯
15 3 cm **16** 5 cm
17 빨간색 **18** 130 cm, 18 cm
19 8 cm **20** 42 cm

1 사탕을 옮겨가며 빈틈없이 이어서 길이를 잽니다.

2 1 cm가 8번이면 8 cm입니다.

3 연필의 길이는 1 cm가 7번이므로 7 cm입니다.

4 1 cm가 4번이므로 4 cm입니다.

5 1 cm가 3번이므로 3 cm입니다.

6 뼘, 걸음은 사람마다 길이가 다릅니다.

7 6 cm와 가깝지만 1 cm부터 재었으므로 약 5 cm 입니다.

8 색연필의 길이는 클립으로 6번, 지우개로 4번입니다.

12 한쪽 끝이 자의 눈금 0에 맞추어져 있어야 합니다.

13 1 cm가 15번이므로 15 cm입니다.

14 ㉮ 5 cm, ㉯ 4 cm이므로 더 짧은 것은 ㉯입니다.

15 ㉮는 5 cm, ㉯는 4 cm, ㉰는 3 cm이므로 가장 짧은 선의 길이는 3 cm입니다.

16
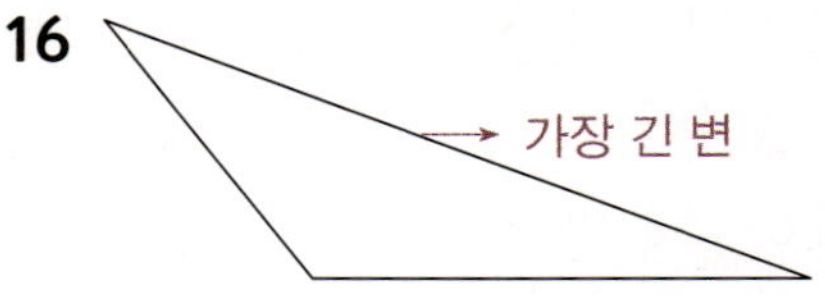

삼각형의 가장 긴 변은 5 cm입니다.

17 뼘으로 12번 잰 빨간색 우산이 더 깁니다.

19 1 cm가 8번이므로 8 cm입니다.

20 나로 3번이므로 14+14+14=42 (cm)입니다.

1 3 **2** 7 cm **3** 4 cm

4 예 4 cm, 4 cm **5** 3 cm

6 6 cm **7** ㉡

8 **9** 8 cm

10 ㉠

11 ⑤ **12** 예 5 cm **13** 2 cm

14 ② **15** 유리 **16** 11 cm

17 70 cm **18** 은희

19 예 정확한 길이를 나타낼 수 있어서 좋습니다.

20 예 17 cm는 14 cm와 3 cm 차이가 나고, 13 cm는 14 cm와 1 cm 차이가 납니다. 따라서 은성이가 찬우보다 더 가깝게 어림하였습니다. ; 은성

3 크레파스의 길이는 1 cm가 4번이므로 4 cm입니다.

5 1 cm가 3번이므로 3 cm입니다.

7 ㉠ 3 cm, ㉡ 4 cm이므로 더 긴 것은 ㉡입니다.

9 1 cm인 눈금 8칸은 8 cm입니다.

10 ㉠ 1 cm가 4번이면 4 cm입니다. → □=4
㉡ 3 cm는 1 cm가 3번입니다. → □=3
➪ 4>3이므로 ㉠의 □ 안에 알맞은 수가 더 큽니다.

11 자로 재면 정확한 길이를 알 수 있으므로 어떤 사람이 재어도 길이가 같습니다.

12 ㉮의 길이를 1 cm씩 나누어 ㉯의 길이를 어림해 봅니다.

13 가장 긴 변: 5 cm, 가장 짧은 변: 3 cm
➪ 5−3=2 (cm)

15 풀로 6번 잰 유리의 우산이 가장 깁니다.

16 굵은 선의 길이는 1 cm로 11번이므로 11 cm입니다.

17 14+14+14+14+14=70 (cm)

18 잰 횟수가 많을수록 한 뼘의 길이가 짧습니다.

1 5cm **2** 2 cm **3** ③

4 5 cm **5** 바늘 **6** 4번

7 ㉠ **8** 6 cm **9** 4 cm

10 **11** 빗자루

12 ㉢

13 예 색연필 대신 길이가 정해져 있는 물건을 사용합니다.

14 5 cm **15** 9 cm **16** 색연필

17 예 7+7+7+7=28 (cm)이므로 길이가 7 cm인 막대로 4번 재야 합니다. ; 4번

18 10 cm **19** 소연 **20** 주원, 3 cm

7 ㉡ 색연필의 길이는 풀로 2번입니다.

11 뼘으로 6번 잰 빗자루의 길이가 더 깁니다.

12 오빠의 색연필이 연서의 색연필보다 더 짧아서 액자가 작게 만들어졌습니다.

14 ㉮: 2 cm, ㉯: 3 cm ➪ 2+3=5 (cm)

15 ㉯의 길이는 ㉮를 3번 이어 놓은 것과 같으므로 3+3+3=9 (cm)입니다.

16 가장 긴 것으로 재면 잰 횟수가 가장 적습니다. 따라서 길이가 가장 긴 학용품은 색연필입니다.

18 굵은 선은 1 cm인 선 10개로 이루어져 있습니다. 1 cm가 10번이면 10 cm이므로 굵은 선의 길이는 10 cm입니다.

19 어림한 길이와 실제 길이의 차를 각각 구해 보면
지은: 32−30=2 (cm),
경민 : 35−30=5 (cm),
소연: 30−29=1 (cm)입니다.
따라서 가장 가깝게 어림한 사람은 소연입니다.

20 이준이의 테이프: 3+3+3+3=12 (cm),
주원이의 테이프: 5+5+5=15 (cm)
따라서 주원이의 테이프가 15−12=3 (cm) 더 깁니다.

95~97쪽 **단원평가 5회**

1 5 cm **2** 6번 **3** 4 cm

4 7 cm **5** 예 4 cm, 4 cm

6 ㉢, 예 7 cm **7** 6번 **8** 2 cm

9 5 cm **10** 5 cm **11** 11 cm

12 15 cm **13** 영진

14 예 사람마다 뼘의 길이가 다르기 때문입니다.

15 18 cm

16 예 종이의 한쪽 끝을 자의 눈금 0에 맞추고 길이
를 재야 하는데 자를 놓는 위치가 잘못되었습
니다.

17 79 cm **18** ㉢, ㉡, ㉠ **19** 8 cm

20 예 재호의 연필의 길이가 12 cm이므로 민지의
연필의 길이는 12−5=7 (cm)입니다.
따라서 은원이의 연필의 길이는
7+3=10 (cm)입니다. ; 10 cm

---

6 ㉢이 7칸이므로 가장 깁니다.

7 연필의 길이는 크레파스로 2번이고 크레파스의
길이는 클립으로 3번입니다.
따라서 연필의 길이는 클립으로 3+3=6(번)입
니다.

8 ㉠: 4 cm, ㉡: 6 cm ➡ 6−4=2 (cm)

11 4+4+3=8+3=11 (cm)

12 긴 쪽의 길이는 1 cm가 28번이므로 28 cm입니다.
따라서 긴 쪽은 짧은 쪽보다 28−13=15 (cm)
더 깁니다.

13 한 뼘의 길이가 짧을수록 잰 횟수가 많습니다.
따라서 한 뼘의 길이가 더 짧은 사람은 영진입니다.

15 3+3+3+3+3+3=18 (cm)

17 재희는 칠판의 짧은 쪽의 길이를
약 82+5=87 (cm)로 어림하였습니다.
칠판의 짧은 쪽의 실제 길이는 87−8=79 (cm)
입니다.

18 길이가 길수록 잰 횟수가 적습니다. 따라서 길이
가 긴 물건부터 차례대로 쓰면 ㉢, ㉡, ㉠입니다.

19 ㉠에서 ㉡까지 가장 가까운 길로 가려면 오른쪽으
로 4칸, 아래쪽으로 4칸을 가야 합니다.
따라서 1 cm가 8번이므로 8 cm입니다.

98~99쪽 **서술형 평가 ❶**

1 ❶ 7 cm ❷ 4 cm
❸ 3 cm

2 ❶ ㉢, ㉡, ㉠ ❷ ㉢

3 ❶ 많습니다에 ○표 ❷ 태이

4 ❶ 12 cm ❷ 6 cm
❸ 18 cm

---

1 ❶ ㉠는 1 cm가 7번이므로 7 cm입니다.
❷ ㉡는 1 cm가 4번이므로 4 cm입니다.
❸ 7−4=3 (cm)

2 ❶ 13>8>6이므로 뼘으로 잰 횟수가 많은 순서
대로 기호를 쓰면 ㉢, ㉡, ㉠입니다.
❷ 뼘으로 가장 많이 잰 ㉢ 책장이 가장 높습니다.

3 ❷ 52<57이므로 태이의 젓가락이 더 짧습니다.

4 ❶ 클립 3개의 길이는 4+4+4=12 (cm)입니다.
❷ 클립 3개의 길이는 지우개 2개의 길이와 같으
므로 지우개 1개의 길이는 6 cm입니다.
❸ 못의 길이는 지우개 3개의 길이와 같으므로
6+6+6=18 (cm)입니다.

100~101쪽 **서술형 평가 ❷**

1 예 막대의 길이를 지우개로 재면 5번이므로
4+4+4+4+4=20 (cm)입니다.
; 20 cm

2 예 어림한 길이와 실제 길이의 차가 가장 작은 사
람이 가장 가깝게 어림한 것입니다.
준민: 20−17=3 (cm)
원석: 18−17=1 (cm)
은영: 17−15=2 (cm)
따라서 가장 가깝게 어림한 사람은 원석입니다.
; 원석

3 예 긴 쪽의 길이는 1 cm가 30번이므로 30 cm
입니다.
짧은 쪽의 길이는 1 cm가 20번이므로 20 cm
입니다.
따라서 긴 쪽은 짧은 쪽보다
30-20=10 (cm) 더 깁니다.
; 10 cm

4 예 현경이의 끈의 길이는
14+14+14+14=56 (cm)입니다.
서진이의 끈의 길이는
13+13+13+13+13=65 (cm)입니다.
두 사람의 끈의 길이의 차는
65-56=9 (cm)이므로 서진이의 끈이 9 cm
더 깁니다.
; 서진, 9 cm

102쪽 오답 베스트 5

1 ㉠ **2** 7 **3** ㉢, ㉠, ㉡
4 ㉡ **5** 현우

1 ㉠: 6 cm, ㉡: 5 cm ⇨ ㉠이 더 깁니다.

2 1 cm가 7번이면 7 cm입니다.

3 ㉠은 모눈 5칸, ㉡은 모눈 3칸, ㉢은 모눈 7칸입니다.
⇨ ㉢>㉠>㉡

4 크레파스의 한쪽 끝이 자의 눈금 3에 맞춰져 있고
1 cm가 4칸 정도 있습니다.
따라서 크레파스의 길이는 약 4 cm입니다.

5 실제 길이와 어림한 길이의 차를 알아봅니다.
현우: 19-17=2 (cm)
유미: 23-19=4 (cm)
⇨ 2<4이므로 차가 더 작은 현우가 실제 길이에
더 가깝게 어림했습니다.

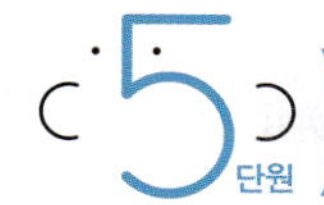

5단원 분류하기

105쪽 쪽지시험 1회

1 색깔에 ○표 **2** (　) **3** 지우개
　　　　　　　　(○)
4 4 **5** 2 **6** 5, 2, 3
7 게임기 **8** 4명 **9** 4, 1, 2
10 사과

7 게임기가 5명으로 가장 많습니다.

8 바나나는 4개 있으므로 바나나를 좋아하는 친구는 4명입니다.

9 두 번 세거나 빠뜨리는 것이 없도록 표시하면서 세어 봅니다.

10 사과를 좋아하는 친구는 1명으로 가장 적습니다.

106쪽 쪽지시험 2회

1 모양에 ○표 **2** 수영, 농구, 야구, 축구
3 3, 1, 4 **4** 수영 **5** 축구
6 예 바퀴 수 **7** 15명 **8** 6, 2, 3, 4
9 양파 **10** 가지

1 풀, 통조림 캔은 　 모양, 축구공, 야구공, 탁구공
은 　 모양입니다.

2 친구들이 좋아하는 운동에는 수영, 농구, 야구, 축구가 있습니다.

3 운동별로 ∨나 / 등의 표시를 하면서 두 번 세거나 빠뜨리지 않도록 세어 봅니다.

4 수영을 좋아하는 친구가 4명으로 가장 많습니다.

5 축구를 좋아하는 친구가 1명으로 가장 적습니다.

6 자전거, 오토바이는 바퀴가 2개, 승용차, 버스는 바퀴가 4개이므로 바퀴 수에 따라 분류한 것입니다.

7 조사한 친구들의 수를 세어 보면 모두 15명입니다.

8 채소별로 표시하면서 두 번 세거나 빠뜨리지 않도록 세어 봅니다.

9 양파를 좋아하는 친구가 6명으로 가장 많습니다.

10 가지를 좋아하는 친구가 2명으로 가장 적습니다.

107~109쪽 **단원평가** 1회

1 ( )　(○)　( )

2 ③

3 3, 4

4

날 수 있는 것	②, ⑦, ⑧
날 수 없는 것	①, ③, ④, ⑤, ⑥

5 4, 2, 3　　**6** 4, 5

7

장래 희망	의사	축구선수	연예인	선생님
세면서 표시하기				
학생 수(명)	1	2	5	4

8 연예인　**9** 의사　**10** 5, 4, 1, 2

11 햄버거　**12** 6, 3, 4, 2　**13** 위인전, 2권

14 7, 5　**15** 4, 8　**16** 3개

17 흰색　**18** 예 흰색

19 예 글자와 숫자

20

종류	글자	숫자
자석	가, 나, 다, 라, 마	1, 2, 3, 4, 5

1 분류의 기준은 분명한 것이 좋습니다.

2 ②, ④는 ⬤ 모양, ①, ⑤는 ⬛ 모양으로 분류할 수 있습니다.

6 보라색 과일과 빨간색 과일로 분류하여 수를 세어 봅니다.

7 장래 희망에 따라 학생 수를 세어 봅니다.

8 연예인이 5명으로 가장 많습니다.

9 의사가 1명으로 가장 적습니다.

11 햄버거를 좋아하는 친구가 5명으로 가장 많습니다.

12 같은 책을 두 번 세거나 빠뜨리는 것이 없도록 주의합니다.

13 위인전이 2권으로 가장 적습니다.

16 삼각형 5개 중에서 초록색을 찾아보면 3개입니다.

17 흰색이 18명으로 가장 많습니다.

18 흰색 옷을 좋아하는 친구들이 가장 많으므로 흰색 옷을 가장 많이 들여 놓으면 좋습니다.

20 글자, 숫자로 나누어 분류합니다.

110~112쪽 **단원평가** 2회

1 삼각형　**2** （선 잇기）　**3** ④

4

다리 2개	③, ④, ⑥
다리 4개	①, ②, ⑤, ⑦, ⑧

5

종류	블록	로봇	자동차	퍼즐
친구 수(명)	6	2	1	3

6 블록　**7** 자동차, 1명　**8** 2명

9 ③　**10** 2, 1, 5, 1　**11** 야구

12 5, 3, 7　**13** 버스　**14** ㉡

15 3, 3, 4　**16** 3, 5, 2　**17** 2개

18 4, 5, 2, 1　**19** 연필　**20** 예 연필

2 음료수 캔, 통조림: 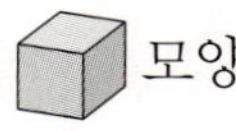 모양,

책, 과자 상자: ⬛ 모양

3 ①, ②, ③, ⑤는 땅에 살고 ④는 바다에 삽니다.

5

> 참고
>
> 모든 자료를 세어 본 후에는 센 결과가 조사한 친구 수와 일치하는지 확인해 봅니다.
>
> 6+2+1+3=12(명)
> └─ 조사한 친구 수

8 탁구를 배우고 싶어 하는 친구는 지혜, 주하로 2명입니다.

9 지혜네 모둠 친구들이 배우고 싶어 하는 운동은 탁구, 축구, 야구, 농구입니다.

11 야구를 배우고 싶어 하는 친구가 5명으로 가장 많습니다.

13 버스가 7명으로 가장 많습니다.

14 ㉡ 지하철을 이용하는 친구는 5명입니다.

15 단추 구멍의 수에 따라 단추의 수를 세어 봅니다.

16 단추 모양에는 원, 사각형, 삼각형이 있습니다. 각각의 모양별로 수를 세어 봅니다.

17 사각형인 단추 5개 중에서 구멍이 3개인 단추를 찾습니다.

18 빠뜨리거나 두 번 세지 않도록 표시하면서 세도록 합니다.

20 일주일 동안 가장 많이 사용한 학용품이 연필입니다. 물건을 많이 팔기 위해서는 연필을 가장 많이 들여 놓으면 좋습니다.

113~115쪽 단원평가 3회

1 ②　　**2** 3, 2, 3　　**3** 플루트

4 도윤, 수영　　**5** 2명

6

종류	자장면	핫도그	떡볶이	피자
세면서 표시하기	/////	/////	/////	/////
친구 수(명)	3	5	2	2

7 핫도그

8

10보다 큰 수	11, 14, 18, 16, 17
10보다 작은 수	7, 1, 2, 5, 6, 4, 9

9 (위부터) 여자, 남자

10

성별	여자	남자
주인공 수(명)	7	5

11

색깔	노란색	빨간색	파란색
세면서 표시하기	/////	/////	/////
조각 수(개)	3	5	7

12 4, 5, 6

13

양말	
모자	
가방	

; 모자

14 ④　　　　**15** 4, 2, 4, 5, 3

16 복숭아　　　**17** 바나나

18 예 ▭ 모양과 ▭ 모양으로 분류하였습니다.

19 여름

20 예 (자전거를 받고 싶은 친구의 수)
=34−5−13−9
=29−13−9
=16−9=7(명)
따라서 자전거를 받고 싶은 친구는 7명입니다. ; 7명

1 전래동화끼리, 위인전끼리 꽂았으므로 종류에 따라 분류한 것입니다.

3 플루트를 배우는 친구가 2명으로 가장 적습니다.

5 떡볶이 그림이 그려져 있는 친구를 찾으면 영오, 하은으로 2명입니다.

7 친구 수가 가장 많은 음식을 찾으면 5명이 좋아하는 핫도그입니다.

8 순서에 관계없이 써도 됩니다. 두 번 쓰거나 빠뜨리지 않도록 주의하여 수를 씁니다.

9 동화 속 주인공을 여자와 남자로 분류하였습니다.

11 색깔에 따라 빠뜨리거나 두 번 세지 않도록 주의하여 세어 봅니다.

12 모양에 따라 빠뜨리거나 두 번 세지 않도록 주의하여 세어 봅니다.

14 ④ 농구공은 12개이고 축구공은 17개이므로 농구공은 축구공보다 적습니다.

16 딸기와 복숭아를 좋아하는 친구 수는 각각 4명으로 같습니다.

17 바나나를 좋아하는 친구가 5명으로 가장 많습니다.

19 여름이 12명으로 가장 많습니다.

116~118쪽 단원평가 4회

1

종류	장미	민들레	코스모스	백합
세면서 표시하기	/////	////	///	///
친구 수(명)	5	3	2	2

2 장미

3 예 분류 기준이 분명하지 않기 때문입니다.

4

교과서	①, ⑨
위인전	②, ③, ⑤, ⑥, ⑧, ⑩
동화책	④, ⑦, ⑪, ⑫

5 2, 6, 4 **6** 위인전 **7** 교과서

8 바나나 **9** 2, 3, 6, 1 **10** 귤

11 2명 **12** 7, 5, 5 **13** 7, 4, 6

14 3개 **15** 4, 3, 6, 2 **16** 6, 9

17 역사책 **18** 9, 6, 2, 3

19 팥빙수, 우유 빙수

20 예 오늘 팥빙수가 가장 많이 팔렸으므로 팥빙수를 가장 많이 준비하면 좋습니다.

2 장미를 좋아하는 친구가 5명으로 가장 많습니다.

4 책을 교과서, 위인전, 동화책으로 분류합니다.

6 위인전이 6권으로 가장 많습니다.

7 교과서가 2권으로 가장 적습니다.

9 과일별로 좋아하는 친구들의 수를 세어 봅니다.

10 귤을 좋아하는 친구가 6명으로 가장 많습니다.

11 복숭아를 좋아하는 친구: 3명,
바나나를 좋아하는 친구: 1명
⇨ 3-1=2(명)

12 모양을 빠뜨리거나 두 번 세는 일이 없도록 주의하여 셉니다.

14 원 모양 7개 중에서 구멍이 4개인 단추를 찾습니다.

15 채소에는 무, 토마토, 당근, 마늘이 있습니다. 각각의 채소별로 수를 세어 봅니다.

17 사회, 과학, 예술, 문학책의 수는 같고 역사책의 수가 적으므로 더 사야 하는 책은 역사책입니다.

19 개수가 가장 많은 빙수와 가장 적은 빙수를 각각 찾습니다.

119~121쪽 단원평가 5회

1

원	①, ④, ⑦, ⑪
삼각형	②, ⑤, ⑥, ⑨
사각형	③, ⑧, ⑩, ⑫

2 4, 4, 4 **3** 예 색깔

4

	딸기 맛	바나나 맛
🍼	②	③, ⑥
🧃	⑤	①, ④

5

종류	배추	고추	당근	무
세면서 표시하기	//////	////	/////	/////
친구 수(명)	6	2	3	4

6 배추 **7** 3명 **8** 6, 5, 5

9 7, 5, 4 **10** 2개 **11** 5, 4, 7, 2

12 운동화, 운동화

13 예 위에 입는 옷과 아래에 입는 옷으로 분류할 수 있습니다.

14 9개 **15** 32개 **16** 16개

17 10명 **18** ③ **19** 요리사

20 예 피아노, 바이올린, 첼로를 좋아하는 친구는 모두 4+3+1=8(명)이므로 플루트를 좋아하는 친구는 10-8=2(명)입니다. 따라서 가장 많은 친구들이 좋아하는 악기는 피아노입니다. ; 피아노

2 모양별로 도형의 수를 세어 봅니다.

5 두 번 세거나 빠뜨리는 것이 없도록 표시하면서 셉니다.

7 배추를 심은 친구는 6명, 당근을 심은 친구는 3명 이므로 배추를 심은 친구가 6−3=3(명) 더 많습 니다.

10 뿔이 3개인 5개의 인형 중에서 눈이 2개인 것을 찾으면 2개입니다.

12 운동화를 좋아하는 친구들이 가장 많으므로 운동화 를 가장 많이 준비하는 것이 좋습니다.

14 검은색 단추의 수와 구멍이 4개인 단추의 수가 같 으므로 검은색 단추는 9개입니다.

15 (검은색 단추 수)+(회색 단추 수)+(파란색 단추 수) =9+15+8=32(개)

16 (구멍이 2개인 단추 수)=32−7−9=16(개)

17 공책을 8권 가지고 있는 친구가 1명, 9권 가지고 있는 친구가 4명, 10권 가지고 있는 친구가 2명, 11권 가지고 있는 친구가 3명이므로 모두 1+4+2+3=10(명)입니다.

18 요리사, 운동선수, 과학자, 선생님, 의사, 연예인 ⇨ 6가지

19

장래 희망	요리사	운동선수	과학자	선생님	의사	연예인
친구 수(명)	6	4	2	3	2	3

⇨ 요리사가 6명으로 가장 많습니다.

122~123쪽 서술형 평가 ❶

1 ❶ 예 모자 쓴 친구와 안 쓴 친구

   ❷ 예 아라, 민재, 진호 ; 보나, 도연, 찬영

2 ❶ 5, 4, 3   ❷ 3, 3, 2, 4

3 ❶ 12명   ❷ 30명

4 ❶ 7, 3, 2   ❷ 초콜릿 맛 우유

   ❸ 예 초콜릿 맛 우유

1 ❶ 안경을 썼는지 안 썼는지로 분류하거나 남자, 여자로 분류할 수 있습니다.

3 ❶ 남해에 가고 싶은 친구가 9명이므로 여수에 가 고 싶은 친구는 9+3=12(명)입니다.

   ❷ 조사한 친구는 모두 9+5+4+12=30(명) 입니다.

124~125쪽 서술형 평가 ❷

1 예 블록 6명, 인형 1명, 로봇 2명, 퍼즐 3명이므로 가장 적은 친구들이 좋아하는 장난감은 인형입니다. ; 인형

2 예 프랑스에 가고 싶은 친구는 9+2=11(명)이 므로 조사한 친구는 모두 9+5+4+11=29(명)입니다. ; 29명

3 예 다리가 4개인 동물은 강아지, 고양이, 토끼입니다. 각 동물을 기르는 친구 수를 알아보면 강아지 6명, 고양이 2명, 토끼 3명이므로 다리가 4개인 동물을 기르는 친구는 6+2+3=11(명)입니다. 다리가 2개인 동물은 앵무새이고 다리가 2개인 동물을 기르는 친구는 4명입니다. 따라서 다리가 4개인 동물을 기르는 친구는 다리가 2개인 동물을 기르는 친구보다 11−4=7(명) 더 많습니다. ; 7명

4 예 땅에서 사는 동물은 토끼, 고양이, 강아지입니다. 각 동물을 기르는 친구 수를 알아보면 토끼 3명, 고양이 3명, 강아지 4명이므로 땅에서 사는 동물을 기르는 친구는 3+3+4=10(명)입니다. 물에서 사는 동물은 금붕어이고 물에 사는 동물을 기르는 친구는 2명입니다. 따라서 땅에서 사는 동물을 기르는 친구는 물에 사는 동물을 기르는 친구보다 10−2=8(명) 더 많습니다. ; 8명

126쪽 오답 베스트 5

1 ③   **2** 모양   **3** 농구

4 3개   **5** 5, 5, 8

3 각 운동을 좋아하는 학생 수를 비교하면 4<6<8 이므로 가장 적은 학생들이 좋아하는 운동은 농구 입니다.

4 딸기 맛 우유는 15개, 초콜릿 맛 우유는 12개이므로 딸기 맛 우유는 초콜릿 맛 우유보다 15−12=3(개) 더 많습니다.

6단원 곱셈

129쪽 쪽지시험 1회

1 12, 12   **2** 8, 10, 12, 12
3 8, 12, 12   **4** 15, 20   **5** 21, 28, 35
6 8묶음   **7** 24   **8** 24개
9 6, 18   **10** 3, 18

6 감자의 수는 3씩 8묶음입니다.
7 6씩 묶어 세면 6−12−18−24
9 3씩 6묶음 ⇨ 3−6−9−12−15−18
10 6씩 3묶음 ⇨ 6−12−18

130쪽 쪽지시험 2회

1 4   **2** 5   **3** 4
4 6, 4   **5** 8, 5   **6** 6
7   **8** 4   **9** 2, 2
10 2

1 5씩 4묶음 ⇨ 5의 4배
6 2씩 6묶음 ⇨ 2의 6배
9 4씩 2묶음 ⇨ 4의 2배

131쪽 쪽지시험 3회

1 5, 5   **2** 2, 2   **3** $2 \times 8 = 16$
4 $3 \times 9 = 27$ **5** $5 \times 7 = 35$ **6**
7 $5 + 5 + 5 + 5 = 20$ **8** $5 \times 4 = 20$
9 $8 + 8 + 8 = 24$; $8 \times 3 = 24$
10 $9 + 9 + 9 = 27$; $9 \times 3 = 27$

1 6씩 5묶음 ⇨ 6의 5배 ⇨ 6×5
2 7씩 2묶음 ⇨ 7의 2배 ⇨ 7×2

132쪽 쪽지시험 4회

1 $8 + 8 + 8 = 24$ **2** $8 \times 3 = 24$
3 24개   **4** 4, 36   **5** 15개
6 5, 20, 20   **7** 3, 15, 15   **8** 20마리
9 24개   **10** 72명

4 9자루씩 4묶음이므로 $9 \times 4 = 36$입니다.
5 바퀴가 3개씩 5대이므로 모두 $3 \times 5 = 15$(개)입니다.
8 참새는 5마리씩 4묶음이므로 5의 4배입니다.
$5 + 5 + 5 + 5 = 20$ ⇨ $5 \times 4 = 20$
9 코끼리 다리는 4개씩 6마리이므로 4의 6배입니다.
$4 + 4 + 4 + 4 + 4 + 4 = 24$ ⇨ $4 \times 6 = 24$
10 학생들은 8명씩 9줄이므로 8의 9배입니다.
⇨ $8 + 8 + 8 + 8 + 8 + 8 + 8 + 8 + 8 = 72$
⇨ $8 \times 9 = 72$

133~135쪽 단원평가 1회

1 6, 9, 12, 15, 18   **2** 12, 18
3 18장   **4** 8, 8   **5** ③
6 5묶음   **7** 20개   **8** $7 \times 9 = 63$
9   **10** 3, 12
11 7, 7, 21 ; 3, 21
12 21자루   **13** 3, 15
14 $3 + 3 + 3 + 3$; 3×4 **15** 6배
16 12개   **17** 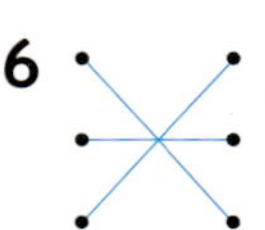 $4 \times 4 = 16$
18 ④   **19** 9, 3, 27   **20** 20개

4 3씩 8묶음 ⇨ 3의 8배 ⇨ 3×8
5 ① 2씩 4묶음   ② 3씩 3묶음
④ 5씩 3묶음   ⑤ 4씩 4묶음
7 4씩 5묶음은 4의 5배이므로 $4 \times 5 = 20$(개)입니다.
10 4씩 3묶음 ⇨ 4의 3배
⇨ $4 + 4 + 4 = 12$ ⇨ $4 \times 3 = 12$
11 7씩 3묶음 ⇨ 7의 3배
⇨ $7 + 7 + 7 = 21$ ⇨ $7 \times 3 = 21$

12 7씩 3묶음이므로 모두 21자루입니다.

13 5-10-15

15 2개씩 묶으면 6묶음이므로 2의 6배입니다.

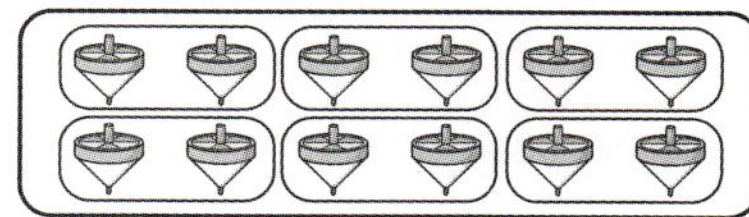

16 2씩 6묶음은 2의 6배이므로 2×6=12(개)입니다.

18 9의 2배, 9와 2의 곱, 9+9 ⇨ 9×2
9보다 2만큼 더 큰 수 ⇨ 9+2

19 9개씩 3봉지 ⇨ 9의 3배 ⇨ 9+9+9=27
⇨ 9×3=27

20 4개씩 5대는 4의 5배입니다.
⇨ 4+4+4+4+4=20
⇨ 4×5=20

1 20, 24, 28, 32 **2** 4묶음

3 ② **4** 7, 3 ; 21 ; 21

5 8, 3 ; 16, 24 ; 24 **6** 5, 5, 15

7 9, 4 **8** 7, 35

9 예

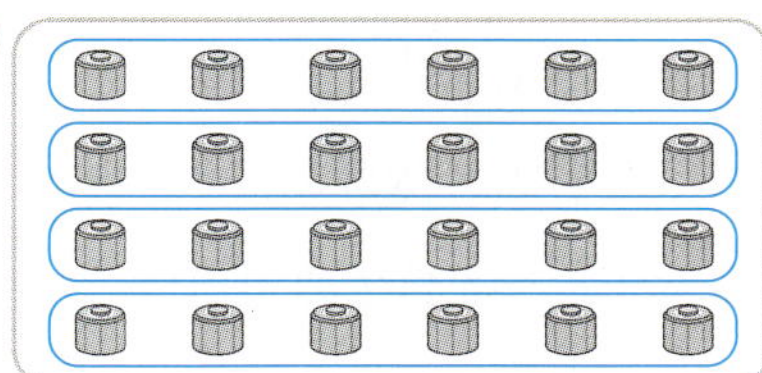

10 6, 6, 6, 24 **11** 4, 24

12 5, 40 **13** 6, 5, 30

14 **15** 6배

16 ㉡

17 56장

18

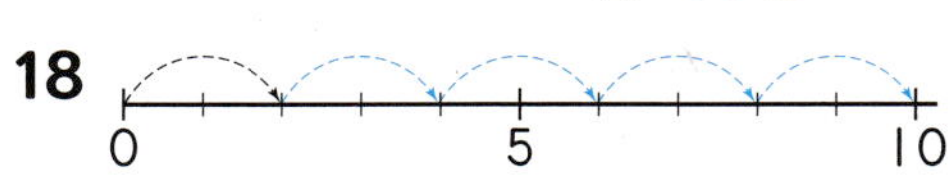

19 2×5=10 **20** 10개

1 4씩 묶어 세면
4-8-12-16-20-24-28-32입니다.

5 8씩 묶어 세면 8-16-24이므로 모두 24개입니다.

6 3씩 5묶음 ⇨ 3의 5배 ⇨ 3+3+3+3+3=15
⇨ 3×5=15

7 9씩 4묶음 ⇨ 9의 4배

9 6개씩 묶으면 4묶음이 됩니다.

10 6씩 4묶음 ⇨ 6의 4배 ⇨ 6+6+6+6=24

11 6씩 4묶음 ⇨ 6의 4배 ⇨ 6+6+6+6=24
⇨ 6×4=24

12 8씩 5묶음은 8의 5배입니다. ⇨ 8×5=40

14 6씩 2묶음 ⇨ 6의 2배 ⇨ 6×2
4씩 4묶음 ⇨ 4의 4배 ⇨ 4×4

15 연결 모형 12개를 2개씩 묶으면 6묶음이 됩니다.
⇨ 12는 2의 6배입니다.

16 ㉠ 2씩 4묶음 ⇨ 2×4=8   ㉡ 2+4=6
㉢ 2+2+2+2=8   ㉣ 2×4=8
⇨ 나타내는 수가 다른 하나는 ㉡입니다.

17 7씩 8묶음
⇨ 7의 8배
⇨ 7+7+7+7+7+7+7+7=56
⇨ 7×8=56

18 2씩 5번 뛰어 세어 나타냅니다.

1 18, 24, 30 **2** 9, 2

3 8×4=32 **4** 5, 5, 35

5 5, 5, 45 **6** ①, ④

7 (1) 6, 4, 6 (2) 3, 8, 3 **8** ㉡, ㉢, ㉠, ㉣

9 5×3=15, 5×4=20 **10** 27개

11 7+7+7+7+7+7=42 ; 7×6=42

12

13 4×6=24 **14** 24개

15 4, 24 ; 8, 24 **16** 5배

17 45살 **18** 30개

19 8개

20 ⑩ 삼각형의 꼭짓점은 3개입니다.

3씩 6묶음은 3의 6배이고

$3+3+3+3+3+3=18$이므로

$3×6=18$입니다. 따라서 그린 삼각형의 꼭

짓점은 모두 18개입니다. ; 18개

3 $8+8+8+8$은 8의 4배이므로 $8×4$입니다.

5 9의 5배 ⇨ $9+9+9+9+9=45$

⇨ $9×5=45$

8 ㉠ 14 ㉡ 24 ㉢ 20 ㉣ 4

⇨ ㉡>㉢>㉠>㉣

9 5씩 3묶음은 5의 3배이므로 $5×3=15$,

5씩 4묶음은 5의 4배이므로 $5×4=20$입니다.

10 3씩 9묶음 ⇨ 3의 9배 ⇨ $3×9=27$

따라서 단추 구멍은 모두 27개입니다.

11 사과의 수는 7씩 6묶음이고 7의 6배입니다.

$7+7+7+7+7+7=42$ ⇨ $7×6=42$

12 4씩 6번 뛰어 세어 나타냅니다.

14 4의 6배는 $4×6=24$이므로 필요한 구슬은 모두

24개입니다.

15 6씩 묶으면 4묶음, 3씩 묶으면 8묶음입니다.

16 검은색 바둑돌은 3개, 흰색 바둑돌은 3개씩 5묶

음입니다. 따라서 3씩 5묶음은 3의 5배입니다.

17 9의 5배 ⇨ $9+9+9+9+9=45$

⇨ $9×5=45$

18 보를 낼 때 펼친 손가락은 5개입니다.

5씩 6묶음 ⇨ 5의 6배

⇨ $5+5+5+5+5+5=30$

⇨ $5×6=30$

19 3씩 4묶음은 3의 4배이고 $3+3+3+3=12$입

니다. 따라서 주스를 만들고 남은 멜론은

$12-4=8$(개)입니다.

142~144쪽 단원평가 4회

1 9, 18   **2** 3 ; 8, 3, 24   **3** 3, 4, 12

4 (선 잇기)

5 9, 4, 36   **6** 7, 35

7 $2×5=10$

8 $7+7+7+7+7=35$ **9** $7×5=35$

10 ㉣   **11** 예준   **12** 4배

13 54개   **14** $7+7+7+7=28$

15 $7×4=28$ **16** 27마리

17 $6×4=24$; 24개   **18** 27개

19 64개

20 ⑩ 9의 5배는 $9+9+9+9+9=45$이므로

$9×5=45$입니다. 따라서

아버지의 나이는 $45+3=48$(살)입니다.

; 48살

5 9의 4배 ⇨ $9+9+9+9=36$ ⇨ $9×4=36$

6 5씩 7묶음은 5의 7배입니다.

⇨ $5+5+5+5+5+5+5=35$

⇨ $5×7=35$

8 밤의 수는 7씩 5묶음이므로 7의 5배입니다.

⇨ $7+7+7+7+7=35$

9 $7+7+7+7+7=35$ ⇨ $7×5=35$

10 ㉠ 2씩 6묶음 ⇨ 2의 6배 ⇨ $2×6=12$

㉡ 4씩 3묶음 ⇨ 4의 3배 ⇨ $4×3=12$

㉢ 6 곱하기 2 ⇨ $6×2=12$

㉣ 3의 6배 ⇨ $3×6=18$

11 사탕의 수는 2씩 7묶음 또는 7씩 2묶음입니다.

12 사과는 4개이고 딸기는 4개씩 4묶음입니다.

따라서 4씩 4묶음은 4의 4배입니다.

13 9씩 6묶음 ⇨ 9의 6배

⇨ $9+9+9+9+9+9=54$

⇨ $9×6=54$

14 7씩 4묶음 ⇨ 7의 4배 ⇨ $7+7+7+7=28$

15 $7+7+7+7=28$ ⇨ $7×4=28$

16 3의 9배

⇨ $3+3+3+3+3+3+3+3+3=27$

⇨ $3×9=27$

17 6개씩 4마리 ⇨ 6의 4배

⇨ $6+6+6+6=24$

⇨ $6×4=24$

18 삼각형 1개를 만드는 데 성냥개비 3개가 필요합니다.
　　⇨ 3×9=27(개)

19 한 상자에 들어 있는 초콜릿은 2×4=8(개)입니다.
따라서 8상자에는 모두 8×8=64(개)가 들어 있습니다.

1 4묶음

2 3, 6, 18

3 6, 6 ; 2, 6, 12

4 36 ; 6, 36

5 6, 42

6 ②, ⑤

7 5, 4, 5, 4, 20

8 9+9+9=27

9 9×3=27

10 4×3=12, 4×5=20

11 ㉠, ㉣, ㉢, ㉡

12 40장

13 예 2×9=18, 3×6=18,
　　6×3=18, 9×2=18

14 5×9=45 ; 45개　**15** 59송이

16 18개

17 예 배 모양 1개를 만드는 데 성냥개비 9개를 사용하였습니다.
9씩 4묶음은 9의 4배이므로
9+9+9+9=36이고 9×4=36입니다.
따라서 수영이가 사용한 성냥개비는 모두
36개입니다. ; 36개

18 8묶음　　　**19** 12명

20 예 가위에서 펼친 손가락은 2개이고, 보에서 펼친 손가락은 5개입니다.
가위를 낸 사람은 3명이므로 펼친 손가락은
2×3=6(개), 보를 낸 사람은 2명이므로 펼친 손가락은 5×2=10(개)입니다.
따라서 펼친 손가락은 모두 6+10=16(개)입니다. ; 16개

2 3씩 6번 뛰어 세었으므로 3×6=18입니다.

3 2씩 6묶음 ⇨ 2의 6배
　　⇨ 2+2+2+2+2+2=12
　　⇨ 2×6=12

7 5씩 4묶음 ⇨ 5의 4배
　　⇨ 5+5+5+5=20
　　⇨ 5×4=20

8 도토리의 수는 9씩 3묶음이므로 9의 3배입니다.
　　⇨ 9+9+9=27

10 4씩 3묶음 ⇨ 4의 3배 ⇨ 4×3=12
4씩 5묶음 ⇨ 4의 5배 ⇨ 4×5=20

11 ㉠ 5의 2배 ⇨ 5×2=10
㉡ 7 곱하기 3 ⇨ 7×3=21
㉢ 4씩 4묶음 ⇨ 4의 4배 ⇨ 4×4=16
㉣ 2×7=14
⇨ ㉠<㉣<㉢<㉡

12 꽃잎의 수는 5씩 8묶음이므로 5의 8배입니다.
　　⇨ 5×8=40(장)

13 2개씩 묶으면 9묶음, 3개씩 묶으면 6묶음,
6개씩 묶으면 3묶음, 9개씩 묶으면 2묶음입니다.

14 5씩 9묶음 ⇨ 5의 9배 ⇨ 5×9=45

15 포도의 수는 8송이씩 8상자이므로
8×8=64(송이)입니다.
64송이 중 5송이를 버리면 남은 포도는
64-5=59(송이)입니다.

16 3개씩 2봉지는 3씩 2묶음이므로 한결이가 먹은
과자는 3×2=6(개)입니다. 누나가 먹은 과자는
6의 3배이므로 6×3=18(개)입니다.

18 6장씩 4묶음 ⇨ 6의 4배 ⇨ 6+6+6+6=24
　　⇨ 6×4=24
24를 3씩 묶으면 8묶음이 됩니다.

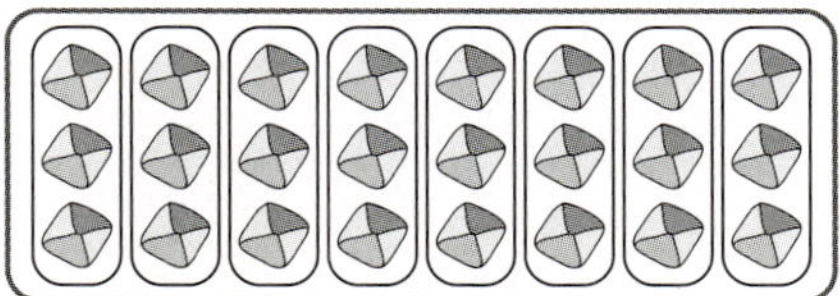

19 4씩 8묶음 ⇨ 4의 8배 ⇨ 4×8=32
32명이 앉을 수 있는 긴 의자에 20명이 앉아 있으므로 더 앉을 수 있는 학생은 32-20=12(명)입니다.

148~149쪽 서술형 평가 ❶

1 ❶ 15, 18, 21, 24　　❷ 예 8, 16, 24
　　❸ 24개
2 ❶ 5상자　　❷ 25자루
3 ❶ 48개　　❷ 43개
4 ❶ 25자루　　❷ 21자루　　❸ 보라

2 ❶ $7-2=5$(상자)
　　❷ 5씩 5묶음 ⇨ 5의 5배
　　　　　⇨ $5+5+5+5+5=25$
　　　　　⇨ $5\times5=25$
3 ❶ 8씩 6묶음 ⇨ 8의 6배
　　　　　⇨ $8+8+8+8+8+8=48$
　　　　　⇨ $8\times6=48$
　　❷ $48-5=43$(개)
4 ❶ 5씩 5묶음 ⇨ 5의 5배
　　　　　⇨ $5+5+5+5+5=25$
　　　　　⇨ $5\times5=25$
　　❷ 7씩 3묶음 ⇨ 7의 3배
　　　　　⇨ $7+7+7=21$
　　　　　⇨ $7\times3=21$
　　❸ 25>21이므로 색연필을 더 많이 가지고 있는 사람은 보라입니다.

150~151쪽 서술형 평가 ❷

1 예 가위에서 펼친 손가락은 2개이고 보에서 펼친 손가락은 5개입니다.
　　가위를 낸 친구는 6명이므로 가위를 낼 때 펼친 손가락은 $2\times6=12$(개)입니다.
　　보를 낸 친구는 3명이므로 보를 낼 때 펼친 손가락은 $5\times3=15$(개)입니다.
　　따라서 펼친 손가락은 모두 $12+15=27$(개)입니다. ; 27개
2 예 9의 4배는 $9+9+9+9=36$이고 $9\times4=36$입니다.
　　이모의 나이는 혜교 나이의 4배보다 5살 더 많으므로 $36+5=41$(살)입니다. ; 41살

3 예 새의 다리 수는 2개, 토끼의 다리 수는 4개입니다.
　　새 4마리의 다리 수는 2씩 4묶음이고 2의 4배이므로 $2\times4=8$(개)입니다.
　　토끼 3마리의 다리 수는 4씩 3묶음이고 4의 3배이므로 $4\times3=12$(개)입니다.
　　따라서 새와 토끼의 다리 수를 합하면 모두 $8+12=20$(개)입니다. ; 20개
4 예 동생은 4살이고 연진이의 나이는 동생 나이의 2배이므로 $4\times2=8$(살)입니다.
　　오빠의 나이는 연진이 나이보다 3살 더 많으므로 $8+3=11$(살)입니다. ; 11살

152쪽 오답 베스트 5

1 ㉣　　**2**　　**3** ㉡

4 37자루　　**5** 15개

1 ㉠ 9의 3배 ⇨ $9+9+9=27$ ⇨ $9\times3=27$
　　㉡ 9씩 3묶음 ⇨ 9의 3배 ⇨ $9\times3=27$
　　㉢ $9\times3=27$, ㉣ $9+3=12$
　　㉠, ㉡, ㉢은 27을 나타내고, ㉣은 12를 나타냅니다.
3 ㉠ 3씩 5묶음 ⇨ 3의 5배
　　　　　⇨ $3+3+3+3+3=15$
　　　　　⇨ $3\times5=15$
　　㉡ 5씩 3묶음 ⇨ 5의 3배 ⇨ $5+5+5=15$
　　㉣ 3씩 5묶음 ⇨ 3의 5배
　　　　　⇨ $3+3+3+3+3=15$
4 (주희의 색연필의 수)$=8\times2=16$(자루)
　　(용준이의 색연필의 수)$=3\times7=21$(자루)
　　따라서 두 사람이 가지고 있는 색연필은 모두 $16+21=37$(자루)입니다.
5 (나누어 준 만두의 수)$=5\times3=15$(개)
　　(남은 만두의 수)$=30-15=15$(개)

한 가지 이상 해당된다면 **최고수준** 해야 할 때!

- ✔ 응용과 심화 중간단계의 학습이 필요하다면? ……… 최고수준S
- ✔ 처음부터 너무 어려운 심화서로 시작하기 부담된다면? ……… 최고수준S
- ✔ 창의·융합 문제를 통해 사고력을 폭넓게 기르고 싶다면? ……… 최고수준
- ✔ 각종 경시대회를 준비 중이거나 준비 할 계획이라면? ……… 최고수준

초등학교

학년   반   번

이름

My name~

교육과 IT가 만나
새로운 미래를 만들어갑니다

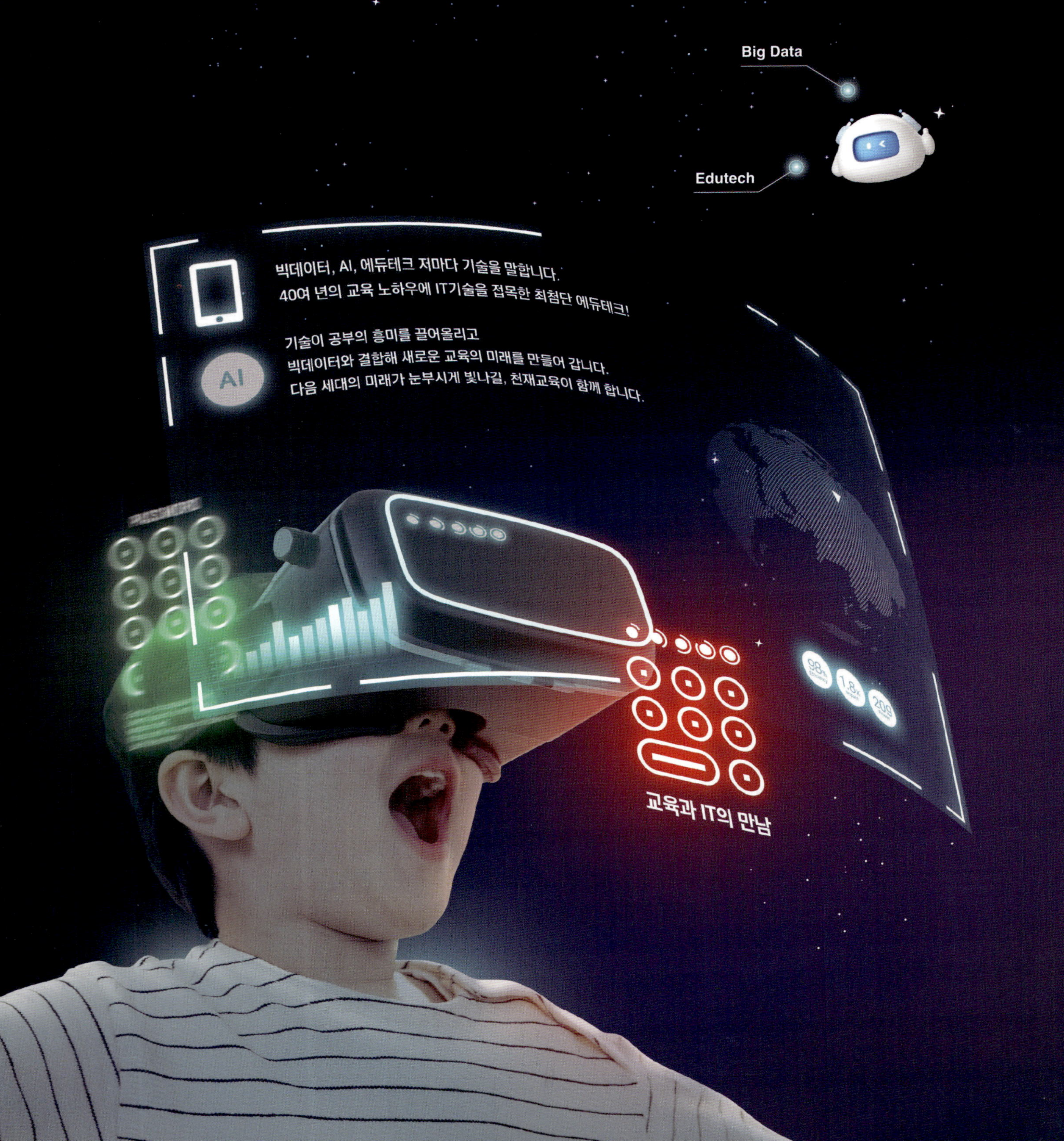